Länderprofile – Geographische Strukturen, Daten, Entwicklungen

Jürgen Bähr

Chile

Ernst Klett Stuttgart

Länderprofile – Geographische Strukturen, Daten, Entwicklungen
Wissenschaftliche Beratung: Professor Dr. Gerhard Fuchs

CIP-Kurztitelaufnahme der Deutschen Bibliothek

Bähr, Jürgen:
Chile/Jürgen Bähr. – 1. Aufl. – Stuttgart: Klett, 1979.
(Länderprofile)
ISBN 3-12-928751-5

Die in diesem Buch hinten eingelegte Karte ist entnommen:
Alexander Weltatlas, S. 70, Ernst Klett, Stuttgart

1. Auflage 1979

Printed in Germany
Satz und Druck: Wilhelm Röck, Weinsberg
Einbandgestaltung: Heinz Edelmann

Inhalt

1 Strukturelle Heterogenität in Wirtschaft und Gesellschaft und damit verbundene Entwicklungsprobleme

Lange Zeit waren die politischen und wirtschaftlichen Verhältnisse in Chile für die Weltöffentlichkeit nur am Rande von Interesse. Das änderte sich jedoch, als im Oktober 1970 der Sozialist Salvador Allende zum Präsidenten des Landes gewählt wurde. Von diesem Zeitpunkt an wurde die Entwicklung in Chile auf der ganzen Welt mit besonderer Aufmerksamkeit verfolgt, und auch die Massenmedien berichteten häufiger über dieses Land „am Ende der Welt". Der Versuch Allendes, auf demokratischem Wege einen „Sozialismus in Freiheit" zu errichten, endete nach knapp drei Jahren im September 1973, als die Oberbefehlshaber der drei Waffengattungen und der Polizei die Macht im Staate übernahmen.

Der Übergang der Regierungsverantwortung vom Christdemokraten Frei auf den Sozialisten Allende und das gewaltsame Eingreifen der Streitkräfte unter General Pinochet stehen für einschneidende Veränderungen im politischen, ökonomischen und sozialen Bereich, die der Andenstaat innerhalb weniger Jahre erlebte; sie sind aber auch Ausdruck zahlreicher noch ungelöster Entwicklungsprobleme und tiefgehender Spannungen zwischen den verschiedenen Bevölkerungsgruppen. Chile gilt zwar innerhalb Lateinamerikas als ein „fortschrittliches" Land mit einem nur noch mäßigen Bevölkerungswachstum, bemerkenswerten Ansätzen zu einer Industrialisierung und vergleichsweise günstigen Lebensbedingungen, und aufgrund seines agrarischen und bergbaulichen Nutzungspotentials ist Chile auch ein „reiches" Land, das alle Voraussetzungen für die Entwicklung einer modernen Wirtschaft in sich birgt (Lauer 1961/62); aber die sich hier bietenden Chancen sind im letzten Vierteljahrhundert nur unzureichend genutzt worden, so daß die sozio-ökonomische Struktur Chiles bis heute die für ein Entwicklungsland typischen Züge trägt. Wirtschaftlich gesehen droht das Land sogar immer mehr zurückzufallen, gehörte es doch trotz einer relativ günstigen Ausgangsposition im Zeitraum von 1950–75 zu dem Dutzend Staaten unserer Erde mit dem geringsten Anstieg des Bruttosozialproduktes pro Kopf der Bevölkerung (0,7%).

Die Schwierigkeiten, mit denen Chile seit langem zu kämpfen hat und die letztlich zur gegenwärtigen politischen und ökonomischen Krise führten, sollen hier vorab thesenartig in sechs Punkten zusammengefaßt werden. Sie im einzelnen zu analysieren, zu begründen und mit Beispielen zu belegen, ist ein Hauptanliegen der folgenden Kapitel.

1. Die chilenische Bevölkerung wächst noch immer schneller als die aller europäischen Länder (mit Ausnahme von Albanien). Während die Sterblichkeit schon seit Ende der 20er Jahre erheblich zurückging, hielt sich die Geburtenziffer noch sehr viel länger auf einem relativ hohen Niveau, und erst in der Gegenwart beginnt sich die „Bevölkerungsschere" allmählich zu schließen. Mit einer jährlichen Wachstumsrate von 1,8% (1970–76) liegt Chile zwar im Vergleich mit anderen lateinamerikanischen Staaten im unteren Bereich der Skala, jedoch bedeutet bereits diese noch nicht einmal so hohe Zunahme für

das Land eine gewaltige Herausforderung, gilt es doch nicht nur, die Ernährung der wachsenden Bevölkerung sicherzustellen, sondern auch den Kindern und Jugendlichen eine angemessene Ausbildung zu bieten, Arbeitsplätze für die neu ins Erwerbsleben Tretenden zu schaffen und für ausreichende und menschenwürdige Wohnungen zu sorgen.

2. Zur schnellen Bevölkerungszunahme tritt die mit dem Schlagwort „Verstädterung" umschriebene Bevölkerungsumverteilung zwischen ländlichen Räumen und einigen wenigen großstädtischen Ballungszentren. Gegenwärtig lebt fast die Hälfte der chilenischen Bevölkerung in nur fünf Stadtkomplexen mit mehr als 100000 Einwohnern, und jeder dritte Chilene wohnt bereits in der Landeshauptstadt Groß-Santiago mit ihren 4 Mill. Einwohnern (1978). Das Wachstum und Ausufern der Städte hält an, ohne daß die wirtschaftliche Entwicklung damit Schritt gehalten, geschweige denn die Migrationen ausgelöst hätte. Der Lichterglanz einiger weniger weltstädtischer Geschäftsstraßen im Zentrum der Metropole kann nicht darüber hinwegtäuschen, daß es bisher kaum gelungen ist, eine volle Integration der Zuwanderer und eine nachhaltige Verbesserung des Lebensstandards für die breiten Massen zu erreichen. Die große Zahl von Barackensiedlungen an der Peripherie ist sichtbarster Ausdruck der noch ungelösten Probleme im städtischen Bereich.

3. Trotz ethnischer Homogenität und eines vergleichsweise schon recht breiten Mittelstandes bestehen in Chile nach wie vor sehr starke soziale Gegensätze. Auf dem Lande sind diese Unterschiede in Reichtum und Ansehen seit jeher am deutlichsten ausgeprägt. Die aus der frühen Kolonialzeit ererbte Eigentumsstruktur mit ihrer Diskrepanz zwischen Großgrund- *(latifundio)* und Klein- bzw. Kleinstbesitz *(minifundio)* hat sich über Jahrhunderte kaum verändert. Die Bemühungen um eine Agrarreform reichen zwar schon mehr als 50 Jahre zurück, ein wirklich entscheidender Wandel hat sich jedoch erst zu Beginn der 70er Jahre vollzogen. Innerhalb kürzester Zeit konnte die „Landbesitzreform" im Sinne einer Umverteilung von Grund und Boden abgeschlossen werden, dagegen steckt die vielleicht wichtigere „Bodenbewirtschaftungsreform" noch in den Anfängen.

4. Der chilenischen Landwirtschaft ist es seit Mitte der 30er Jahre nicht mehr gelungen, in der Produktion von Nahrungsmitteln mit der Bevölkerungszunahme und erst recht nicht mit der noch schneller gewachsenen Nachfrage Schritt zu halten. Der agrare Produktionsindex (pro Kopf der Bevölkerung) liegt heute sogar unter dem Niveau der Jahre 1928–30. Daher ist Chile von einem Agrarexportland immer mehr zu einem Importland von landwirtschaftlichen Erzeugnissen und insbesondere von Nahrungsmitteln geworden. Diese Stagnation im Agrarsektor wiegt um so schwerer, da Chile von seinen Naturressourcen her leicht die zwei- bis dreifache Bevölkerungszahl ernähren und sogar noch Überschüsse erwirtschaften müßte.

5. Seit Mitte des vorigen Jahrhunderts ist Chile vom Export einiger weniger bergbaulicher Primärprodukte abhängig. Lebte das Land bis zur Weltwirtschaftskrise vorwiegend von seinen reichen Salpetervorkommen in der nördlichen Wüstenzone, so ist heute das Kupfer der wichtigste Devisenbringer. Zu Beginn der 70er Jahre entfielen zwischen 70 und 80% der Exporterlöse auf Kupferverkäufe. Die Nachteile einer solchen *dependencia* sind offensichtlich. Schon relativ geringfügige Preisrückgänge auf dem Weltmarkt haben beträchtliche Einnahmeausfälle des Staates zur Folge. Eine langfristige Haushalts- und Entwicklungsplanung ist auf dieser

Basis kaum möglich. Zudem lag der Bergbau bis vor wenigen Jahren in ausländischen Händen und die Kontrollmöglichkeiten staatlicher Organe waren gering. Diese Fremdbestimmung *(dominación)* des wichtigsten Wirtschaftszweiges ist erst mit der Nationalisierung des Kupfergroßbergbaus im Jahre 1971 zu Ende gegangen.

6. Der Schock der Weltwirtschafts- und Salpeterkrise gab zwar den Anstoß zu einer grundlegenden Veränderung der chilenischen Wirtschaftspolitik und zu verstärkten Bemühungen um den Aufbau einer nationalen Industrie, nach einer Phase des boomhaften Aufschwungs geriet die auf Importsubstituierung ausgerichtete Industrialisierung jedoch seit Mitte der 50er Jahre mehr und mehr in eine Sackgasse, so daß die ehrgeizigen, damit verfolgten Ziele nie erreicht werden konnten und sich die regionalen Gegensätze trotz aller Dezentralisationsprogramme gar noch verstärkten. Insbesondere hat der Auf- und Ausbau der Industrie nur wenig zur Verminderung des Beschäftigungsproblems beigetragen, weil von Anfang an kapitalintensive und arbeitssparende Technologien zum Einsatz kamen. Da auch der Bergbau im Verhältnis zur Wertschöpfung und trotz gewaltiger Produktionssteigerungen nur einer geringen Zahl von Arbeitern und Angestellten eine Beschäftigung bot, resultierte daraus eine überproportionale Aufblähung des Dienstleistungssektors. Diese „Tertiarisierung" erfolgte weit schneller als die angestrebte Industrialisierung und führte dazu, daß heute schon gut die Hälfte aller Erwerbspersonen in diesem überbesetzten und wenig produktiven Wirtschaftszweig tätig ist.

2 Der Raum Chile: Lage, naturräumliche Differenzierung und Naturressourcen

2.1 Lage und räumliche Entwicklung des chilenischen Staates

Man spricht von Chile auch als *el último rincón del mundo*, als letztem Winkel dieser Erde – so eine in Südamerika gebräuchliche Bezeichnung – oder von einer *loca geografía*, einer „verrückten Geographie“ – so der Titel einer länderkundlichen Darstellung (Subercaseaux 1961) –, um damit die periphere Weltlage und einzigartige Gestalt dieses Landes kurz aber zutreffend zu charakterisieren.

Chile liegt nicht nur auf Südamerika bezogen extrem randlich und ist durch die bis heute nur schwer zu überwindende Andenmauer vom übrigen Kontinent weitgehend abgeschirmt, ebenso peripher ist seine Lage zu den Wirtschaftszentren Europas und Nordamerikas. Durch den Bau des Panamakanals im Jahre 1914 hat sich die Entfernung zu Europa zwar um 2000–3000 km verkürzt, sie beträgt jedoch noch immer rund 15000 km. Mehr denn je liegen heute die chilenischen Seehäfen abseits der wichtigsten Handelsströme. So erzielt beispielsweise Valparaiso, der Haupthafen des Landes, nur etwa ein Zehntel des Umschlages von Buenos Aires und gar nur ein Hundertstel des Umschlags von Rotterdam.

Die außerordentliche Längserstreckung Chiles über fast 38 Breitengrade von der randtropischen Wüste bei Arica (18° südlicher Breite) bis zur Subantarktis am Kap Hoorn (56°) wird besonders deutlich, wenn man sich vergegenwärtigt, daß diese Entfernung, auf die Alte Welt übertragen, einer Strecke vom Tschadsee bis nach Kopenhagen entspricht. Den fast 4300 km in der Länge steht eine durchschnittliche Breite von nur 180 km gegenüber. An der schmalsten Stelle in der Provinz Coquimbo (bei Illapel) werden sogar nur 90 km gemessen. Am breitesten ist Chile im extremen Süden beiderseits der Magellanstraße, wo das Land über 400 km vom Atlantik zum Pazifik reicht.

Gebietsveränderungen von der Kolonialzeit bis ins 19. Jh. haben mit dazu beigetragen, daß sich Chile zu dem „langen und schmalen Band Erde“ entwickelte, das es heute darstellt. Die Eroberung des Landes durch die Spanier begann mit der Expedition von Diego de Almagro im Jahre 1535. Obwohl dabei einer seiner Offiziere bis zum Río Maule, etwa 250 km südlich des heutigen Santiago, vordrang, hatte dieser erste, mit großen Opfern an Menschen und Geld durchgeführte Vorstoß für die Kolonisation des Landes kaum eine Bedeutung. Almagro kehrte schon 1536 wieder zurück, enttäuscht darüber, daß er kein „zweites Peru“ entdeckt hatte und nur geringe Mengen Goldes mitnehmen konnte (Schmieder 1968). Erst der im Auftrage Pizarros unternommene Zug von Pedro de Valdivia, in dessen Verlauf er 1541 als erste spanische Siedlung *Santiago de la Nueva Estremadura* gründete, führte zur dauerhaften Niederlassung der Spanier im heutigen Chile. 1552 drangen die spanischen Konquistadoren sogar bis zum Golf von Reloncaví vor (d.h. bis zum heutigen Puerto Montt) und erreichten wenig später auch die Insel Chiloé. Auf ihrem Vormarsch nach Süden fanden die Spanier eine indianische Bevölkerung vor, die zwar nicht die Kulturhöhe der Inkas erreicht hatte, aber der Eroberung lange Zeit besonders hartnäckigen Widerstand entgegensetzte. Im Zuge eines allgemeinen Aufstandes dieser Araukaner um 1600 ging das gesamte eroberte Gebiet im Süden Chiles (jenseits des Río Biobío) bis auf die von außen versorgte Insel Chiloé zunächst wieder verloren, und es dauerte mehr als 150 Jahre, bis die Spanier im Gebiet jenseits der *Frontera* gegen das freie Indianerland ihre Siedlungstätigkeit allmählich wieder aufnahmen. Noch heute verläuft in diesem Raum eine ausgeprägte Kulturlandschaftsgrenze zwischen dem „altbesiedelten", mediterranen Zentralchile und dem jungen Kolonisationsgebiet des Südens (Berninger 1933, Bähr & Golte 1974).

Das kolonialzeitliche *Reyno de Chile* ist aus zwei Konzessionen der spanischen Krone an Pedro de Valdivia und Francisco de Villagra hervorgegangen; es reichte vom Río Copiapó im Norden bis Feuerland im Süden, erstreckte sich jedoch zunächst noch sehr weit nach Osten und umfaßte jenseits der Anden die Provinzen Tucumán, Cuyo und Teile Patagoniens. Allerdings kam bereits 1563 der Raum um Tucumán zum Vizekönigreich von Peru und 1776 wurde auch Cuyo mit den Städten Mendoza und San Juan von Chile abgetrennt. Weiter im Süden einigten sich Argentinien und Chile erst 1881 über den genauen Grenzverlauf. Seitdem markiert von wenigen Ausnahmen abgesehen die Hauptwasserscheide der Anden die Grenze Chiles zu seinem östlichen Nachbarn.

Hatte Chile durch die Neugliederung des spanischen Kolonialreiches im 16. Jh. und 18. Jh. große Gebietsverluste im Osten hinnehmen müssen, so gelang es dem seit 1818 unabhängigen Staat gegen Ende des 19. Jh. sein Territorium weit nach Norden auszudehnen. Schon um 1850 waren chilenische *mineros* auf der Suche nach Bodenschätzen über die Nordgrenze am Río Copiapó in die zu Bolivien und Peru gehörenden Wüstengebiete vorgestoßen. So zählte man beispielsweise im Distrikt von Iquique 1876 schon 6048 Chilenen gegenüber nur 4429 Peruanern, und in Antofagasta standen 1878 einer chilenischen Bevölkerung von 6554 Personen lediglich 1226 Bolivianer gegenüber (Cunill 1970). An Interessenkonflikten um die seit 1810 ausgebeuteten Salpetervorkommen in der Atacamawüste entzündete sich der Pazifische Krieg (Salpeterkrieg) zwischen Chile einerseits und Peru und Bolivien andererseits (1879–83). Im Verlauf dieser kriegerischen Auseinandersetzungen drangen chilenische Truppen bis nach Lima vor und konnten Peru und Bolivien zum Abtreten der wirtschaftlich so außerordentlich wichtigen Nordprovinzen Tarapacá und Antofagasta zwingen. Die Chilenen sagen deshalb, dies sei der einzige Krieg in der Weltgeschichte gewesen, der sich wirklich gelohnt habe. Endgültig wurde die Nordgrenze zu Peru erst 1929 aufgrund einer Volksabstimmung festgelegt. Das Departement Tacna wurde damals wieder an Peru zurückgegeben, der Raum um Arica blieb dagegen bei Chile. Zur Zeit laufen Verhandlungen zwischen den drei Ländern mit dem Ziel, dem Binnenstaat Bolivien in der Nähe von Arica einen Korridor und damit Zugang zum Meer einzuräumen.

Nach der Unabhängigkeit bemühte sich die neu entstandene Republik Chile auch im Süden um eine volle Eingliederung der bislang noch kaum in Wert gesetzten Gebiete. Die neuzeitliche Erschließung des chilenischen Südens begann um 1850 mit der planmäßigen Ansiedlung deutscher Auswanderer im Seengebiet, also etwa im Raum zwischen den Städten Valdivia und Puerto Montt. Die Besiedlung des nördlich anschließenden Landesteiles, der eigentlichen *Frontera*, kam sogar erst nach 1860 im Zuge der Befriedung der araukanischen Indianer in Gang. Auch hier wurde die Agrarkolonisation in hohem Maße von nicht-iberischen Volksgruppen getragen. Noch später setzten die Erschließungsbemühungen im extremen Süden des Landes ein. Wenn auch bereits 1843 mit Fort Bulnes an der Magellanstraße ein erster Stützpunkt entstanden war und das Gründungsdatum von Punta Arenas nur wenig später (1849) liegt, so wurde die flächenhafte Besiedlung der südlichsten Provinz (Magallanes) erst mit der Einführung der ersten Schafe von den Falklandinseln um 1880 eingeleitet. 20 Jahre später ließen sich auch in der Provinz Aisén die ersten Siedler nieder. Hier im Gebiet um die Orte Puerto Aisén und Coyhaique auf etwa 45° südlicher Breite liegt der jüngste Kolonisationsraum Chiles, dessen Erschließung bis zur Gegenwart noch nicht vollständig zum Abschluß gekommen ist.

Chile Metropolitano, d.h. der auf dem südamerikanischen Festland gelegene Landesteil, umfaßt heute einschließlich einiger pazifischer Inseln (insbesondere die Juan-Fernández-Inseln 750 km und die Isla de Pascua (Osterinsel) 3700 km vor der Küste) eine Fläche von 741 767 km². Zusätzlich beansprucht Chile seit 1940 auch einen Teil der Antarktis zwischen 53° und 90° westlicher Länge. Dieses als *Chile Antárctico* bezeichnete Gebiet hat eine Flächenausdehnung von etwa 1,25 Mill. km². Hier unterhält das Land eine Reihe von wissenschaftlichen Stationen, auf denen aber insgesamt nur etwa 200 Menschen leben.

Nach der 1925 in Kraft getretenen Verfassung steht ein vom Volk gewählter Präsident mit sehr weitgehenden Vollmachten an der Spitze des Staates. Nach dem Sturz des letzten Präsidenten Allende und der Machtübernahme durch die Militärs am 11. 9. 1973 regiert eine aus den Oberbefehlshabern der Streitkräfte und der Polizei zusammengesetzte Militärjunta, an deren Spitze der Oberbefehlshaber des Heeres, General Pinochet, steht, der im Januar 1975 auch den Titel „Staatspräsident" angenommen hat.

Verwaltungsmäßig war Chile bis 1974 in 25 Provinzen unterteilt (Abb. 1), an deren Spitze jeweils ein Intendant stand, der jedoch von der Zentralregierung in Santiago ernannt wurde und vergleichsweise wenig Befugnisse hatte. Auf diese Provinzen beziehen sich die meisten der in den Volks- und Agrarzählungen gemachten Angaben. Gelegentlich werden auch Werte für die nächst kleineren Verwaltungseinheiten, die *comunas*, herangezogen.

Eine von der Militärjunta eingeleitete Verwaltungsreform sollte dazu beitragen, den in Chile besonders ausgeprägten Zentralismus abzubauen und die Selbstverwaltung der einzelnen Landesteile zu stärken. Abgesehen vom äußersten Norden und Süden wurden jeweils mehrere Provinzen zu neuen Regionen (insgesamt 12) zusammengefaßt und diesen einzelne Aufgaben der Zentralverwaltung übertragen. Die ehemaligen Provinzen blieben bis auf geringfügige, zum Teil noch nicht endgültig festliegende Gebietsverschiebungen als untergeordnete Einheiten erhalten bzw. wurden in Einzelfällen weiter unterteilt (Abb. 1 und 8). Gesondert ausgegliedert wurde eine *Area Metropolitana*, die die frühere Provinz Santiago ohne den Raum um den Hafen San Antonio umfaßt (Conara 1977). Eine volle Vergleichbarkeit neuerer, zum Teil schon auf der Basis der Regionen veröffentlichter Zahlenwerte mit älteren Provinzdaten ist daher nicht immer gegeben.

2.2 Geomorphologische Großgliederung in Küstenbergland, Längssenke und Hochkordillere

Entsprechend seiner extrem langgestreckten Gestalt hat Chile wie kein anderes Land der Erde Anteil an den verschiedensten Klimazonen. Die Spanne reicht dabei von der extremen Wüste im Norden bis zum ständig beregneten Waldland des Südens. Diese breitenparallele Abfolge klimabedingter Land-

Abb. 1: Die administrative Gliederung Chiles

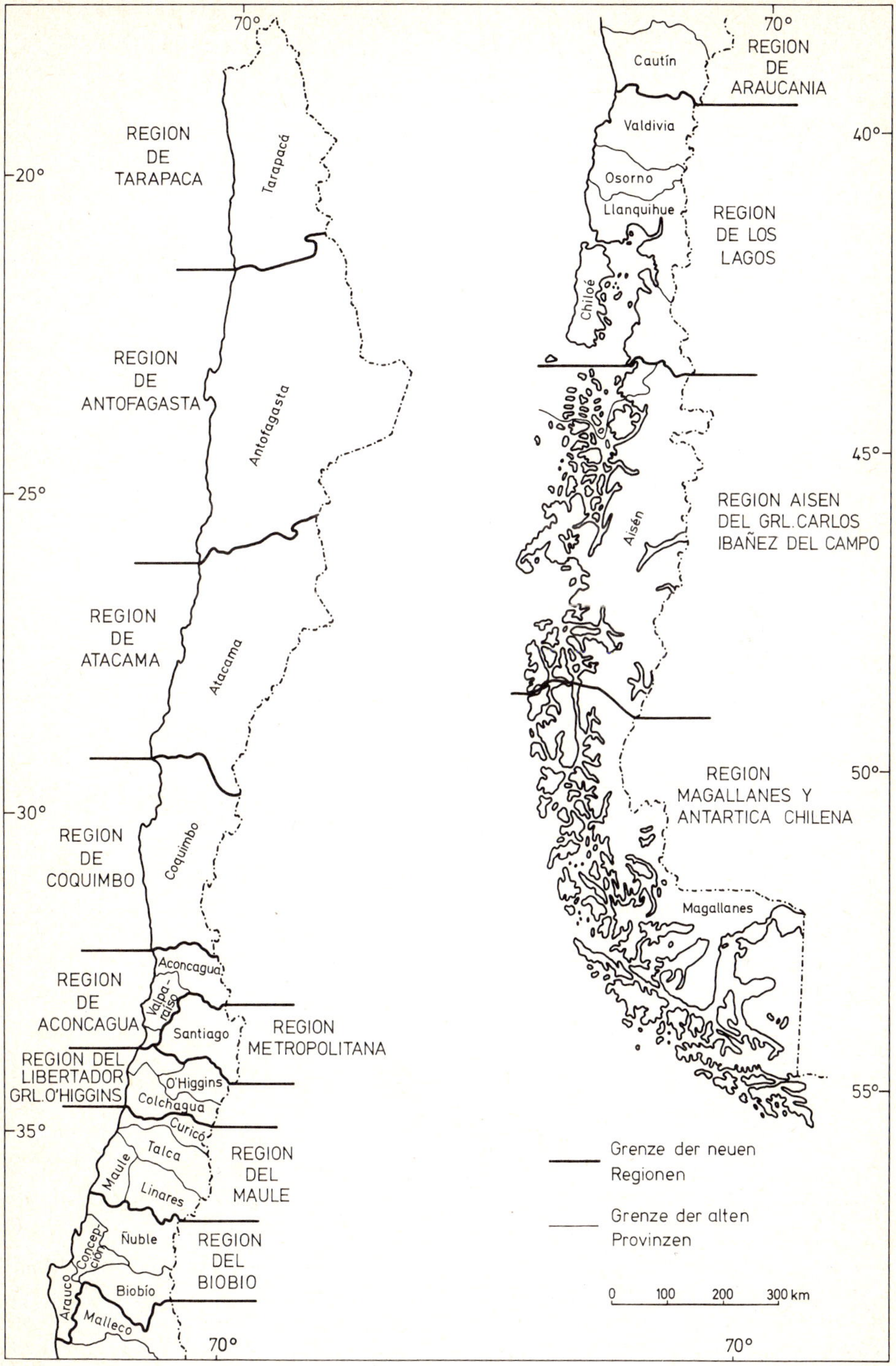

Quelle: CONARA 1977

schaftszonen wird von einer ausgesprochen meridional ausgerichteten orographischen Gliederung überlagert. Auf das Küstenbergland, die *Cordillera de la Costa*, im Westen folgt in weiten Teilen des Landes eine tektonisch angelegte Längssenke, das *Valle Longitudinal*, und nach Osten zur argentinisch-bolivianischen Grenze hin schließt sich die Hochkordillere, die *Cordillera de los Andes*, an. Diese geologisch-morphologische Dreiteilung soll zunächst anhand einiger Ost-West-Profile (in Anlehnung an Zeil 1964 und Weischet 1970) etwas genauer vorgestellt werden (Abb. 2). Erst dann wird versucht, den planetarischen Formenwandel von Nord nach Süd nachzuzeichnen, um so zu einer Gesamtcharakterisierung der einzelnen Naturräume zu gelangen und einen ersten Eindruck von der außerordentlichen Verschiedenartigkeit chilenischer Landschaften zu vermitteln.

Die vier Profile machen deutlich, daß die angesprochene geomorphologische Dreigliederung nicht in allen Teilen Chiles gleich gut ausgebildet ist. Das liegt daran, daß zwischen dem Küstenbergland im Westen und dem Kettengebirge der Anden im Osten eine ausgeprägte Senkungszone nicht durchgehend entwickelt ist. So fehlt zwischen dem Tal des Río Copiapó und dem des Aconcagua das *Valle Longitudinal* völlig, Küsten- und Hochkordillere gehen hier ohne scharfe morphologische Grenze, nur durch eine Verwerfung getrennt, ineinander über, und südlich Puerto Montt taucht die Längstalsenke unter den Meeresspiegel ab und läßt sich nur untermeerisch bis zur Halbinsel Taitao in Aisén weiter verfolgen.

Das Küstenbergland ist zwischen Arica und Chiloé als klare morphologische Struktur zu erkennen. Im Norden erreicht die Küstenkordillere in der Sierra Vicuña Mackenna südöstlich von Antofagasta mit ziemlich genau 3000 m ihre größte Höhe (Profil 1), südlich von Santiago werden an der Enge von San Fco. de Mostazal (Profil 3) nochmals 2000 m überschritten, dann gehen die Höhen jedoch rasch zurück. In Südchile werden nur vereinzelt noch Werte um 900–1000 m erreicht, auf weiten Strecken verliert die *Cordillera de la Costa* hier ihren Gebirgscharakter und bildet nur noch eine wellige Hochfläche (Schmieder 1968). Zudem wird das Bergland südlich von 38° von einzelnen Tiefenzonen unterbrochen, und die Längssenke greift stellenweise bis zur Küste aus.

Geologisch zeigt die Küstenkordillere ein sehr differenziertes, weitgehend bislang nur ungenau erforschtes Bild. Während sie in Südchile und in Teilen der Zentralzone am ehesten noch als altes Rumpfgebirge zu charakterisieren ist, wird sie weiter im Norden stärker von plutonischen und vulkanischen Ablagerungen aus dem Mesozoikum bestimmt.

Vor allem im Norden des Landes zwischen Arica und Chañaral steigt dieser küstenparallele Gebirgszug wie eine gewaltige Mauer von etwa 400 bis 800 m aus dem Pazifischen Ozean auf. Zwischen dem Río Lluta unweit der Grenze zu Peru und dem Río Copiapó durchbricht als einziger Flußlauf der Río Loa das Gebirge und erreicht das Meer. Die an der Küste gelegenen Orte mit ihrem Hinterland zu verbinden, brachte daher erhebliche technische Schwierigkeiten mit sich. Bahnlinien und Autostraßen müssen den Steilabfall in sehr vielen Serpentinen überwinden. Die meisten Küstenstädte liegen auf einem nur 1 bis 2 km breiten Vorlandstreifen, der *terraza principal*. Wo diese an einem Kliff etwa 20 m zum Meer abfällt, hat die Brandung gelegentlich besonders bizarre Formen geschaffen, so das berühmte und auf vielen Postkarten abgebildete Felsentor *La Portada* wenig nördlich von Antofagasta.

Auch südlich von Chañaral herrscht noch die Steilküste vor, jedoch wird sie jetzt häufiger von schluchtenartigen *quebradas* und den Tälern der größeren, in ihrem Mittellauf meist von ausgeprägten Terrassentreppen begleiteten Flüssen wie dem Río Copiapó,

Abb. 2: West-Ost-Profile durch die Kordilleren Chiles

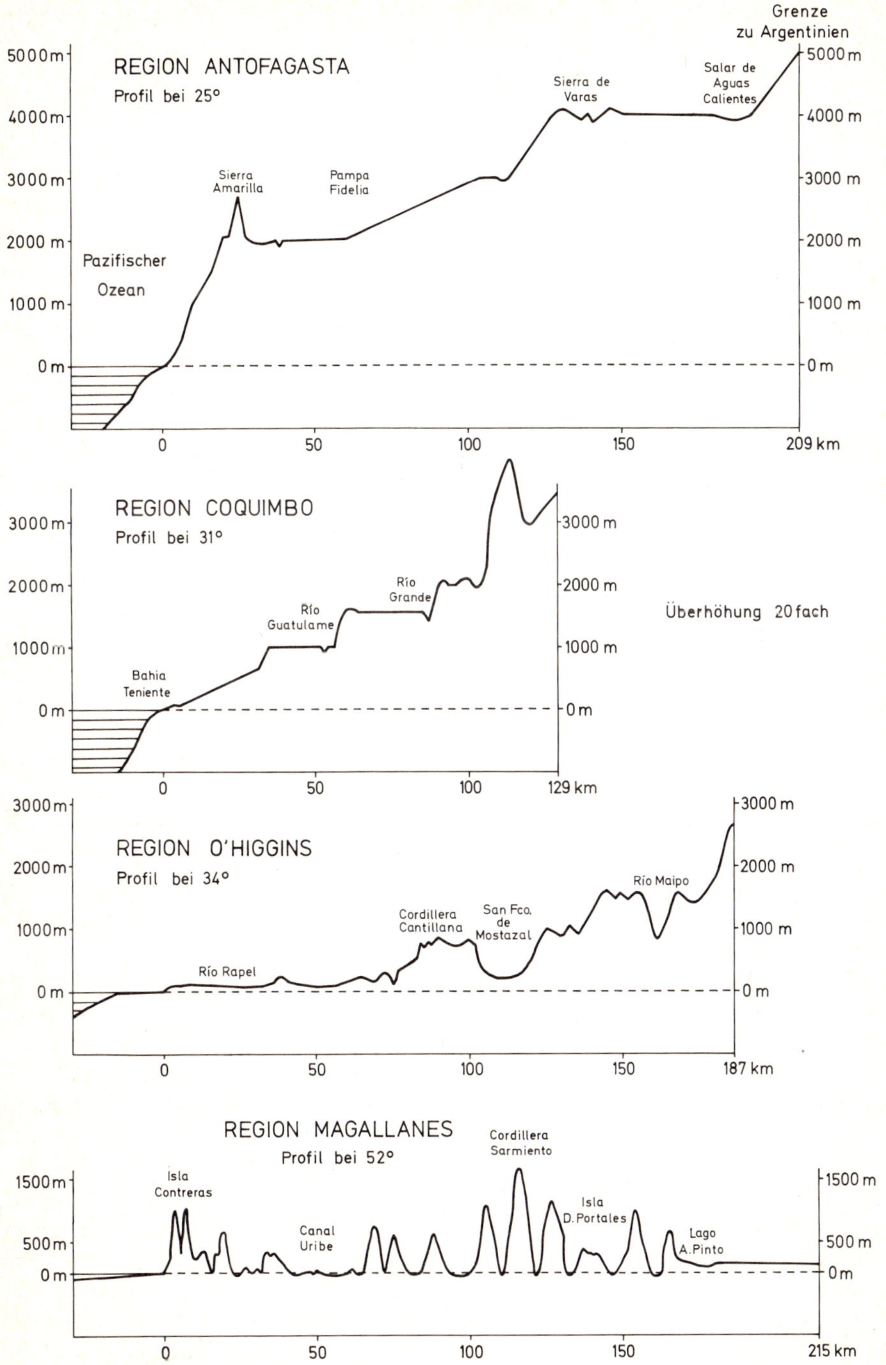

Quelle: Börgel 1965

dem Río Huasco, dem Río Elqui, dem Río Limari oder dem Río Choapa durchbrochen. Entlang der Küste sind in diesem Bereich marine Terrassen besonders gut ausgebildet. So gelang es beispielsweise Herm & Paskoff (1967), im Raum von La Serena fünf verschiedene Niveaus zu unterscheiden und mit eustatischen Meeresspiegelschwankungen von Altquartär bis ins Postglazial zu parallelisieren.

Noch weiter südlich, in Mittelchile, wechseln Steilküsten und mehr oder weniger breite Buchten miteinander ab. Erst im äußersten Süden ändert sich der Küstencharakter vollständig, eine Vielzahl von Inseln und fjordartigen Buchten kennzeichnen diesen südlichsten Abschnitt (Profil 4).

Tektonische Verstellungen, die im wesentlichen ins Tertiär zu datieren sind, stellenweise jedoch bis in die Gegenwart andauern, sind dafür verantwortlich, daß sich im äußersten Norden und in Mittelchile eine klar erkennbare Senkungszone zwischen die verschieden hoch herausgehobene Küsten- und Hochkordillere schiebt. In der Atacamawüste rechnet insbesondere die 900 bis 1100 m hohe, mehr als 500 km lange und etwa 30 km breite *Pampa del Tamarugal* zu diesem Längstal, wenn sie auch tektonisch und morphologisch nicht überall sehr scharf gegen die sie begrenzenden Gebirge abgesetzt ist (Profil 1). Ausgedehnte Salzpfannen und ein von einem Steinpflaster bedeckter, schmutziggelber Wüstenboden bestimmen weitgehend das Bild dieser Pampa. An ihrem Anstieg zum Küstenbergland ziehen sich die für Chile ehemals so bedeutenden Salpetervorkommen hin. Während der Blütezeit des Abbaus vor dem ersten Weltkrieg reihte sich hier ein *oficina* an das andere, heute sind von den ehemals 170 Betrieben nur noch drei geblieben.

Weiter im Süden setzt das *Valle Longitudinal* erst wieder mit den Beckenlandschaften nördlich von Santiago ein. Als „eindrucksvolle morphologische Struktur" (Zeil 1964) und nur gelegentlich von einzelnen Querriegeln unterbrochen (z.B. nördlich von Santiago und zwischen Temuco und Valdivia) zieht sich die 300 bis 500 m hochgelegene Grabensenke bis zum *Seno de Reloncaví* im Süden. Im Durchschnitt ist das Längstal 30 bis 40 km breit, kann sich jedoch – wie etwa in den *llanos* um Osorno – auf fast 100 km ausdehnen. Andererseits reichen gelegentlich Vorsprünge der Küstenkordillere weit nach Osten und stellen eine fast geschlossene Brücke zu den Anden her. Profil 3 ist an einer solchen Stelle, der südlichen Begrenzung des Beckens von Santiago, gelegt worden. Hier in der Nähe von Paine verengt sich die zentrale Senke auf weniger als 20 km.

In Südchile, in der *Región de los Lagos*, gibt eine Seenkette zwischen dem Lago Villarica im Norden und dem Llanquihue-See im Süden dem Längstal sein besonderes Gepräge. Die Seen verdanken ihre Entstehung einer pleistozänen Vorlandvergletscherung und sind an ihrer Westseite von einem Kranz jungeiszeitlicher Endmoränen umgeben (Lauer 1968). Von Schnee bedeckte, sehr ebenmäßig geformte Vulkane überragen die kuppige Hügellandschaft um die glazialen Zungenbeckenseen. Als „Südchilenische Schweiz" bekannt geworden, stellt sie heute eines der reizvollsten, wenn auch noch nicht voll entwickelten Fremdenverkehrsgebiete dar (Rother 1979).

Sehr viel markanter als gegen das Küstenbergland ist das *Valle Longitudinal* gegen die *Cordillera Alta* abgesetzt. Besonders im Raum Santiago wird der Westrand der Grabensenke von einer scharfen Verwerfung gebildet. Die Andenkordillere, die zunächst als ein relativ einheitlicher Gebirgszug erscheinen mag, zeigt bei näherer Betrachtung einen recht komplizierten und regional stark differierenden Aufbau. Insgesamt gesehen ist die Faltung nur selten so intensiv wie in weiten Teilen der mediterranen Gebirge. Nicht Überschiebungen und andere Biegungsformen sind charakteristisch, sondern in erster

Linie dominiert die Bruchtektonik, wodurch ganze Gebirgsteile entlang von Verwerfungen gegeneinander versetzt sind (Zeil 1964). Zumindest drei große, in ihrer Struktur sehr unterschiedliche Abschnitte sind von Norden nach Süden zu unterscheiden.

Der nördlichste Teil der Anden zwischen 18° und 27° mit dem höchsten Berg Chiles, dem Ojos de Salado (6885 m), wird besonders von den Deckenergüssen eines jungen Vulkanismus geprägt, der im Küstenbergland völlig fehlt. Von der *Pampa del Tamarugal* steigt die Kordillere allmählich auf 3500 bis 4000 m an. Diesen Hochflächen sind pliozäne und pleistozäne Vulkane aufgesetzt, von denen allein 20 über 6000 m aufragen und das ganze Jahr über eine Schneekappe tragen (Profil 1). In der Gegenwart ist die vulkanische Tätigkeit hier jedoch, von wenigen Ausnahmen abgesehen, auf Solfataren, Fumarolen und Geysire beschränkt. Davon haben die Schwefelablagerungen der Solfataren eine gewisse wirtschaftliche Bedeutung, wenn auch der Abbau aufgrund der großen Höhenlage (z.T. über 4000 m) große Schwierigkeiten und hohe Kosten verursacht.

Blickt man von der Pampasenke auf die Westabdachung der Andenkordillere, so erkennt man, daß das Relief des Vorlandes von großen Schuttmassen bedeckt ist und nur die Gipfelregionen von nackten Felspartien bestimmt werden. Weischet (1970) bezeichnet deshalb diesen Teil Chiles hinsichtlich seiner geomorphologischen Charakteristika als „den verschütteten Trauf des Daches der Neuen Welt". Einzelne *quebradas* zerschneiden den Westabfall der Anden und gehen gegen die Pampasenke in von Trockenrinnen durchzogene Schuttkegel (Fanglomeratfächer), Schwemmsandebenen und schließlich in die Salztonflächen der Salare über. Hier wird besonders deutlich, daß die Oberfläche der trockensten Wüste der Erde einen Formenschatz zeigt, der ausschließlich vom spülenden und linienhaft erodierenden Wasser geprägt wurde (Weischet 1970). Diese extreme Konservierung von Vorzeitformen aus niederschlagsreicheren Zeitabschnitten (Pluviale) läßt sich auch daraus ablesen, daß Fuß- oder Wagenspuren ohne jede Veränderung sehr lange erhalten bleiben.

Im mittleren Abschnitt (27° bis 38°) bildet der Tiefengesteinskörper des Andenplutons den Untergrund der *Cordillera Alta*. Der junge Vulkanismus tritt hier praktisch nicht mehr in Erscheinung und wird von einer intensiven Faltentektonik als prägendem Element abgelöst. Im Raum von Santiago steigt das Gebirge erneut auf mehr als 6500 m an, und von erhöhten Standpunkten innerhalb des Stadtgebietes kann man bei klarem Wetter die Andenmauer zum Greifen nahe vor sich sehen. Die Hochgebirgslandschaft ähnelt hier weitaus stärker als im Norden den alpinen Verhältnissen. Glazial geformte U-Täler, schroff aufragende, scharfe Grate und mehrere, etwa in Nord-Süd-Richtung verlaufende, parallele Bergketten bestimmen das Bild (Borde 1966, Caviedes & Paskoff 1975).

Südlich 38° ändern die Anden erneut ihren Charakter. Die Gipfelhöhe nimmt jetzt rasch ab, und es ragen nur noch die jungen Basalt- und Andesitvulkane höher als 3000 m empor. Die zum Teil lehrbuchartig ausgebildeten Vulkankegel sitzen dem Gebirgssockel in einer Höhe von 2000 bis 2500 m (im Norden) und 1200 bis 1500 m (im Süden) auf. Wegen seiner Ebenmäßigkeit ist der Osorno (2661 m) im südchilenischen Seengebiet besonders bekannt und fast zu einem Wahrzeichen des Landes geworden.

Vulkanische Aktivitäten und tektonische Verstellungen dauern seit dem Pliozän bis in die Gegenwart an. So brach beispielsweise der Vulkan Villarica (2840 m) letztmalig um die Jahreswende 1971/72 aus, und 1960 wurde zwischen 38° und 42° entlang der Küste die Strandlinie um 1,5 m abgesenkt, und eine dem Beben folgende Flutwelle richtete schwere Schäden an (Weischet 1960).

Südlich der Meeresbucht von Reloncaví ist die sonst so charakteristische geomorphologische Dreigliederung Chiles nicht mehr zu erkennen. Der extreme Süden des Landes wird einzig von der jetzt als „patagonische Kordillere" bezeichneten Hauptkette der Anden und ihrem östlichen Vorland gebildet. Für das Landschaftsbild beherrschend ist hier vor allem die eiszeitliche Überformung des Gebirges (Fischer 1976). Auf der Westseite entstand durch teilweise ertrunkene Trogtäler die durch schmale Meeresarme *(canales)* und -buchten *(golfos)* vielfach gegliederte und in unzählige Inseln aufgelöste Fjordküste (Profil 4). Auf der Ostflanke sind aus eiszeitlichen Zungenbecken langgestreckte, an ihrer Stirnseite von Moränenwällen eingefaßte Seen (z. B. Lago Buenos Aires) hervorgegangen. Die Kordillere selbst ist südlich 46° in weiten Teilen von Gletschern bedeckt, die sich zwischen 48° und 52° zu zwei größeren Inlandeisdecken von ca. 4400 km^2 bzw. 13 500 km^2 zusammenfügen. Südlich 51° liegen im Osten des vergletscherten Hauptkammes im Bereich der ehemaligen Magellan-Geosynklinale mächtige Sedimentpakete vorwiegend aus kreidezeitlichem Material.
Wirtschaftlich gesehen birgt die *Cordillera de los Andes* heute Chiles wichtigste „Reichtümer" (vgl. Beilagenkarte). Alle großen Kupferlagerstätten wie Chuquicamata, Potrerillos-El Salvador und El Teniente liegen an ihrem Westabfall, und ganz im Süden konnten aufgrund der hier völlig anderen Ablagerungsbedingungen die gerade im Zeichen einer weltweiten Energieverknappung so wichtigen Erdöl- und Erdgasvorkommen entstehen. Dagegen noch wenig in Wert gesetzt wurde bisher das bedeutende hydroelektrische Potential im Bereich der südlichen Anden. Die große Entfernung zum dichtbesiedelten zentralen Kern des Landes und die Unzugänglichkeit dieses Gebirgsabschnittes haben dazu geführt, daß hier Projekte zur Elektrizitätsgewinnung noch kaum in Angriff genommen wurden.

2.3 Ein klima- und vegetationsgeographisches Nord-Süd-Profil

Abb. 3 vermittelt ein klares Bild von der klimatischen Differenzierung chilenischer Landschaften. Als Extreme stehen sich der ganzjährig trockene Norden (12 aride Monate) und der stark beregnete, immerfeuchte Süden (12 humide Monate) gegenüber. Im Zwischenbereich – etwa zwischen Vallenar und Valdivia – steigt die Zahl der humiden Monate von 0 auf 12 kontinuierlich an. Durch die abschirmende Wirkung des Küstenberglandes weichen die Isohygromenen im Längstal jeweils deutlich nach Süden aus (Lauer 1960).
Bei einer naturräumlichen Gliederung Chiles werden gewöhnlich fünf breitenparallele Zonen unterschieden (Schmithüsen 1956, Abb. 4). Dabei entfällt mehr als ein Viertel der Landesfläche auf die Wüstenzone des Großen Nordens *(Norte Grande*, 18° bis 28°), die sich von der peruanischen Grenze bis zur Wasserscheide zwischen dem Copiapó- und Huasco-Tal erstreckt. Nur die Küstenkordillere trägt hier stellenweise noch eine schüttere Nebelvegetation (Lomaformation). Im Extremfall haben die vom Pazifik gegen die höheren Regionen des Berglandes streichenden Nebel *(camanchacas)* zusammen mit den winterlichen Westwindniederschlägen dazu geführt, daß wenig südlich von Coquimbo – allerdings schon außerhalb der eigentlichen Wüste – im Wald von Fray Jorge immergrüne Arten auftreten, wie sie großräumig erst mehr als 1000 km weiter südlich vorkommen.
Im Osten des Küstenberglandes ist in der Pampasenke sowohl thermisch wie hygrisch eine der extremsten Wüsten der Erde erreicht (Weischet 1966 und 1975). Nackte, vegetationslose Flächen beherrschen hier das Bild. Nur auf den Talböden der *quebradas* wachsen vereinzelt Dorngehölze, und stellenweise können aufgrund des oberflächen-

Abb. 3: Klimatische Differenzierung Chiles

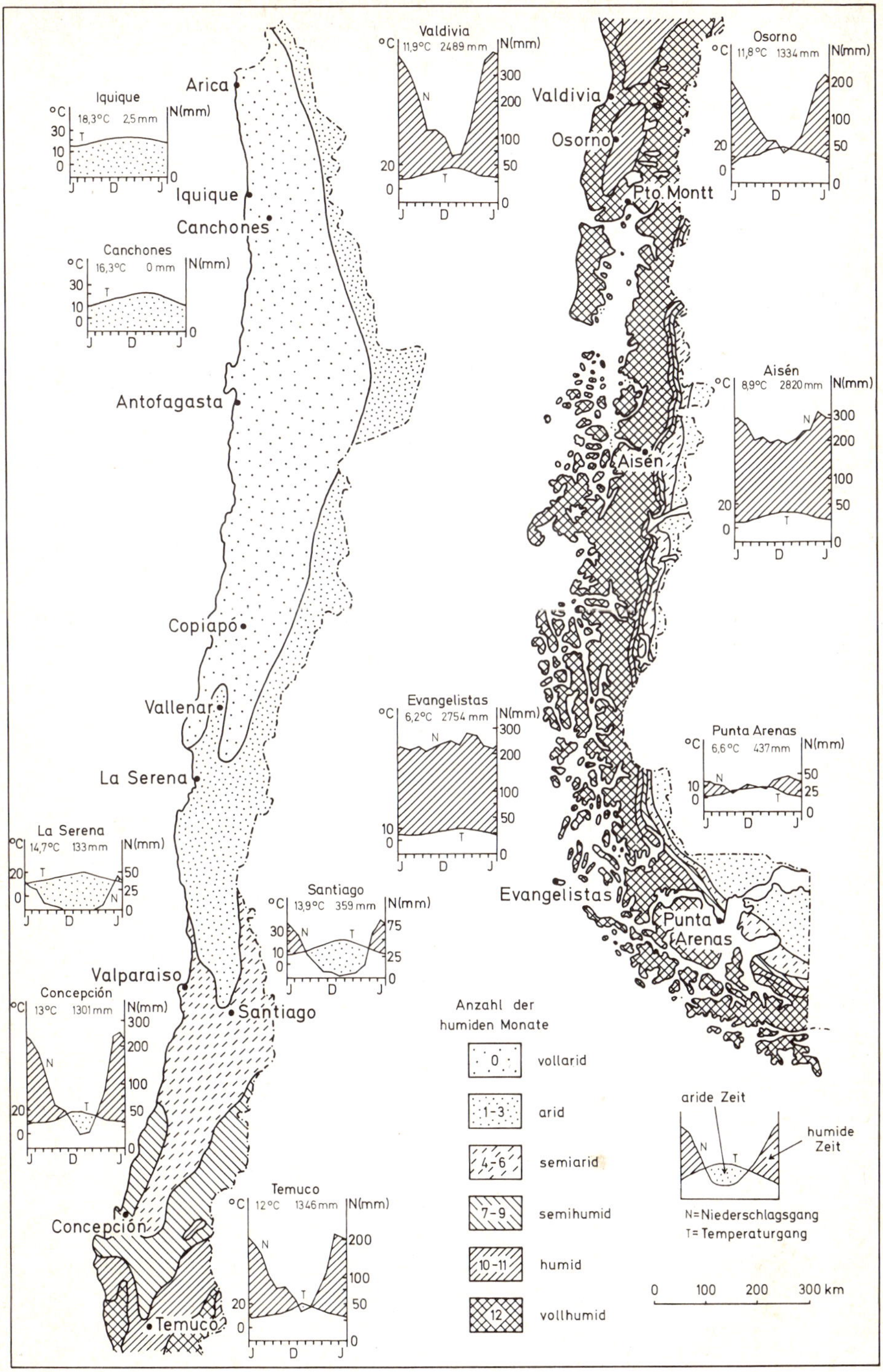

Quelle: Lauer 1960

Abb. 4: Naturräumliche Gliederung und Agrarzonen Chiles

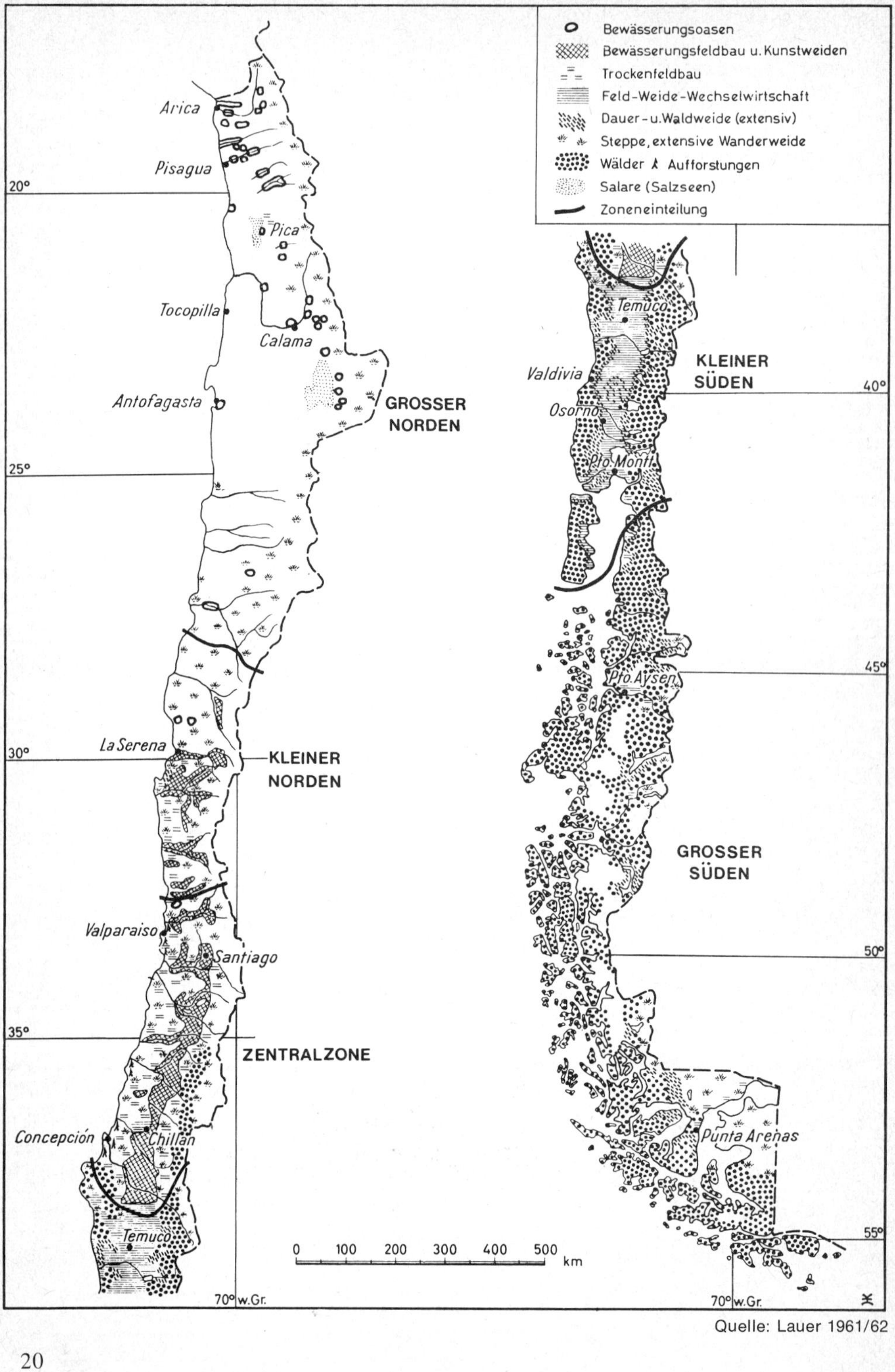

Quelle: Lauer 1961/62

nahen Grundwassers auf den Salztonflächen der Salare größere Bestände der dornigen Baumart Prosopis tamarugo gedeihen, die der nördlichen Pampasenke ihren Namen *Pampa del Tamarugal* gaben.

Erst weiter im Osten, in den Hochanden, machen sich nördlich der auf der Höhe des Wendekreises verlaufenden „Trockenachse" (Weischet 1966) die zwar noch spärlichen, aber jahreszeitlich regelmäßig auftretenden tropischen Sommerregen bemerkbar, die im äußersten Norden bis zu 350 mm betragen können. Ab 2000 m Höhe – am Wendekreis gar erst ab 3200 m – treten daher Kandelaber- und Säulenkakteen auf, ab 4000 m dominieren die andinen Büschelgräser (*ichu*-Gräser).

Als Beispiele für vollaride, ganzjährig unter dem Einfluß des Passats stehende Wüstenstationen können die Klimadiagramme von Iquique und Canchones dienen (Abb. 3, vgl. Caviedes 1973). Iquique verzeichnet bei einer Jahresmitteltemperatur von 18,3° (Einfluß des kalten Küstenwassers) bei relativ geringen Tages- und Jahresschwankungen im Jahresmittel nur 2,5 mm Niederschlag. Obwohl der Himmel im Durchschnitt jeden dritten Tag zu mehr als acht Zehntel bedeckt ist, werden doch nur selten meßbare Niederschläge registriert. Noch extremer gestalten sich die Verhältnisse weiter im Landesinnern. Bei klarer Luft und Wolkenlosigkeit ist hier die Einstrahlung am Tag sehr hoch, ihr steht eine ebenso starke Ausstrahlung bei Nacht gegenüber. Während mittags die Temperatur etwa an der Station Canchones in 921 m Höhe meist über 30° steigt, fällt das Thermometer im Juli und August nachts sogar unter den Gefrierpunkt. Selbst spärliche Regenfälle sind in dieser Kernwüste extrem selten. So wurde in Canchones in acht Beobachtungsjahren nur viermal meßbarer Niederschlag mit zusammen 4 mm aufgefangen (Weischet 1970).

Südlich des Copiapó-Tales beginnt allmählich die Zwergstrauchformation der Halbwüste, die bei zunehmender Regelmäßigkeit der Winterniederschläge in das Vegetationsgebiet der subtropischen Dornstrauch- und Sukkulentenformation übergeht. Diese als „Kleiner Norden" *(Norte Chico)* bezeichnete Zone zwischen 28° und 32° ist mit einer spärlichen Vegetationsdecke von Zwerg- und Dornsträuchern sowie Sukkulenten überzogen, denn nur während der ein bis drei Wintermonate fallen geringe Niederschläge. La Serena kann als typisches Beispiel für eine Station in dieser Halbwüste gelten. Im langjährigen Mittel werden lediglich 133 mm Niederschlag gemessen, der sich vollkommen auf die Monate Mai bis September konzentriert. Lediglich der Juni ist hier als vollhumid anzusprechen, die Übergangszeiten Mai sowie Juli und August sind noch semiarid (Lauer 1960).

Wie in allen Trockenräumen sind auch im Kleinen Norden die Niederschlagsschwankungen außerordentlich hoch. So erhielt z. B. La Serena 1968 mit 34 mm nur 26% der „normalen" Regenfälle. Die Trockenheit dieses Jahres machte sich zwar auch in südlicheren Landesteilen bemerkbar, das Niederschlagsdefizit war dort jedoch nicht annähernd so groß.

Wenig nördlich der Hauptstadt Santiago beginnt der eigentliche Kern Chiles, die subtropische Zentralzone *(Zona Central*; 32° bis 37°), die etwa bis Concepción im Süden reicht. Die zyklonalen winterlichen Regenfälle nehmen jetzt von Norden nach Süden stetig zu (Santiago 359 mm, Concepción 1301 mm) und entsprechend steigt die Zahl der humiden Monate von drei auf neun. Die Station Santiago zeigt bereits dieses „echte Mediterranklima" mit den langen, trockenen Sommern und den milden Wintern als der Hauptniederschlagszeit. Seit jeher ist die *Zona Central* der am dichtesten besiedelte und daher auch am stärksten durch menschliche Eingriffe umgestaltete Teil des Landes gewesen. Die immergrüne Hartlaubvegetation spielt heute im Landschaftsbild keine

Rolle mehr. Sie ist durch menschlichen Einfluß entweder völlig vernichtet oder zu Sekundärformationen geworden. Die weit verbreiteten reinen Akazienbestände (Acacia caven) der *espinales* müssen beispielsweise als solche Degenerationsstadien einer ursprünglich artenreicheren Vegetation angesehen werden (Schmithüsen 1956). Der Raum zwischen Anden- und Küstenkordillere, die chilenische Längssenke, wird heute auf weiten Strecken von Bewässerungskulturen eingenommen. Ergänzend treten besonders im Küstenbergland der Trockenfeldbau und die Weidewirtschaft hinzu. Durch die fast vollständige Entwaldung hat hier die Bodenzerstörung teilweise schon bedrohliche Ausmaße angenommen.

Im Süden der mediterranen Zentralzone beginnt mit dem Kleinen Süden *(Chile Sur*; 37° bis 42°) der Raum, der noch um die Mitte des vorigen Jahrhunderts als „totes Glied am Staatskörper Chiles“ bezeichnet wurde. Er war bis zum Beginn der planmäßigen Staatskolonisation um 1850 weithin von undurchdringlichen Urwäldern bedeckt.

Südlich von Concepción und Temuco klingt die sommerliche Trockenheit allmählich aus. Damit sind in Südchile bereits in einer Breite von weniger als 40°, in der auf der Nordhalbkugel im Sommer noch eindeutig der Einfluß des subtropischen Hochs dominiert, ganzjährig sehr hohe, an die Westwinddrift gebundene Regenfälle charakteristisch. Die auf der Wasserhalbkugel weit äquatorwärts verschobene pazifische Antizyklone liefert die dynamische Begründung für dieses Phänomen (Weischet 1968). Das Stationsdiagramm von Valdivia zeigt zwar noch sehr deutlich den mediterranen Niederschlagsgang, vollaride Monate treten jedoch im Jahresmittel nicht mehr auf. Die hier schon sehr hohe Jahressumme von 2489 mm wird in besonders exponierten Teilen der Küstenkordillere und der Anden mit 4000 bis 5000 mm sogar noch weit überschritten. Nur in dem im Regenschatten gelegenen Längstal liegen die Jahresmengen unter 2000 mm (Station Osorno).

Entsprechend den ansteigenden Niederschlägen und abnehmenden Temperaturen geht die Hartlaubvegetation der Zentralzone südlich des Río Biobío in den Sommer-Lorbeerwald mit verschiedenen laubwerfenden Nothofagusarten wie Nothofagus obliqua *(roble)* und Nothofagus procera *(raulí)* und schließlich in den immergrünen „valdivianischen Regenwald“ über. Noch heute bedekken solche artenreichen, üppigen Regenlorbeerwälder die luvseitigen Hänge von Küsten- und Hochkordillere, vor Beginn der planmäßigen Agrarkolonisation waren sie auch für weite Teile der Längssenke kennzeichnend, nur in ihrem nördlichsten Teil traten in größerem Umfange laubwerfende Südbuchen hinzu.

In diesen Regenwäldern kommt neben den immergrünen Buchen und Zypressen den *alerce*-Beständen besondere Bedeutung zu. Die *alerce* (Fitzroya cupressoides) ist nicht nur der höchste südandine Baum (bis zu 60 m bei 5 m Durchmesser) und eine der langlebigsten Baumarten der Erde, sondern liefert auch ein äußerst dauerhaftes, leicht zu bearbeitendes und daher wirtschaftlich sehr wertvolles Holz (Golte 1974). Im Längstal sind die *alerzales* vollständig menschlichen Eingriffen zum Opfer gefallen, nur gelegentlich deuten noch die verkohlten Stubben der gewaltigen Stämme auf die einstige geschlossene Waldbedeckung dieses Raumes hin. Heute hat das südchilenische *Valle Longitudinal* eher den Charakter einer gepflegten Parklandschaft, in der nur einzelne Baumgruppen die Getreidefelder und Weideflächen unterbrechen.

Der Große Süden des Landes oder *Chile Austral* (42° bis 56°), der auf dem Festland wenig südlich von Puerto Montt und auf den Inseln südlich von Chiloé beginnt, steht unter ganzjährigem starken Einfluß der südhemisphärischen Westdrift. Deren hohe kinetische Energie hat zur Folge, daß das autochthone, der Breitenlage entsprechende Strahlungsklima besonders auf der dem Wind zugekehrten Seite fast ständig vom allochthonen Witterungsgeschehen überlagert wird (Weischet 1968). Eine Folge des hochozeanischen, durch einen antarktischen Akzent getönten Klimas ist die Tatsache, daß schon in 46° 30', also etwa auf der Breite von Lausanne oder Bozen, das patagonische Inlandeis beginnt, das mit dem Gletscher von San Rafael in größter Äquatornähe den Meeresspiegel erreicht.

Der Gegensatz zwischen Luv- und Leeseite ist überall im Großen Süden besonders ausgeprägt. Auf geringer Horizontaldistanz vollzieht sich ein markanter Wechsel des Klimas und der Vegetation. So verringern sich die jährlichen Niederschläge z.B. auf einer Entfernung von nur 90 km von 2820 mm in Puerto Aisén über 878 mm in Coyhaique bis auf 559 mm in Balmaceda. Nach dem Jahresgang der Niederschläge muß die Station Puerto Aisén mit ihrem leichten Wintermaximum nach van Husen (1967) noch zur „Zone ganzjähriger Niederschläge mit Wintermaximum" gerechnet werden. Etwas weiter südlich beginnt dann die „Zone ganzjährig gleichmäßiger Niederschläge", für die die Stationen Evangelistas und – im Regenschatten der Anden – Punta Arenas als Beispiele dienen können (Abb. 3).

Die Vegetation spiegelt diese klimatischen Gegebenheiten wider. Die fast völlig siedlungsleere Westabdachung der Kordillere wird von einem dichten, immergrünen Regenwald mit hohem Anteil von Farnen, Epiphyten und Lianen überzogen. Er geht mit abnehmender Niederschlagshöhe nach Osten in sommergrüne Südbuchenwälder und schließlich in die patagonische Steppe über.

2.4 Agrarisches und bergbauliches Nutzungspotential

Indem wir das einführende Klima- und Vegetationsprofil von Süden nach Norden nochmals zurückverfolgen, wird zunächst der Frage nach den landwirtschaftlichen Nutzungsmöglichkeiten in den verschiedenen Teilräumen Chiles genauer nachgegangen (Abb. 4).

Aufgrund der niedrigen Lage der hier fast zusammenfallenden Wald- und Schneegrenze sowie des extrem feuchten Charakters der zerklüfteten Westflanke der patagonischen Kordillere gehören weite Gebiete des Großen Südens zur absoluten Anökumene. Gemäß einem Schiedsspruch des englischen Königs aus dem Jahre 1902 folgt die chilenisch-argentinische Grenze weitgehend der kontinentalen Wasserscheide. Diese fällt jedoch nicht mit der Hauptkammlinie des Gebirges zusammen, sondern greift teilweise – als Folge der Glazialerosion – weit nach Osten bis in die patagonische Steppe über. Daher gehören nicht nur der Westabfall der Anden zu Chile, sondern auch Teile des östlichen Vorlandes, das jedoch im Norden (Provinz Aisén) durch Querriegel in einzelne Felder gegliedert ist und erst beiderseits der Magellanstraße einen zusammenhängenden Streifen bildet.

Die Anbaugrenze für Getreide springt zwar auf der Anden-Ostseite etwa drei Breitengrade weiter polwärts als im regennassen Westen (42° in Chiloé, d.h. auf gleicher Breite wie beispielsweise Rom), doch ist der Anbau auch in den begünstigten Lagen des Großen Südens wegen der Frostgefahr mit einem hohen Risiko verbunden. Grundlage der Erschließung konnte daher nur die Viehwirtschaft sein. Heute weiden in den beiden Südprovinzen Aisén und Magallanes etwa 3,4 Mill. Schafe (1976), das sind 60% des gesamten chilenischen Schafbestandes.

Im Kleinen Süden spielt der Ackerbau schon

eine größere Rolle, wenn auch die hohe Regenwahrscheinlichkeit im Herbst und recht häufig auftretender Frost zunächst noch für eine weidewirtschaftliche Nutzung sprechen. Erst im Gebiet der *Frontera* dominiert dann bei allmählich länger werdender sommerlicher Trockenzeit der Getreideanbau. Die Regionen Biobío und La Araucanía haben sich zur „chilenischen Kornkammer" entwickelt, hier liegt genau die Hälfte der chilenischen Weizenanbaufläche.

Aus Abb. 4 wird unmittelbar deutlich, daß die orographische Dreigliederung des Gebietes von Art und Intensität der landwirtschaftlichen Betätigung weitgehend nachgezeichnet wird. Hauptsiedlungsraum ist ebenso wie in der sich nördlich anschließenden Zentralzone das *Valle Longitudinal*. Die der Längssenke zugekehrten Hänge von Küsten- und Hochkordillere, die ebenfalls bereits stark entwaldet sind, tragen eher den Charakter von agraren Ergänzungsgebieten, und eine extensive Weidewirtschaft herrscht hier vor. Nur die höheren Teile des Küstenberglandes und der Anden sind noch von dichten, einstmals im ganzen Kleinen Süden verbreiteten Wäldern bedeckt. Golte (1973) gibt an, daß in den Provinzen des Seengebietes etwa die Hälfte der ehemals bewaldeten Areale heute als „offenes Land" bezeichnet werden muß. Trotzdem besitzt Chile mit 6,3 Mill. ha nutzbarer Waldfläche südlich 35° (davon 5,9 Mill. ha Naturwald und 0,4 Mill. Aufforstungswald vorwiegend mit Pinus radiata) noch ein großes, kaum in Wert gesetztes Potential, denn bisher werden in den Naturwäldern allenfalls die wertvollsten Baumarten und die für eine Verarbeitung günstigsten Stammformen geschlagen. Diese selektive Nutzung – von der gesamten Biomasse werden nur etwa 10–35% verwertet – hat in den besser zugänglichen Räumen zu einer großflächigen Waldverwüstung geführt, die besonders in der *Frontera*-Region schon in eine Waldvernichtung übergeht. Eine Erhaltung der reichen Naturressourcen ist nur dann möglich, wenn der Raubbau der Wälder beendet wird und eine geregelte Forstwirtschaft wenigstens dafür Sorge trägt, daß geeignete Nachfolgebestände heranwachsen (Eisenhauer 1975).

Die nördlich des Río Biobío beginnende *Zona Central* ist seit der Kolonialzeit der wirtschaftliche Kernraum Chiles geblieben. Dazu mag beigetragen haben, daß die Spanier hier in einer Landschaft siedeln konnten, die ihrer Natur nach wie keine andere des Kontinents den Gestaden des heimatlichen Mittelmeeres ähnelt (Schmieder 1968). Das mediterrane Winterregenklima bringt es mit sich, daß Niederschlags- und Hauptwachstumszeit nicht zusammenfallen und daher eine intensive ackerbauliche Nutzung nur auf der Basis von Bewässerung möglich ist. Es ist als eine besondere Gunst der Natur anzusehen, daß die Anden von Süden nach Norden mit Abnahme der Niederschläge an Höhe zunehmen und damit die für eine Bewässerungslandwirtschaft so wichtigen Wasserreserven bis hin zum Kleinen Norden sichern (Lauer 1961/62).

Hier in der Zentralzone ist die geomorphologische Ost-West-Gliederung in der Kulturlandschaft vielleicht noch deutlicher wiederzuerkennen als im Kleinen Süden. Scharf grenzt das Bewässerungsland auf den fruchtbaren Schwemmlandebenen fluvioglazialen Ursprungs und den sich anschließenden Durchbruchstälern an die nur extensiv genutzten Hänge (Trockenfeldbau, Weidewirtschaft) des Küstenberglandes und der Andenostabdachung (Abb. 4).

Im mediterranen Klimabereich (Provinzen Aconcagua – Biobío) liegen mehr als 80% des chilenischen Bewässerungslandes von insgesamt 1,26 Mill. ha (1975). Dementsprechend entfallen 70% der von Dauerkulturen eingenommenen Areale auf diesen Raum. Aber auch bei den *cultivos anuales* liegt der Anteil der *Zona Central* bei mehr als 50%. Neben den Rebflächen, Obstkulturen und dem Gemüsebau haben die mit *alfalfa* (Lu-

zerne) bestandenen Kunstweiden eine recht große Bedeutung. Immerhin nehmen sie fast ein Drittel des bewässerten Landes ein.
Die nördlich von Santiago immer mehr abnehmenden Winterniederschläge schränken die landwirtschaftlichen Nutzungsmöglichkeiten im Kleinen Norden bereits stärker ein. Hinzu kommt, daß das Längstal mit seinen ebenen, für eine Bewässerung besonders geeigneten Flächen hier fehlt. Der Anbau konzentriert sich im wesentlichen auf die breiten Täler der die Westabdachung der *Cordillera Alta* querenden Flüsse. Daher kann man dieses Gebiet mit Weischet (1970) auch als „Flußoasen-Chile" bezeichnen. Zu den Bewässerungskulturen kommt lokal – insbesondere in Küstennähe – der allerdings mit einem großen Unsicherheitsfaktor behaftete Trockenfeldbau von Weizen und Gerste sowie die äußerst extensive Weidewirtschaft in den oden Steppenbergländern. Die Überstockung mit Vieh hat hier stellenweise zu einer völligen Vernichtung der ohnehin nur spärlichen Vegetationsdecke geführt, so daß man schon von *desertification* sprechen kann. Eine entsprechende Studie aus dem Raum um Combarbala wurde der 1977 in Nairobi abgehaltenen *UN Conference on Desertification* vorgelegt.
Im wüstenhaften Großen Norden verhindert die Naturausstattung nahezu vollends jegliche Art landwirtschaftlicher Betätigung. Nur ganz vereinzelt und punkthaft kontrastiert hier das tiefe Grün kleiner Bewässerungsflächen mit den gelblich-grauen Farbtönen der völlig vegetationslosen Wüste. Die wenigen verstreut liegenden Oasen konzentrieren sich besonders auf den Westabfall der Andenkette. Nur im Hinterland von Arica und im Tal des Río Copiapó, das schon zum südlich anschließenden Kleinen Norden überleitet, nehmen die bewässerten Flächen größeren Raum ein. Insgesamt leben in den Oasen der nordchilenischen Wüste jedoch nur etwa 23000 Menschen und bewirtschaften ca. 15000 ha Land.

Eine Ausdehnung der landwirtschaftlichen Nutzfläche dürfte in Chile nur begrenzt möglich sein. Es fehlen im Vergleich zu den anderen Andenstaaten weite, noch vollkommen unberührte Räume an der Peripherie. Lediglich im Großen Süden (Provinz Aisén) ist das siedlungsfähige Land bisher nicht voll erschlossen. Ganz abgesehen davon, daß es sich dabei flächenmäßig nur um sehr kleine Gebiete handelt, ist die Agrarkolonisation hier mit besonderen Schwierigkeiten verbunden und heute fast zum Stillstand gekommen (vgl. Kap. 5.6).
Größere Möglichkeiten für eine Steigerung der Agrarproduktion liegen daher nur in einer Intensivierung der bereits kultivierten Areale. 1970 schätzte die staatliche Planungskommission (ODEPLAN), daß sich die beackerte Fläche um nicht weniger als 80% vor allem auf Kosten der Naturweiden vergrößern ließe. Aber auch wenn man von solchen, sicher nur allmählich zu realisierenden Maßnahmen absieht, müßte die gegenwärtige in Rotation genommene Fläche von ca. 5 Mill. ha zusammen mit den sehr ausgedehnten Weideländereien genügen, um eine wesentlich größere Anzahl von Menschen ausreichend zu ernähren als die 10 Mill., die gegenwärtig in Chile leben, d.h. Chile müßte sogar Agrarprodukte exportieren können und nicht – wie es zur Zeit der Fall ist – wichtige Grundnahrungsmittel zu einem großen Teil aus dem Ausland beziehen müssen. Schon 1960 wurde errechnet, daß die Landwirtschaft Großbritanniens bei einer mit Chile vergleichbaren Anbaufläche für 27 Mill. Menschen produzierte, während die chilenische Landwirtschaft nur knapp 6 Mill. versorgen konnten (Weischet 1970). In einer Verbesserung der Ernährungsbasis liegt ganz sicher eines der Schlüsselprobleme für die zukünftige wirtschaftliche Entwicklung des Landes (vgl. Kap. 5.5).
Ist auch das agrarische Nutzungspotential außerhalb des mittelchilenischen Längstales als recht gering zu veranschlagen, so waren

und sind doch gerade diese Räume für die chilenische Volkswirtschaft von ganz besonderem Wert.

Lange Zeit lebte das Land fast vollständig von den reichen Salpeterlagerstätten der nördlichen Wüstenzone, die während der Boomzeit immer mehr als 50% aller Staatsausgaben deckten. Die Vorkommen konzentrieren sich auf einen schmalen Streifen am Ostfuß des Küstenberglandes zwischen Zapiga im Norden und dem Hinterland von Taltal im Süden sowie auf die Hänge einer flachen Mulde, die von Calama in südwestliche Richtung verläuft (Abb. 38; Weischet 1970). Das in den Aufbereitungsanlagen *(oficinas)* verarbeitete Grundmaterial, die *caliche*, ist ein Abtragungsschutt mit unterschiedlich hohem Gehalt an Nitraten. Während zu Beginn der Exploitation Lagerstätten von mehr als 30% Salpetergehalt erschlossen werden konnten, schwanken die Anteile in den heute noch arbeitenden Betrieben um 7%. Da die wirtschaftlich nutzbaren Vorkommen keine durchgehende Schicht bilden, sondern als unregelmäßige Flecken in Schuttlagen geringer Konzentration auftreten, wird beim Abbau die Oberfläche ausgedehnter Gebiete vollständig durchwühlt.

Das Problem der Entstehung des auf der ganzen Welt einzigartigen Reichtums an Salpeter in der nordchilenischen Wüste konnte bis heute nicht vollständig geklärt werden. Sei es, daß die Oxydation des Luftstickstoffes bei elektrischen Entladungen Ausgangspunkt für die Bildung der Lagerstätten war oder daß sich die Nitrate in gasreichen Aschenströmen gebildet haben, sicher ist nur, daß die extremen Klimabedingungen der Atacamawüste für die vorkommenden Anreicherungen eine unumgängliche Voraussetzung waren (Zeil 1964, Weischet 1970).

Auch heute ist Chile in erster Linie vom Export eines einzigen Produktes abhängig. Seit der Weltwirtschaftskrise, die den endgültigen Zusammenbruch der Salpeterindustrie brachte, entwickelte sich das Kupfer zum wichtigsten Devisenbringer. Im Durchschnitt der Jahre 1970–75 entfielen über 70% aller Exporterlöse auf Kupferverkäufe.

In der zweiten Hälfte des vorigen Jahrhunderts gehörte Chile schon einmal zu den wichtigsten kupfererzeugenden Ländern der Erde. Zwischen 1860 und 1870 konnte es beispielsweise mehr als 40% der Weltproduktion auf sich vereinigen. Das Jahrhundert zwischen 1810 und 1910 wird von Pederson (1966) als die Periode des „Silber-Kupfer-Booms" bezeichnet, da in diesem Zeitabschnitt auch die Entdeckung und Ausbeutung reicher Silberminen im Kleinen und Großen Norden erfolgte. Der heute fast unbedeutende Goldbergbau spielte damals ebenfalls noch eine gewisse Rolle.

Bis zur Jahrhundertwende waren im Kupferbergbau lediglich die „Ganglagerstätten" erschlossen. Sie zeichnen sich durch einen außerordentlich hohen Metallgehalt von bis zu 40% aus. Nach Erschöpfung der wichtigsten Vorkommen dieser Art ging die chilenische Kupferproduktion rasch zurück; ihr Anteil an der Welterzeugung sank bis 1916 auf nur noch 4%. Ein neuer Aufschwung setzte erst ein, als es nach 1900 gelang, die riesigen Lagerstätten geringen Kupfergehaltes (unter 2%) ökonomisch auszubeuten.

Alle großen chilenischen Kupferminen gehören zum Typ dieser „Imprägnationslagerstätten" und liegen am Westabfall der Anden in einer Höhe von 2500 bis 3000 m (Chuquicamata, Potrerillos-El Salvador, El Teniente). Ihre Bildung steht in Zusammenhang mit verschiedenen vulkanischen und subvulkanischen Vorgängen. Dabei haben die Kupferlösungen ausgedehnte Gesteinskörper durchtränkt und durchadert (Zeil 1964). In ihren oberen Teilen bestehen die Vorkommen fast ausschließlich aus oxydischen Erzen, es folgt eine Mischzone von oxydischen und sulfidischen Mineralien und schließlich Schichten, die nur Sulfide enthalten. Dabei sind die sulfidischen die primären Kupfererze, aus denen durch Verwitterung die oxydischen entstehen. Die Erze werden teilweise im Tagebau (Chuquicamata), teilweise auch Untertage (El Salvador, El Teniente) abgebaut. Als wichtigstes Nebenprodukt bei der Kupfererzeugung fällt Molybdän an. Neben den wenigen Groß- und Mittelbetrieben gibt es im Norden Chiles mehrere tausend Klein- und Kleinstbetriebe, die – zum Teil nur mit Spitzhacken ausgerüstet – nach Gesteinsadern hohen Kupfergehaltes suchen. Ihr Anteil an der Gesamtproduktion liegt jedoch bei weniger als 10%.

Im Vergleich zum übrigen Bergbau ist der Eisenerzabbau noch recht jung. Die großen, heute in Wert gesetzten Vorkommen liegen alle im Kleinen Norden, dem Übergangsraum zwischen Wüste und mediterraner Zentralzone. Die hochwertigen Hämatit-Magnetiterze mit einem Metallgehalt von 60–65% sind dabei als riesige Linsen in Porphyrite oder Andesite der Küstenkordillere eingelagert (Zeil 1964). Nur die heute erschöpfte Mine von El Tofo wurde bereits ab 1910 erschlossen, alle anderen Großbetriebe sind erst in jüngster Zeit entstanden (Algarrobo bei Vallenar 1961, Romeral bei La Serena 1955). Die Eisenerzproduktion ist daher wie kein anderer Zweig des Bergbaus in den letzten Jahren außerordentlich stark angestiegen (Abb. 40). Ein geringer Teil der Erze wird in dem 1950 fertiggestellten Stahlwerk Huachipato bei Concepción weiterverarbeitet, der größte Teil (mehr als 90%) geht in den Export.

Auch die Versorgung mit Energierohstoffen aus eigener Produktion ist in Chile besser als in vielen anderen Staaten der Dritten Welt, wenn auch beim Erdöl, dem bei weitem wichtigsten Energielieferanten (74% gegenüber Kohle mit 18% und Wasserkraft mit 8%), mehr als drei Viertel des Verbrauchs importiert werden müssen (1978: 83%).

Kohle wird in Chile bereits seit Mitte des vorigen Jahrhunderts gewonnen. Die wichtigsten Gruben liegen in den beiden Südprovinzen Concepción und Arauco, und zwar zum einen im Gebiet um Lota und Coronel, zum anderen im Raum von Lebu. Die Kohlenflöze sind hier am meerseitigen Abfall der Küstenkordillere in Schichten des Eozäns (Tertiär) eingelagert. Durch zahlreiche Störungen sind aber die Abbaubedingungen nicht gerade günstig, und die Förderkosten liegen – nicht zuletzt auch wegen der veralteten technischen Anlagen – erheblich über den Weltmarktpreisen. Die zur Verhüttung wenig geeignete Kohle wird vollständig im eigenen Lande verbraucht. Ihre Förderung geht allerdings seit Anfang der 50er Jahre ständig zurück, was auf billigere und bessere Importkohle sowie die Konkurrenz von Erdöl und hydroelektrischer Energie zurückzuführen ist (Abb. 40).

Es wurde schon darauf hingewiesen, daß sich südlich 51° die geologische Struktur der Anden vollständig ändert. Die hier im Bereich der ehemaligen Magellansynklinale abgelagerten, bis zu 10 km mächtigen kreidezeitlichen Sedimentpakete sind für das Land von erheblicher wirtschaftlicher Bedeutung, da die tiefsten dieser Schichten von ölführenden Sandsteinen gebildet werden. Das eigentliche Erdölfördergebiet ist eine nur schmale Zone zu beiden Seiten des atlantischen Ausgangs der Magellanstraße. Zur Jahreswende 1945/46 wurde hier bei Manantiales die erste Bohrung fündig. Die chilenische Erdölproduktion zeigt in der Gegenwart – nach einem Höchststand von mehr als 2 Mill. m^3 zu Beginn der 60er Jahre – bereits wieder eine rückläufige Tendenz (1978: nur noch 1,0 Mill. m^3). Deshalb wird verstärkt nach neuen, abbauwürdigen Feldern gesucht. Ein erster Erfolg dieser Bemühungen war die Entdeckung der Vorkommen bei Punta Catalina, ebenfalls an der Magellanstraße gelegen. Die mögliche Fördermenge wird hier auf 3000 m^3 täglich geschätzt. Mittelfristig erhofft man sich dadurch eine Einsparung bei den Importen von etwa 60%. Neben dem Erdöl werden in Feuerland auch beträchtliche Mengen an Naturgas gefördert (1978:

6,2 Md. m^3). Seit Fertigstellung der Raffinerien von Concón, wenig nördlich von Valparaiso, und Concepción verarbeitet Chile das Rohöl im eigenen Lande weiter.

Aufgrund seines großen Reichtums an Bodenschätzen bringt Chile für die Entwicklung einer modernen Wirtschaft vergleichsweise günstige Voraussetzungen mit. Die hohen Exporteinnahmen aus dem Verkauf von Salpeter, Kupfer und Eisen sicherten und sichern noch heute dem Land beträchtliche Deviseneinnahmen. Die bisher bekannten Vorräte lassen die wirtschaftliche Situation in dieser Hinsicht auch für die nähere Zukunft in einem günstigen Licht erscheinen. Allein beim Kupfer werden Reserven von 80 Mill. t Reinkupfer (bei einem mittleren Kupfergehalt der Erze von 1,1%) angenommen. Gelingt es, auch noch Erze niedrigerer Kupferkonzentration (ca. 0,5%) wirtschaftlich zu gewinnen, so erhöhen sich diese Reserven um weitere 55 Mill. t. Bei den gegenwärtigen Produktionswerten dürften damit die Vorräte noch für etwa 100 Jahre ausreichen. Ähnlich günstig ist die Lage beim Eisenerzbergbau. Große bekannte Vorkommen in den küstenfernen Teilen der Provinzen Atacama und Coquimbo werden aufgrund der zur Zeit zu hohen Transportkostenbelastung noch gar nicht genutzt, und auch die 1958 entdeckte größte Lagerstätte El Laco im Osten des Salars de Atacama in mehr als 4500 m Höhe wird nach wie vor nicht ausgebeutet.

Trotz dieser günstigen Perspektiven bemüht sich Chile heute verstärkt darum, die einseitige Abhängigkeit vom Export einiger weniger bergbaulicher Primärprodukte mit all den damit verbundenen negativen Begleiterscheinungen abzubauen. In diesem Zusammenhang kommt der Förderung der Industrie besondere Bedeutung zu (Kap. 6.4).

Neben den fruchtbaren Ebenen des Längstales und den vielfältigen und hochwertigen Lagerstätten in beiden Kordilleren muß noch eine dritte Quelle des chilenischen Reichtums genannt werden; es ist der kalte Meeresstrom, der die gesamte Küste von Feuerland im Süden bis Arica im Norden begleitet. Im Bereich dieses „Humboldt-Stromes“ werden ständig antarktische Wassermassen mit hohem Gehalt an Sauerstoff und gelösten Nährsalzen nach Norden transportiert. Durch die ablandige Strömung vor weiten Teilen der Küste steigt zusätzlich immer wieder neues, nährstoffreiches Wasser aus größerer Tiefe auf. Die Beförderung von Nitraten und Phosphaten in die oberen, von Licht durchfluteten Schichten bildet die Grundlage für die Entfaltung eines reichen Planktonlebens als erstem Glied der Nahrungskette bis hin zu den wirtschaftlich verwertbaren Fischarten.

Lange Zeit wurde die wertvolle Meeresfauna der Küstengewässer nur unzureichend genutzt. Lebensgrundlage der chilenischen Bevölkerung ist seit jeher die Landwirtschaft und nicht der Fischfang; einem relativ hohen Fleischverbrauch steht schon immer ein sehr viel geringerer Fischkonsum gegenüber. Seitdem jedoch die eigene Fleischerzeugung mit dem Bedarf der schnell wachsenden Bevölkerung nicht mehr Schritt halten kann (heute müssen große Mengen von Rindfleisch importiert werden), kommt der Fischproduktion zur Bekämpfung des weit verbreiteten Eiweißmangels Bedeutung zu.

Wenn auch der Chilene bis heute ein Stück *lomo* oder gar *filete* dem besten Speisefisch vorzieht, so gilt das nicht für die *mariscos* („Meeresfrüchte“ wie Langostinos, Austern und verschiedene andere Muschel- und Meerschneckenarten), die von allen Bevölkerungsschichten als besondere Delikatesse geschätzt werden und bei keinem Festessen als Vorspeise fehlen dürfen. Deshalb ist es nicht verwunderlich, daß z.B. 1931 etwa 40% der Anlandungen solche *mariscos* waren und noch 1957 von insgesamt 213000 t darauf 56000 t (26%) entfielen (heute nur noch etwa 10%, davon werden knapp zwei Drittel zu Konserven verarbeitet).

Zwar hatte Chile zusammen mit Peru und Ekuador schon 1947 einseitig die traditionelle Dreimeilenzone auf ein Fischereihoheitsgebiet von 200 Meilen ausgeweitet, einen sichtbaren Aufstieg verzeichnete die chilenische Fischereiwirtschaft aber erst zu Beginn der 50er Jahre, als man in der Zentralzone mit der Ausbeutung der großen *merluza*-Schwärme (Seehecht, Merluccius gayi) begann (Oltersdorf 1966 und 1969). Die *merluza* wird sowohl zur Herstellung von Fischmehl verwendet, als auch in großen Mengen auf den Frischfischmärkten angeboten.

Noch etwas später setzte in den Nordprovinzen die Nutzung der riesigen *anchoa*-Vorkommen (Engraulis ringens) ein. Durch verschiedene Steuer- und Einfuhrerleichterungen versuchte man, auch ausländisches Kapital an Investitionen in diesem Wirtschaftsbereich zu interessieren. Dem raschen Aufbau der fischverarbeitenden Industrie in den Jahren bis 1964 mit einer Steigerung der gesamten chilenischen Anlandungen von nur 305 000 t (1960) auf 1,1 Mill. t (1964) folgte allerdings sehr schnell ein einschneidender Rückschlag, als die *anchovetas* erstmals den küstennahen Gewässern fernblieben. Von den 24 Fischmehl produzierenden Betrieben am wichtigsten neuen Standort Iquique waren 1968 nur noch 11 übriggeblieben, zeitweilig mußten sogar sämtliche Fabriken ihre Produktion einstellen. Ab 1966 trat zwar eine gewisse Konsolidierung dieses Wirtschaftszweiges ein, große Schwankungen bei den Anlandungen ließen sich jedoch auch später nicht vermeiden (Tab. 1), da sich die in Peru als *El Niño* bekannte, warme äquatoriale Gegenströmung gelegentlich auch in Chile bemerkbar macht und sich außerdem die Auftriebszonen des kalten Tiefenwassers in Küstennähe von Jahr zu Jahr verschieben können.

Der Schwerpunkt der „industriellen Großfischerei" liegt heute eindeutig im Großen Norden (insbesondere Iquique und Arica). Im Mittel der Jahre 1970–72 erfolgten 74% der Fänge in diesem Raum, die von sechs großen Gesellschaften verarbeitet wurden. Die traditionelle Klein- oder *caleta*-Fischerei (*caleta* = kleine Bucht) hat ihre wichtigsten Standorte nach wie vor in der Zentralzone (57%) und im Süden (37%).

Von der gesamten Fischausbeute werden fast 95% industriell (überwiegend zu Fischmehl und Fischöl) verarbeitet, und nur etwa 5% gelangen in frischem Zustand auf den Markt. Mit gut 300 000 t Jahresproduktion (1978) steht Chile in Südamerika, was die Fischmehlerzeugung anbetrifft, nach Peru an zweiter Stelle. Beide Staaten zusammen liefern damit etwa ein Viertel der Weltproduktion.

Die beiden wichtigsten und in Chile am begehrtesten Speisefische, der *congrio* (Genypterus) und der *corvina* (Cilus montii) machen zusammen noch nicht einmal ein Viertel Prozent der Gesamtproduktion aus, demgegenüber entfallen auf *anchoa* (67%) und *sardina* (12%) allein vier Fünftel.

Gerade im Hinblick auf eine Verbesserung der Ernährungsbasis kommt einem Ausbau und einer Förderung der Fischereiwirtschaft auch in Zukunft große Bedeutung zu. Jedoch sollte das Hauptaugenmerk weniger auf eine Ausweitung der Fischmehlfabrikation gerichtet sein, sondern es müßte in erster Linie Anlandung und Vermarktung von Speisefischen unterstützt werden, denn noch immer ist der Fischkonsum in Chile trotz der auf eine Erhöhung des Verbrauchs abzielenden Propaganda von Regierungsorganen sowie der FAO und einer zeitweiligen Einschränkung des Fleischverkaufs nur etwa halb so hoch wie in anderen „Fischfangnationen" (z.B. Norwegen, Spanien, Japan). Durch eine Steigerung des Fischabsatzes im Lande ließe sich jedoch am leichtesten eine Verbesserung der Proteinversorgung für breite Bevölkerungsschichten erreichen.

Betrachtet man abschließend nochmals die wirtschaftlich nutzbaren Ressourcen der ver-

schiedenen chilenischen Lebensräume, so läßt sich als Fazit eine ausgesprochen positive Bilanz ziehen. Im Hauptsiedlungsgebiet der Zentralzone steht eine genügend große landwirtschaftliche Nutzfläche zur Verfügung, die zur Versorgung der noch vergleichsweise geringen Bevölkerungszahl mehr als ausreichen müßte. Die extreme Längserstreckung des Landes über die verschiedenartigsten Klimazonen ermöglicht eine breite Palette von Anbauprodukten, die von tropischen und subtropischen Früchten bis zu Erzeugnissen der gemäßigten Zone wie Kartoffeln, Zuckerrüben und verschiedenen Getreidearten reicht. In den Regionen, in denen ein Anbau auf Regenfall nicht möglich ist, sorgen die bis über die Schneegrenze aufragenden Anden dafür, daß auch in der Hauptwachstumszeit des Sommers genügend Wasser zur Bewässerung der Kulturen zur Verfügung steht.
Darüber hinaus liefern Küsten- und Andenkordillere dem Land wichtige Exportprodukte und tragen wenigstens teilweise zur Sicherung seines Energiebedarfes bei. Im wüstenhaften Norden werden neben dem ehemals so bedeutenden Salpeter heute in erster Linie Kupfer- und Eisenerze abgebaut; er wird deshalb zu Recht als die „Hauptgeldquelle" Chiles bezeichnet. Im Süden stellen die Erdölquellen an der Magellanstraße und die Tertiärkohle bei Concepción wertvolle Lagerstätten dar. Besonders im Norden bilden zahlreiche noch ungenutzte Erzreserven eine sichere Basis für die zukünftige wirtschaftliche Entwicklung.
Die reichen Fischereigründe entlang der ganzen Küste könnten sich zu einer dritten Säule der chilenischen Volkswirtschaft entwickeln. Eine intensivere Nutzung hat hier gerade erst eingesetzt, dabei steht allerdings sehr einseitig die Gewinnung von Fischmehl und Fischöl im Vordergrund. Eine Erweiterung des Angebotes an Speisefischen wäre ein wichtiger Beitrag zur Verbesserung der Ernährungslage gerade der ärmeren Bevölkerungsschichten.

Daß Chile trotz dieser vergleichsweise günstigen Voraussetzungen im wirtschaftlichen und sozialen Bereich vor einer Reihe noch ungelöster Probleme steht, wird in den folgenden Kapiteln noch näher zu belegen sein.

2.5 Verkehrswege und Transportprobleme in Abhängigkeit von peripherer Lage und extremer Längserstreckung

Kann Chile von der Naturausstattung her durchaus als ein „reiches Land" bezeichnet werden, so bildet die außerordentliche Längserstreckung und die Lage im äußersten Südwestzipfel Südamerikas eine schwere Hypothek für eine Erschließung und Integration gerade der peripheren Landesteile. Ein leistungsfähiges Verkehrsnetz aufzubauen, gehörte daher mit zu den aufwendigsten aber auch notwendigsten Aufgaben des Staates. Einer Lösung des Transportproblems muß auch in Zukunft hohe Priorität eingeräumt werden, denn noch immer ist der extreme Süden auf dem Landwege nur über argentinisches Gebiet zu erreichen und noch immer scheitert vielerorts eine Intensivierung der Landwirtschaft an den schlechten Verkehrsverbindungen.
Die bergbauliche Exploitation im chilenischen Norden sorgte dafür, daß schon 1851 als älteste Bahnanlage Südamerikas die Linie zwischen Copiapó und dem Hafen Caldera eröffnet wurde. In der Folgezeit entstanden vor allem in der Salpeterpampa auf privater Basis zahlreiche Stichbahnen von den Abbauzonen zu den Verladeplätzen an der Küste. Von staatlicher Seite wurden die noch fehlenden Stücke bis 1914 zu einer geschlossenen Nordbahn zwischen Pisagua und Santiago ergänzt (Abb. 5).
Auch mit der Verbindung zwischen der Landeshauptstadt und dem wichtigsten Hafen Valparaiso sowie mit dem Bau der Südbahn ist bereits vor der Jahrhundertwende begon-

Abb. 5: Die wichtigsten Straßen- und Eisenbahnverbindungen in Chile

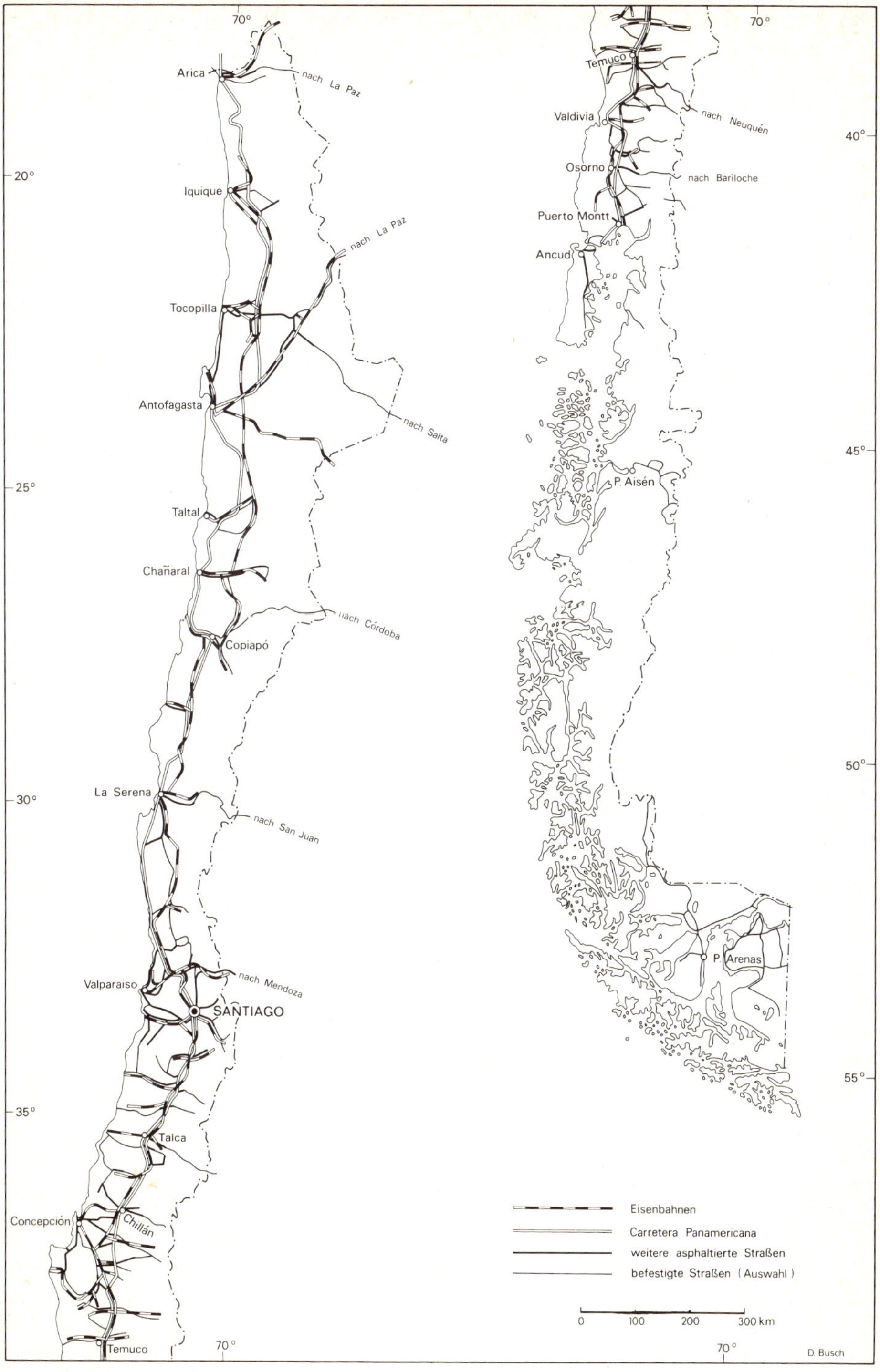

Quelle: Atlas de la República de Chile 1970, ergänzt

Tabelle 1: Entwicklung der Fisch- und *marisco*-Anlandungen in Chile 1960–77 (in t)

Jahr	Fisch	*mariscos*	gesamt
1960	304 666	35 037	339 704
1964	1 093 561	67 703	1 161 263
1965	642 957	65 783	708 740
1966	1 309 139	74 270	1 383 409
1971	1 389 022	97 901	1 486 923
1972	690 469	102 375	792 844
1973	581 417	83 031	665 488
1974	1 047 808	80 431	1 128 239
1975	804 022	95 436	899 458
1976			1 379 000
1977			1 280 000

Quelle: INE und CORFO

Tabelle 2: Beförderungsleistung der chilenischen Eisenbahn 1955–75

Jahr	Personen (in 1000)	Güter (in 1000 t)
1955	31 825	12 589
1965	28 078	19 517
1975	20 610	16 980

Quelle: Stat. Bundesamt 1970 und INE

Tabelle 3: Entwicklung des chilenischen Straßennetzes 1955–75

Jahr	Gesamtlänge in km	asphaltiert in km	befestigt in km	Erdstraßen in km
1955	56 814	2 371	19 379	35 064
1965	61 380	5 695	24 523	31 162
1975	75 322	9 031	31 591	34 700

Quelle: Ministerio de Obras Públicas

Tabelle 4: Personenbeförderung der chilenischen Luftfahrtgesellschaften 1960–75

Jahr	Inland	Ausland
1960	298 308	99 708
1965	549 441	59 863
1972	571 847	136 279
1975	301 945	227 035

Quelle: Stat. Bundesamt 1970 und Junta de Aeronáutica Civil

nen worden. Die Bahnverbindung nach Süden hatte von vornherein den Zweck, das landwirtschaftlich geprägte Längstal südlich der Hauptstadt aufzuschließen (Lauer 1961/62). 1912 war die Strecke bis zum heutigen Endpunkt Puerto Montt fertiggestellt. Gerade im südchilenischen Seengebiet hat der Bahnbau großen Einfluß auf die Wirtschaftsentwicklung gehabt (vgl. Kap. 5.6). Auch von der südlichen Longitudinalbahn gehen zahlreiche Querlinien an die Küste und in das Andenvorland ab.

Unter den Ost-West verlaufenden Bahnlinien haben vor allem die internationalen Routen größere Bedeutung (Abb. 5). Zugleich gestalteten sich die Baumaßnahmen hier besonders schwierig, und der laufende Unterhalt erfordert hohe Summen. Um den mit dem Bau der Transandenstrecken verbundenen ungeheuren Aufwand richtig ermessen zu können, muß man sich vergegenwärtigen, daß die Hochkordillere auf weiten Strecken Chile wie eine Mauer von seinen Nachbarn Bolivien und Argentinien trennt. Im Großen Norden gibt es keinen Paß, der nicht fast 4000 m erreicht, und selbst im Kleinen Norden und in der Zentralzone müssen noch mehr als 3000 m überwunden werden. Erst weiter im Süden sind die Durchgangsmöglichkeiten besser, diese Gebiete liegen jedoch vom zentralen Kern des Landes schon zu weit entfernt, und es gibt auch keine bergbaulichen Interessen, die hier einen Bahnbau rechtfertigen könnten. Als erste internationale Route wurde ab 1873 von einer englischen Firma die Strecke zwischen Antofagasta und La Paz gebaut; sie führt fast bis in eine Höhe von 4000 m (Ascotán 3960 m) und erreicht die Grenze am 3690 m hohen Paß von Ollagüe. Diese Linie dient nicht nur der Ausfuhr bolivianischer Bergbauprodukte, sondern auch dem Transport des Kupfers von Chuquicamata nach Antofagasta. Seit 1948 besteht von Antofagasta aus auch eine Verbindung nach Salta in Argentinien (über den 3858 m hohen Socompa- und auf argentinischem Gebiet über den 4453 m hohen Chorrillos-Paß).

1910 wurde eine weitere Transandenbahn, die Linie zwischen Los Andes und Mendoza, eingeweiht; diese steigt nicht ganz so hoch wie die vorher genannten, da sie den 3855 m hohen Uspallata-Paß in einem Tunnel durchquert (Höhe 3185 m).

Auf chilenischem Gebiet klettert die 1913 fertiggestellte Bahn zwischen Arica und La Paz am höchsten hinauf. In vielen Spitzkehren erreicht sie am Tacora-Paß eine Höhe von 4256 m. Auf einer Entfernung von nur 42 km wird dabei ein Höhenunterschied von 2241 m bewältigt.

Insgesamt gesehen ist die Bedeutung der Eisenbahn als Transportmittel in den letzten Jahrzehnten stark rückläufig. Für den innerchilenischen Personenverkehr spielen heute nur noch die von Santiago ausgehenden, fast vollständig elektrifizierten Strecken nach Valparaiso und in den Süden eine gewisse Rolle. Aber auch im Güterverkehr werden selbst Eisenbahn und Küstenschiffahrt zusammen vom Lastwagentransport um fast das Doppelte übertroffen (Tab. 2).

Trotz der Stillegung einiger Nebenstrecken verzeichnet die chilenische Staatsbahn von Jahr zu Jahr steigende Defizite (1977: 24 Mill. US-$). Nicht nur, daß wie anderswo auch unrentable Strecken weiter betrieben werden müssen; das im Verhältnis zur Bevölkerung ungewöhnlich ausgedehnte Netz (9600 km, d.h. 9,4 km auf 10000 Einwohner im Vergleich zur Bundesrepublik Deutschland mit 5,3 km) erfordert hohe Aufwendungen für den laufenden Unterhalt und macht eine durchgreifende Modernisierung sehr kostspielig.

Die gegenwärtige Regierung versucht, das Problem mit einer „Gewaltkur" zu lösen. Vor allem soll der schon immer überbesetzte Verwaltungsapparat der Bahn drastisch reduziert werden. Es ist vorgesehen, bis 1980 den Personalbestand von 27000 Personen auf etwa die Hälfte zu senken, zum gleichen

Zeitpunkt sollen auch alle Subventionen gestrichen werden. Solche Maßnahmen können ganz sicher nur durch eine radikale Verkleinerung des Streckennetzes und eine Streichung zahlreicher Vorzugstarife und damit nicht ohne soziale Härten erfolgreich durchgeführt werden.

Haupttransportader des Landes ist heute die seit 1965 zwischen Arica und Puerto Montt vollständig asphaltierte *Panamericana*, von ihr zweigen wichtige Verbindungsstrecken nach Valparaiso, San Antonio bzw. Concepción ab, und sie wurde mit einer Fährverbindung über den *Canal de Chacao* bis Castro auf Chiloé verlängert (Abb. 5).

Unter den internationalen, von der *Longitudinal Norte y Sur* abzweigenden Strecken wurde bisher nur die Verbindung in Richtung Mendoza ganz und die von Osorno nach Bariloche teilweise geteert, die Straße von Arica nach La Paz ist noch im Bau, und die von Calama ausgehende Abzweigung nach Salta befindet sich z.T. in beklagenswertem Zustand. Die auf den Hauptstrecken verkehrenden modernen Busse treten immer stärker in Konkurrenz zur Eisenbahn. Auf der Straße werden heute überall mehr und meist schnellere Verbindungen als auf der Schiene angeboten.

Sind damit auch die wichtigsten Verkehrsachsen des Landes, von einigen bereits wieder erneuerungsbedürftigen Abschnitten abgesehen, recht gut ausgebaut und können problemlos das ganze Jahr über befahren werden, so gilt dies nicht für den größten Teil der Nebenstrecken, insbesondere für die nur mit einer Schotterdecke versehenen *caminos ripiados*. Schlaglöcher und Wellblechquerrinnen machen hier schon in der Trockenzeit das Fahren stellenweise zu einem Problem, in der Regenzeit werden jedoch im Süden manche Strecken gänzlich unpassierbar. Das bedeutet, daß Landwirte ohne unmittelbaren Anschluß an die *Panamericana* ihre Produkte nur unter Schwierigkeiten und mit hohem Kostenaufwand vermarkten können.

Der Staat hat in den letzten Jahren beträchtliche Anstrengungen unternommen, um diese Situation zu verbessern. Tab. 3 zeigt, daß die Länge der geteerten Streckenabschnitte zwischen 1955 und 1975 immerhin um fast das Vierfache angestiegen ist. Noch immer ist es allerdings nicht gelungen, den Großen Süden des Landes an das Straßennetz anzuschließen. Obwohl bereits 1969 mit der technischen Vorplanung einer 450 km langen Allwetterstraße zwischen Puerto Montt und Aisén begonnen wurde, konnten aufgrund der immensen Schwierigkeiten und hohen Kosten bis jetzt erst 220 km fertiggestellt werden (1979).

Aber selbst in vielen an der *Longitudinal* gelegenen Städten behindern die erheblichen Distanzen zu den Hauptverbraucherzentren in der Landesmitte und die damit verbundene Transportkostenbelastung oftmals eine eigenständige wirtschaftliche Entwicklung. Wenn beispielsweise ein mit Hilfe staatlicher Vergünstigungen eingerichtetes Montagewerk für Autos in Arica den größten Teil der Produktion über 2058 km per Lastwagen – die Stadt ist an die Nord-Süd-Bahn nicht angeschlossen – bis Santiago transportieren muß und auch viele der verarbeiteten Teile von dort kommen, so ist das mit ein Grund dafür, daß die Herstellung von Personenkraftwagen hier etwa dreimal so teuer wie in Europa ist (vgl. Kap. 6.5).

In einem Land mit einer so extremen topographischen Gestalt, wie es Chile darstellt, kommt naturgemäß dem Flugverkehr große Bedeutung zu. Besonders die Verbindungen zu den peripheren Landesteilen wären ohne Flugzeug ungeheuer zeitaufwendig. Alle großen Städte sind daher über die beiden Linien LAN *(Línea Aérea Nacional)* und LADECO *(Línea Aérea del Cobre)* mit der Landeshauptstadt bzw. untereinander verbunden. LAN unterhält auch mehrere Strecken nach Europa und Nordamerika sowie neuerdings über die Isla de Pascua nach Tahiti. Umgekehrt wird Santiago-Pudahuel von 17 internationalen Linien angeflogen. Die Verkehrsleistung dieses 1967 fertiggestellten, internationalen chilenischen Flughafens dokumentiert aber auch sehr eindrucksvoll Chiles Lage am „Ende der Welt". Mit gut 720 000 Passagieren, die hier 1975 abgefertigt wurden (einschließlich Transit), hat er etwa die Größe des Nürnberger Flugplatzes (zum Vergleich: Frankfurt/M. 12,8 Mill.; São Paulo 3,6 Mill.; Teheran 2,3 Mill.).

Lange Zeit waren die Flugpreise aufgrund staatlicher Subventionen außerordentlich niedrig, so daß das Flugzeug – bedenkt man die zum Teil beträchtliche Zeitersparnis – allen anderen Verkehrsträgern erheblich überlegen war. Eine gewisse Anpassung der Preise an den internationalen Standard führte seit 1974 zu einem drastischen Rückgang der Fluggäste (Tab. 4).

Will man auch zum Abschluß dieses Teilkapitels eine knappe und zusammenfassende Bilanz ziehen, so bleibt festzuhalten, daß es Chile zwar in den letzten Jahren gelungen ist, die mit der extremen Meridionalerstreckung verbundenen Verkehrs- und Transportprobleme abzumildern, daß die großen Entfernungen zur *Zona Metropolitana* aber nach wie vor für die peripheren Landesteile eine erhebliche wirtschaftliche Belastung darstellen, und eine Verbesserung der Verkehrssituation einschließlich einer stärkeren Koordination der einzelnen Verkehrsträger zu den wichtigsten Zukunftsaufgaben des Staates gehören.

3 Bevölkerungsverteilung und Bevölkerungsdynamik

3.1
Ballungsgebiete in der Landesmitte – siedlungsleere Räume an der Peripherie

Mit einer Bevölkerung von wenig mehr als 10 Mill. Einwohnern (1978) auf der dreifachen Fläche der Bundesrepublik Deutschland (742 000 km²) gehört Chile wie fast alle südamerikanischen Staaten zu den vergleichsweise noch dünn besiedelten Ländern der Erde. Die errechnete mittlere Bevölkerungsdichte von 14 Ew./km ², die etwa derjenigen von Finnland entspricht, ist jedoch von relativ geringer Aussagekraft, denn weite Teile des Landes können landwirtschaftlich überhaupt nicht oder doch nur in geringem Umfang genutzt werden und sind daher bis heute fast völlig unbesiedelt geblieben. Nach Schätzungen der FAO (1976) beträgt die unter Pflug genommene Fläche *(superficie arable)* nur 56 000 km², dazu kommen noch etwa 2000 km², die von Dauerkulturen eingenommen werden. Insgesamt sind das lediglich knapp 8% der Landesfläche. Bezieht man die Einwohnerzahl Chiles auf diesen Wert, so ergibt sich immerhin eine Dichte von 180 Ew. km².

Die übrigen 92% des Landes entfallen zum einen auf die völlig vegetationslosen Wüsten im Großen Norden, die Felsregionen und vergletscherten Gebiete der Hochkordillere (zusammen 29%) sowie auf die noch kaum in Wert gesetzten riesigen Waldgebiete vor allem im Kleinen und Großen Süden (28%), zum anderen können sie als agrare Ergänzungsflächen angesehen werden (35%), die, wie die Naturweiden in den Halbwüsten und Steppen des Kleinen Nordens und ein Teil der Wälder im Kleinen Süden, nur einer sehr extensiven Nutzung zugänglich sind.

Diese wenigen Angaben deuten schon darauf hin, daß sich die Bevölkerung höchst ungleich über die Landesfläche verteilt. Neben der naturgeographischen Ausstattung führte auch der Gang der kolonisatorischen Erschließung dazu, daß die am dichtesten besiedelten Gebiete in der Landesmitte, d. h. in der mediterranen Zentralzone liegen. Hier in den heiteren Subtropen, einem Klimagebiet, in dem sich der iberische Mensch von Hause aus am wohlsten fühlt (Lauer 1961/62), leben auf knapp 13% der Landesfläche 70% der chilenischen Bevölkerung (Tab. 5). Aber auch innerhalb der zentralchilenischen Provinzen zwischen Aconcagua im Norden und Concepción im Süden stehen die dicht bevölkerten Bewässerungsflächen in der Längssenke und den daran anschließenden Durchbruchstälern in scharfem Kontrast zu den nur als Weideland oder allenfalls für den Trokkenfeldbau geeigneten Hügel- und Bergländern oder gar den weitgehend menschenleeren Gipfelregionen der Anden (Flores 1972; Abb. 6).

Die extrem ungleiche Bevölkerungsverteilung tritt noch klarer in Erscheinung, betrachtet man nur die Provinzen, in denen die größten Städte des Landes liegen. In den Provinzen Santiago, Valparaiso und Concepción, d. h. auf nur 3,8% der Fläche, leben mehr als 50% aller Chilenen und allein in der „Hauptstadtprovinz" Santiago (2,3% der Fläche) knapp 40%. Diese ungewöhnliche Bevölkerungskonzentration hat sich im betrachteten Zeitraum (Tab. 5) ständig weiter verstärkt und dürfte sich vorerst auch kaum verringern. Analysiert man nämlich das durchschnittliche jährliche Bevölkerungswachstum im Jahrzehnt zwischen 1960 und 1970 auf Provinzbasis (Abb. 7), so zeigt sich,

Abb. 6: Bevölkerungsverteilung in den zentralchilenischen Provinzen O'Higgins und Colchagua 1970

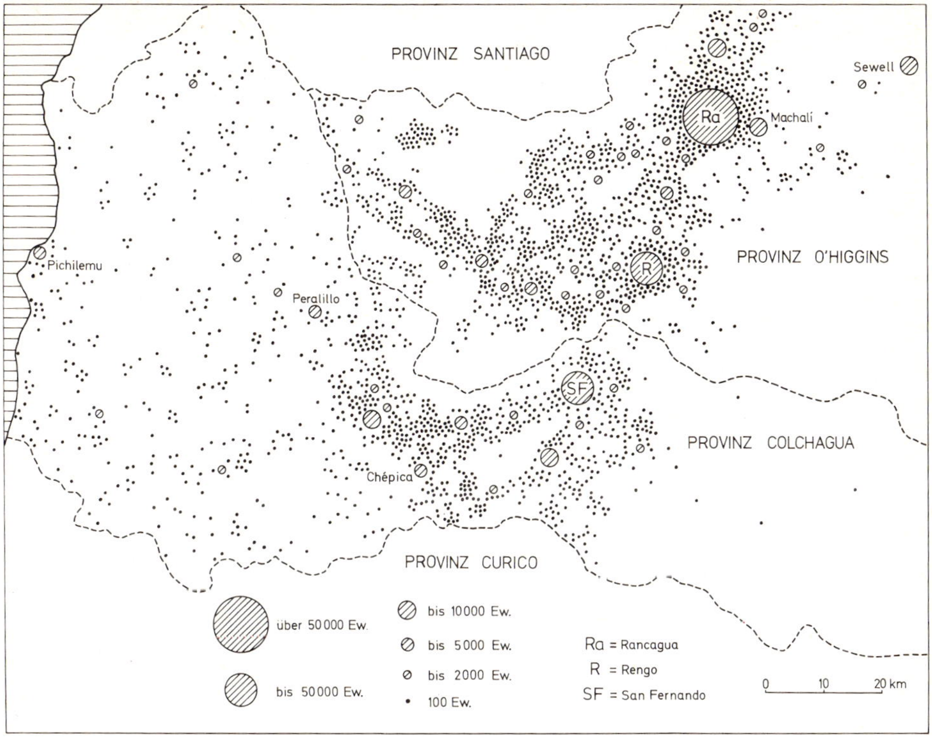

Quelle: Cunill 1970, Rother 1977 und INE

Tabelle 5: Anteil verschiedener Provinzen an der chilenischen Bevölkerung 1930–77 (in %)

Provinzen	Fläche	Bevölkerung 1930	1952	1960	1970	1977
Aconcagua-Concepción	12,9	63,1	65,6	67,9	69,6	70,1
Santiago, Valparaiso, Concepción	3,8	41,1	44,9	48,8	51,9	52,7
Santiago	2,3	22,6	29,6	33,1	36,4	38,4

Quelle: eigene Berechnungen nach Daten des INE

Tabelle 6: Bevölkerung nach Altersgruppen 1930–70 (in %)

Altersgruppe	1930	1940	1952	1960	1970
0–14	37,2	37,1	37,4	39,6	39,2
15–59	57,1	57,0	56,1	53,6	53,3
$\geq$60	5,7	5,9	6,5	6,8	7,5

Quelle: Bevölkerungszensus des INE

Abb. 7: Bevölkerungswachstum 1960–70 und Bevölkerung in Städten über 20 000 Einwohnern 1970

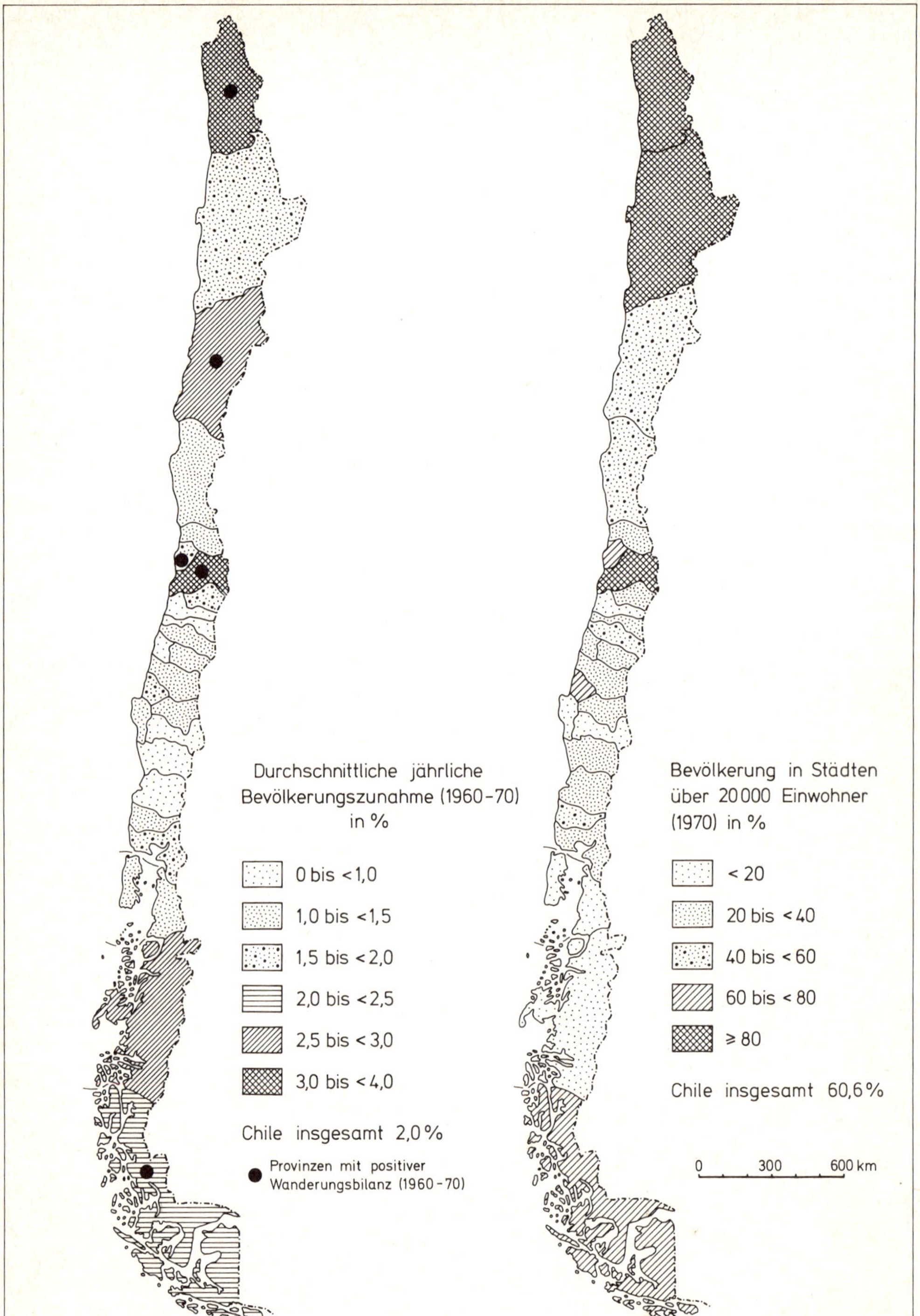

Quelle: INE

Abb. 8: Bevölkerungsdichte in Chile 1977

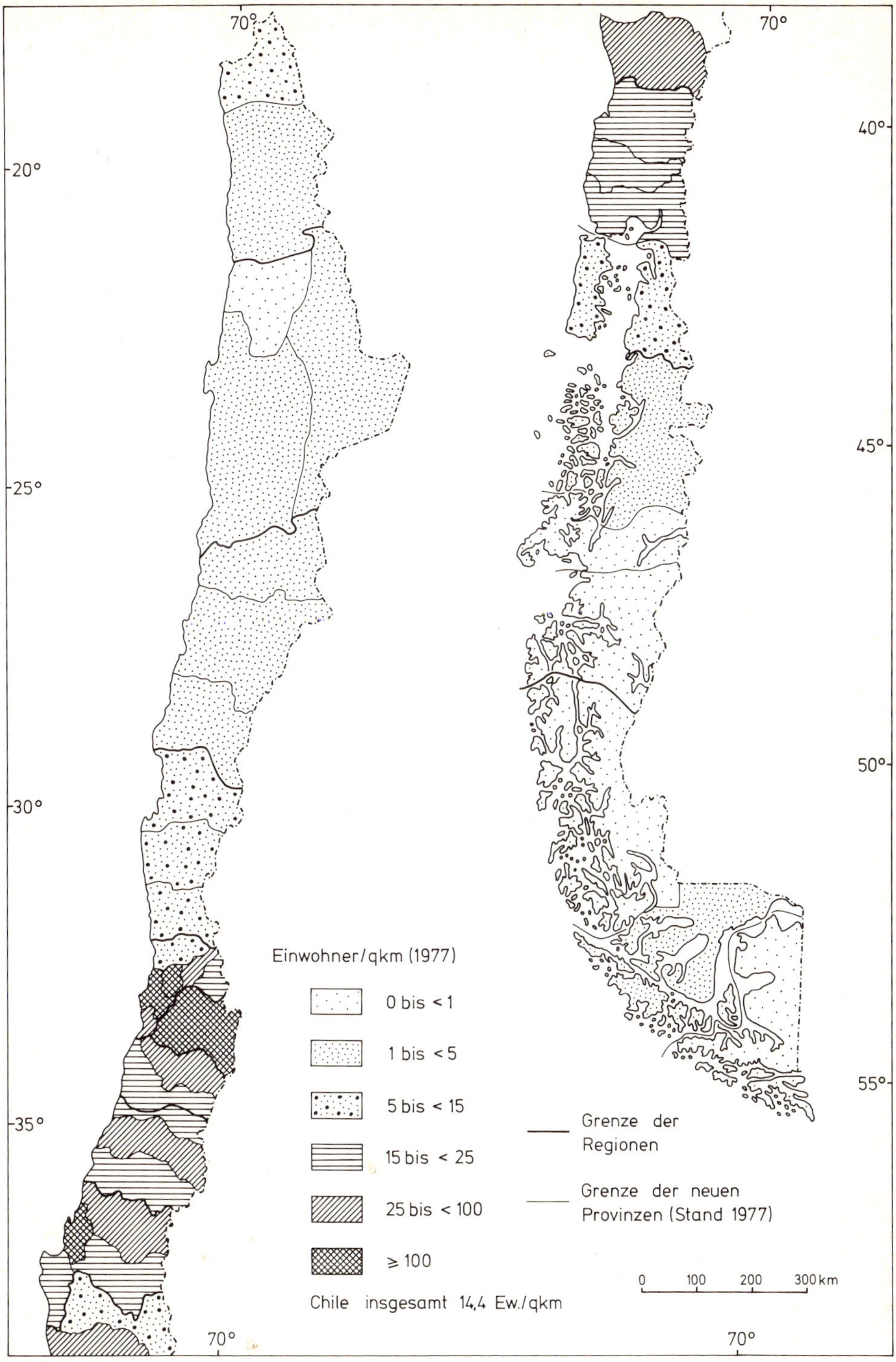

Quelle: INE

daß die Zunahme – sieht man von den dünn bevölkerten Nord- bzw. Südprovinzen einmal ab – nur in der Provinz Santiago über dem Landesdurchschnitt von 2,0 % liegt, d. h. die höchst ungleiche Bevölkerungsverteilung ist nicht zuletzt auch Ausdruck der Land-Stadt gerichteten Migrationen (vgl. Kap. 3.4).

Den Ballungsgebieten in der Landesmitte stehen nahezu siedlungsleere Räume an der Peripherie gegenüber. In Abb. 8 ist die schnelle Abnahme der Bevölkerungsdichte nördlich der Landeshauptstadt und südlich von Concepción gut zu erkennen. In den drei Nordregionen Tarapacá, Antofagasta und Atacama wird nur eine Dichte von 2,4–3,9 Ew./km² erreicht und fast noch eine 10er Potenz geringer sind die Werte in großen Teilen des äußersten Südens. Berücksichtigt man zusätzlich, daß beispielsweise in der Provinz Antofagasta 85 % der Bevölkerung in den wenigen Siedlungen mit über 20 000 Einwohnern leben (Abb. 7) und in Magallanes 70 % der Bewohner allein auf die Provinzhauptstadt Punta Arenas entfallen, so wird die Menschenleere und Weite dieser Räume noch sehr viel deutlicher. Anders ausgedrückt bedeutet das, daß auf einem knappen Drittel der Landesfläche (Provinzen Aisén und Magallanes) nur 1,5 % oder auf zwei Drittel der Fläche (Großer Norden und Großer Süden zusammengenommen) nur 8 % der Chilenen wohnen.

3.2 Ausmaß und Folgen des jüngeren Bevölkerungswachstums

Trotz der insgesamt gesehen noch geringen Einwohnerzahl ist auch in Chile ein zunehmender Bevölkerungsdruck unverkennbar; u. a. äußert er sich darin, daß das Land heute nicht mehr in der Lage ist, seine rasch wachsende Bevölkerung zu ernähren. Von einem Agrarexportland, das Chile noch bis zum 2. Weltkrieg war, entwickelte es sich immer mehr zu einem Importland von landwirtschaftlichen Produkten (vgl. Kap. 5.5).

Während der gesamten Kolonialzeit nahm die chilenische Bevölkerung nur sehr langsam zu. Für 1650 wird die Zahl der Bewohner auf eine halbe Million geschätzt, und auch die 1835 durchgeführte, erste offizielle Zählung nennt erst gut eine Million. Nach dem Pazifischen Krieg wurde durch die hinzugekommenen nördlichen Provinzen die 2,5 Mill.-Grenze überschritten (1885). 55 Jahre später (1940) hatte sich die chilenische Bevölkerung auf fünf Mill. verdoppelt; eine weitere Verdoppelung auf nunmehr 10 Mill. war dann bereits nach 25 Jahren erreicht (Abb. 9).

Eine Betrachtung des durchschnittlichen jährlichen Zuwachses im zeitlichen Verlauf läßt klar erkennen (Abb. 9), daß nach der Jahrhundertwende eine zunächst noch langsame, nach dem 2. Weltkrieg jedoch sprunghaft zunehmende Bevölkerungsprogression einsetzte. Erst nach 1960 hat sich diese Tendenz etwas abgeschwächt, und die Zuwachsrate fiel von 2,6 % (1952–60) auf 2,0 % (1960–70).

Verfolgt man die dahinter stehende Entwicklung der Geburten- und Sterbeziffern im einzelnen, so läßt sich der im „Modell des demographischen Übergangs" postulierte Ablauf in fast mustergültiger Form erkennen. Der Kurvenverlauf kann in drei deutlich ausgeprägte und abgrenzbare Phasen untergliedert werden. In einem ersten, etwa bis Anfang der 20er Jahre reichenden Zeitabschnitt lagen Geburten- und Sterberaten auf hohem Niveau; für die Geburtenziffern wurden im fünfjährigen Mittel Werte um 40‰ errechnet, die Sterbeziffern schwankten zwischen 31 und 33‰. Nicht zuletzt durch eine Übertragung der in Europa entwickelten Methoden zur Bekämpfung von epidemisch auftretenden Krankheiten und durch eine Verbesserung der sanitären Verhältnisse ging die Sterblichkeit in der Folgezeit rasch zurück,

Abb. 9: Bevölkerungswachstum und Veränderung der Geburten- und Sterbeziffern in Chile

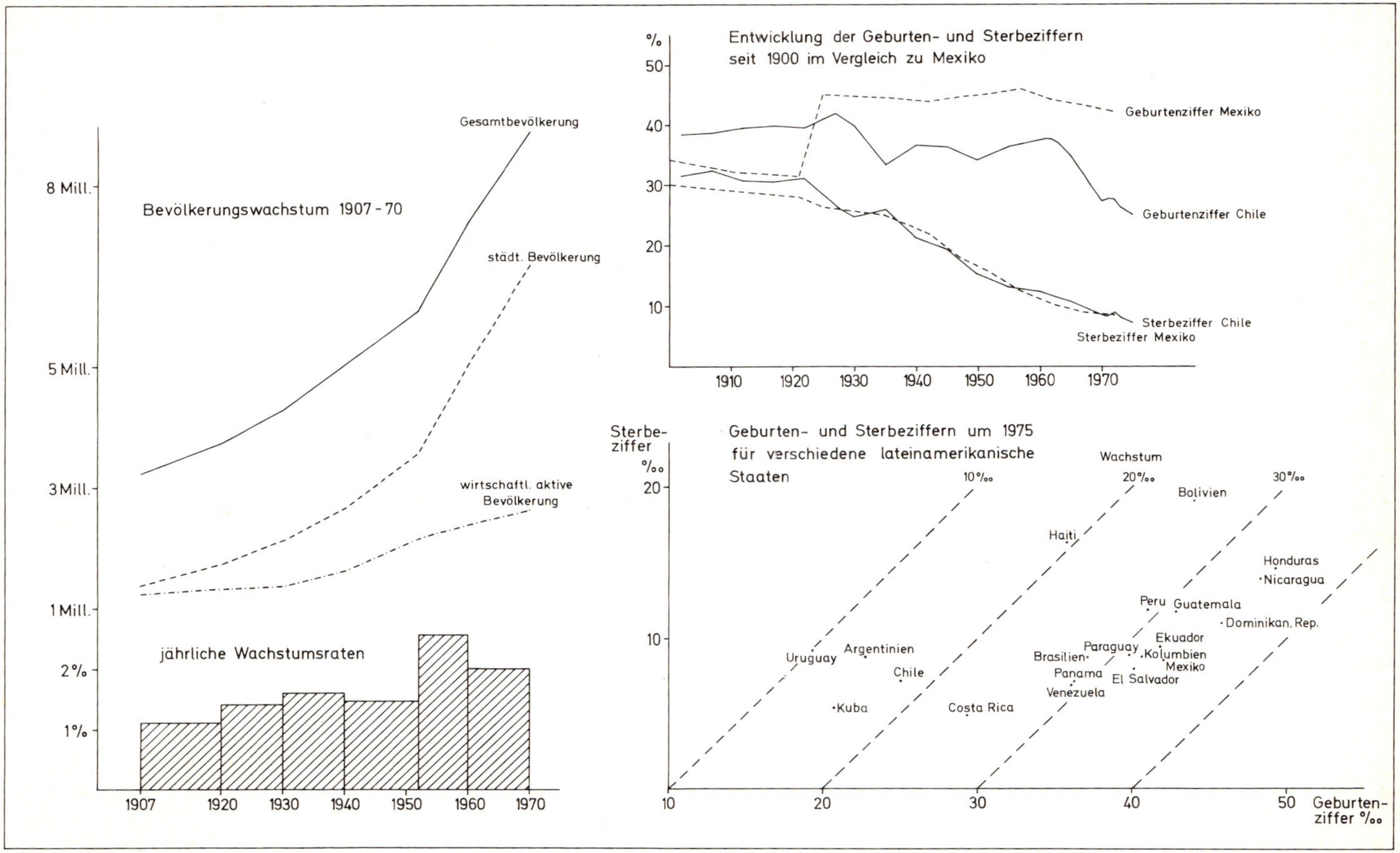

Quelle: Tacla 1975. Herrera & Pecht 1976. Demographic Yearbook, INE und zwar von 1924 bis 1950 gut um 50% (von 31‰ auf 15‰) und auch im folgenden Vierteljahrhundert nochmals um die Hälfte (1975: 7,2‰). Besonders bemerkenswert ist der erhebliche Rückgang der Kindersterblichkeit, die in Chile bis in die 30er Jahre zu den höchsten der Welt zählte. Im Durchschnitt der Jahre 1905–09 starb fast ein Drittel der Neugeborenen vor dem Erreichen des ersten Lebensjahres, und auch 1935 waren es immer noch 257 von 1000. Heute liegt dieser Wert bei 56 (zum Vergleich: Bundesrep. Dtl. 20, Uruguay 48, Kolumbien 97).

Da die Abnahme der Geburtenrate erst mit einer gewissen zeitlichen Verzögerung nach 1960 folgte, kam es zu dem bekannten „Auseinanderklaffen" der beiden Kurven und damit zu einem hohen natürlichen Zuwachs, der allerdings die 2,5%-Marke zu keiner Zeit wesentlich überschritten hat und damit immer geringer als in den meisten anderen Staaten Lateinamerikas war (mit Ausnahme von Argentinien und Uruguay).

In einer dritten, zu Beginn der 60er Jahre einsetzenden Phase begann sich die Schere allmählich wieder zu schließen, und die natürlichen Wachstumsraten nahmen schnell von 25‰ (1960) auf nur noch 18‰ (1975) ab. Hält diese Entwicklung an, so wird die chilenische Bevölkerung in Zukunft nur noch langsam wachsen und 1980 die prognostizierten 11 Mill. Einwohner (Tacla 1975) auf keinen Fall erreichen.

Eine unmittelbare Folge der aufgezeigten Veränderungen liegt darin, daß sich die durchschnittliche Lebenserwartung der Chilenen seit 1920 (31,5 Jahre) verdoppelt hat. Der für die Jahre 1970–75 angegebene Durchschnitt von 59,5 (Männer) bzw. 65,7 Jahren (Frauen) erreicht zwar nicht den Wert der Bundesrepublik Deutschland (1973–75: 68,0 bzw. 74,5) und bleibt auch noch hinter den für Argentinien ermittelten Ziffern zurück (1970–75: 65,2 bzw. 71,4), hebt sich jedoch deutlich von anderen lateinamerikanischen Ländern wie beispielsweise Bolivien (1970–75: 45,7 bzw. 47,9) oder Honduras (1970–75: 52,1 bzw. 55,0) ab.

Freilich gibt es auch hier erhebliche regionale Unterschiede. Man kann davon ausgehen, daß die ärztliche Versorgung in den großen Städten ganz allgemein besser als auf dem Lande ist und demgemäß hier eine höhere Lebenserwartung verzeichnet wird. Betrug diese 1969/70 im gesamtchilenischen Mittel 61,5 Jahre, so lag der Wert in Santiago bei 64,3 Jahren und in den peripheren Provinzen Tarapacá und Magallanes mit extrem hohem Anteil städtischer Bevölkerung sogar bei 64,5 Jahren; demgegenüber wurden in den stärker ländlich geprägten zentralchilenischen Provinzen Nuble und Biobío nur 58,3 Jahre erreicht. Umgekehrt war die Kindersterblichkeit (vor dem ersten Lebensjahr Gestorbene auf 1000 Lebendgeborene) 1975 in Magallanes (35), Santiago (43) und Tarapacá (55) weit niedriger als der Durchschnitt (61), dagegen in der Region Ñuble-Biobío (80) erheblich höher.

Die verbesserte medizinische Versorgung spiegelt sich auch in einer auffälligen Verschiebung unter den wichtigsten Todesursachen wider. Lagen noch bis zu Beginn der 50er Jahre die Tuberkulose und verwandte Erkrankungen an der Spitze, so sind es heute ganz ähnlich wie in den westlichen Industrieländern Erkrankungen des Herzens und bösartige Geschwülste (Tacla 1975).

Die veränderte demographische Situation hat dazu geführt, daß einem hohen Anteil Jugendlicher und einem langsam zunehmenden Prozentsatz alter Menschen ein abnehmender Anteil der Bevölkerung im erwerbstätigen Alter gegenübersteht (Tab. 6). Für die ins Berufsleben eintretenden Jugendlichen ausreichende Beschäftigungsmöglichkeiten bereitzustellen und zugleich eine angemessene Versorgung der aus dem Erwerbsleben Ausgeschiedenen zu sichern, gehört daher mit zu den drängendsten Zukunftsaufgaben des Landes. Die in den letzten zwei Jahrzehnten stark gefallene Erwerbsquote (Abb. 9) belegt, daß man von einer Lösung noch weit entfernt ist und auch in absehbarer Zeit keine grundlegende Änderung erwartet werden kann. Andere aus der schnellen Bevölkerungszunahme resultierende Probleme liegen im Bereich der Ernährung, der Ausbildung und des Wohnungsbaus. Sie sollen in späteren Kapiteln noch ausführlicher diskutiert werden (vgl. z.B. Kap. 4.4 und 5.5).

Im Vergleich zum natürlichen Zuwachs hat die Einwanderung aus Übersee oder aus den Nachbarländern gegenwärtig keinen nennenswerten Anteil an der Zunahme der chilenischen Einwohnerzahl. Im jüngsten Zensus von 1970 wird die im Ausland geborene Bevölkerung mit 90000 auf etwa 1% geschätzt, nur in den „Grenzprovinzen" Tarapacá und Magallanes liegt dieser Wert mit 3,5% bzw. 2,2% geringfügig höher. Unter den wichtigsten Herkunftsländern stehen Spanien (18%), Argentinien (15%), Deutschland (10%) sowie Italien und Bolivien (je 9%) an der Spitze. Dabei dürfte allerdings die Angabe für die in Chile lebenden Bolivianer kaum der Realität entsprechen, da bolivianische Arbeitskräfte in erheblichem Umfang auch illegal in die Stadt Arica und die nahegelegenen Flußoasen des Lluta und Azapa kommen.

Eine Aufschlüsselung nach Altersgruppen macht deutlich, daß die Einwanderung um und vor der Jahrhundertwende eine größere Bedeutung hatte. Bei den 55–74jährigen sind immerhin 3,5% und bei den über 74jährigen sogar 4,7% im Ausland geboren. Aber selbst zu diesem frühen Zeitpunkt ist Chile nie ein Einwanderungsland wie etwa Argentinien gewesen. Während dort 1914 immerhin 30% der Bewohner nicht im Lande geboren waren, betrug dieser Prozentsatz in Chile etwa zum gleichen Zeitpunkt (1907) nur 4% (insgesamt 132000 Menschen).

Im Verhältnis zu ihrer kleinen Zahl haben jedoch die europäischen Einwanderer zur Erschließung des Landes einen außerordentlich wichtigen Beitrag geleistet. Es wurde schon erwähnt, daß die neuzeitliche Kolonisation des chilenischen Südens erst mit der planmäßigen Ansiedlung deutscher Einwanderer um 1850 in Gang kam. Obwohl ihre Zahl nur etwa bei 6000 (Golte 1973, Blancpain 1974) gelegen haben dürfte und selbst 1914 nicht mehr als 30000 Deutschstämmige in Südchile lebten (Ilg 1976), ist der deutsche Einfluß hier bis heute spürbar geblieben (vgl. Kap. 5.6). Der Arbeits- und Tatkraft dieser Kolonisten ist es zu verdanken, daß der Mitte des vorigen Jahrhunderts noch völlig unbesiedelte und von undurchdringlichen Wäldern bedeckte südliche Teil der Längssenke zwischen den Städten Valdivia und Puerto Montt in eine blühende Kulturlandschaft umgewandelt wurde.

Auch an der Besiedlung der sich nördlich anschließenden *Frontera*-Region, die seit 1860 im Zuge der Befriedung der araukanischen Indianer eingeleitet wurde, hatten nicht-iberische Volksgruppen einen großen Anteil. Cunill (1970) gibt an, daß zwischen 1883 und 1890 etwa 7200 europäische Auswanderer (insbesondere Schweizer, Franzosen, Engländer, Deutsche und Spanier) nach dort kamen, die allerdings nicht als geschlossene Volksgruppen, sondern zusammen mit ungefähr 17000 Chilenen zwischen den araukanischen Reduktionen angesiedelt wurden (Hartwig 1966).

Für das heutige Chile ist nicht so sehr eine Immigration von Ausländern sondern eher eine gewisse Auswanderung von Männern im ökonomisch aktiven Alter vorwiegend nach Argentinien charakteristisch. Nach dem argentinischen Zensus von 1970 lebten immerhin 133150 Chilenen im Lande, darunter waren 47700 erst zwischen 1960 und 1970 zugezogen. Diese Angaben sind ganz sicher eher zu niedrig als zu hoch einzuschätzen, da sich ein Teil der Chilenen auch illegal im Nachbarland aufhält. Andere Quellen gehen daher von bis zu 350000 in Argentinien wohnenden Chilenen aus. Davon hat sich der größte Teil in den grenznahen Südprovinzen niedergelassen und arbeitet beispielsweise im Kohlebergbau (Río Turbio) oder in der Erdölförderung (Comodore Rivadavia), aber auch in der Landwirtschaft und im städtischen Dienstleistungsbereich (z. B. in Bariloche). Neben einer dauerhaften Auswanderung sind auch saisonale Migrationen weit verbreitet. So lockt beispielsweise die Schafschur auf den großen Estanzien Ostpatagoniens oder die Apfelernte in den Provinzen Neuquén und Río Negro jedes Jahr mehrere Tausend chilenische Wanderarbeiter an.

Vergleicht man abschließend die augenblickliche demographische Situation Chiles mit der anderer lateinamerikanischer Staaten (Abb. 9), so wird deutlich, daß das Land zusammen mit Argentinien und Uruguay und bis zu einem gewissen Grade auch noch mit Kuba eine Sonderstellung einnimmt. Im Gegensatz zu der genannten Ländergruppe nehmen die Einwohnerzahlen im übrigen Lateinamerika fast doppelt so schnell zu. Während sich die drei Staaten des außertropischen Südamerika bereits in der post- zumindest aber in der spättransformativen Phase ihrer Bevölkerungsentwicklung befinden, wird in anderen Ländern (wie z. B. in Mexiko; vgl. Abb. 9) der Höhepunkt der Bevölkerungsexplosion erst in der Gegenwart erreicht oder steht wie in Bolivien oder Haiti gar erst noch bevor. Vor diesem Hintergrund gesehen erscheinen die mit der schnellen Bevölkerungszunahme verbundenen Probleme in Chile wie auch in Argentinien und Uruguay nicht ganz so bedrängend wie im übrigen Subkontinent, wo sie geradezu unlösbar geworden sind.

3.3 Demographische und sozio-ökonomische Struktur der Bevölkerung

Die Zusammensetzung der chilenischen Bevölkerung nach demographischen und sozio-ökonomischen Merkmalen trägt zum einen mit anderen Ländern Lateinamerikas durchaus vergleichbare Züge, zum anderen weist sie – wiederum ähnlich wie in Argentinien und Uruguay – einige bemerkenswerte Abweichungen und Eigenständigkeiten auf. Diese zunächst noch sehr allgemein gehaltene Aussage soll an einigen Beispielen genauer belegt und quantifiziert werden. Eingehender betrachtet werden hier die Gliederung nach Alter und Geschlecht, das Bildungsniveau, die Erwerbsstruktur und die ethnische Differenzierung. Auf die soziale Situation – soweit sie damit nicht schon angesprochen ist – wird auch noch in den Kapiteln zur Agrarwirtschaft sowie zur Entwicklung von Bergbau und Industrie eingegangen.

Eine der auffälligsten Konsequenzen des – verglichen mit europäischen Ländern – noch immer außerordentlich raschen Bevölkerungswachstums liegt in der ausgesprochenen „Jugendlichkeit“ des chilenischen Volkes. In Tab. 6 wurde schon zum Ausdruck gebracht, daß 40% der Chilenen heute jünger als 15 Jahre sind. Der Anteil Jugendlicher hat sich in den letzten 30 Jahren ständig erhöht. Erst die allerjüngsten Angaben deuten auf eine Abschwächung dieser Tendenz hin. Die graphische Darstellung der Bevölkerungsgliederung nach Alter und Geschlecht zeigt daher etwa im Vergleich zur Bundesrepublik noch eine ausgeprägte Pyramidenform, wenn auch die Verhältnisse vor allem in einigen mittelamerikanischen Staaten aufgrund der bedeutend höheren Zuwachsraten noch extremer sind (Abb. 10).

Eine Gegenüberstellung der Alterspyramide für verschiedene Jahre unterstreicht das Gesagte. Parallel zu den seit den 20er Jahren zurückgehenden Sterbeziffern und insbesondere zur rückläufigen Kindersterblichkeit hat sich ihre Basis in auffälliger Weise verbreitert. Daß sich die Schere zwischen Geburten- und Sterberaten in jüngster Zeit bedingt durch den schnellen Geburtenrückgang (zwischen 1963 und 1973 um mehr als 10‰) wieder zu schließen beginnt, spiegelt sich

Abb. 10: Zusammensetzung der chilenischen Bevölkerung nach Art und Geschlecht

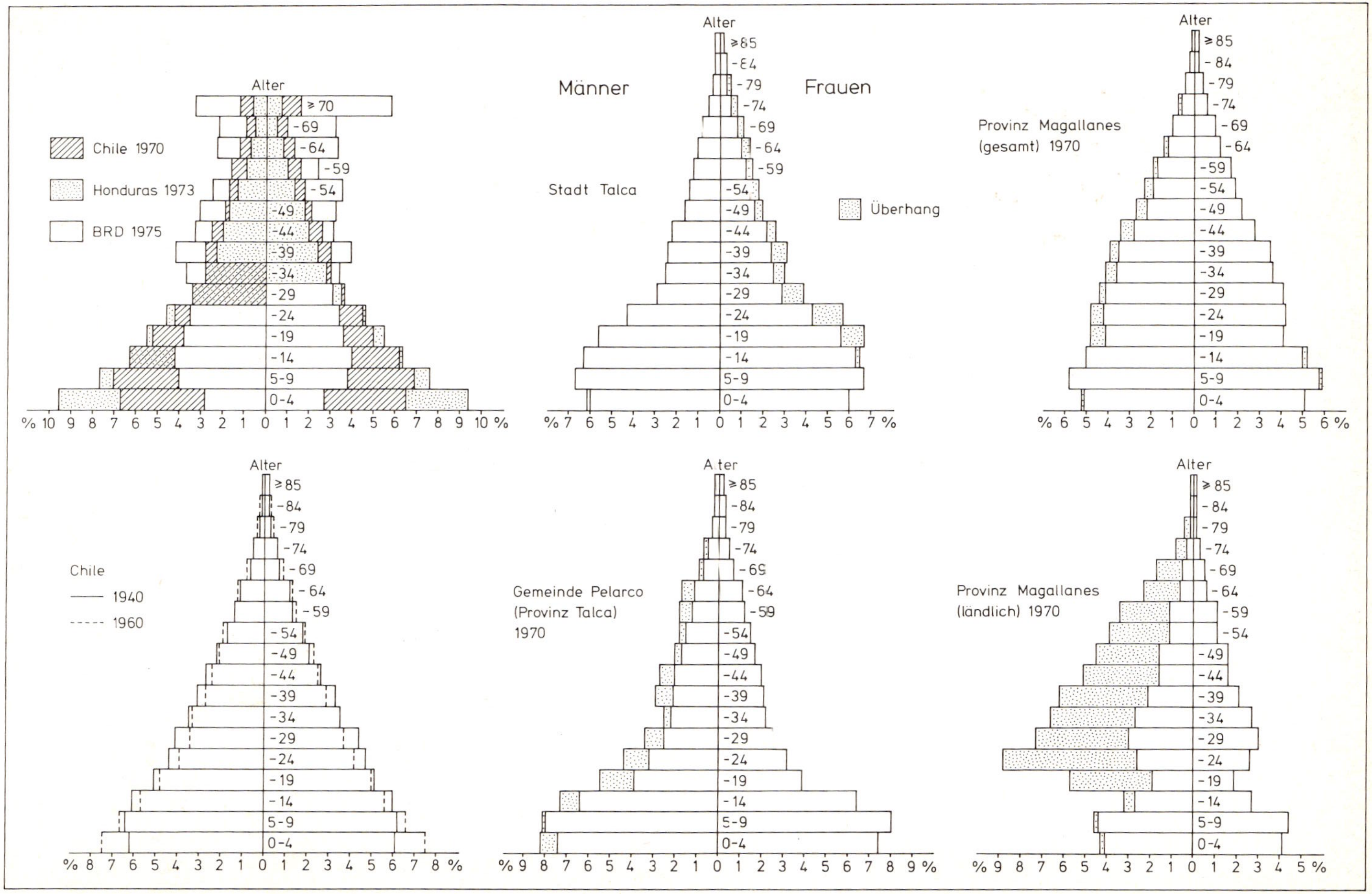

Quelle: INE, Demographic Yearbook

auch in dem nach den Ergebnissen des letzten Zensus gezeichneten Diagramm wider. Die höchsten Anteilswerte werden jetzt nicht mehr wie noch 1960 für die Gruppe der 0–4jährigen registriert, sondern für die der 5–9jährigen. Trotzdem ist insgesamt der Prozentsatz der Bevölkerung in wirtschaftlich produktivem Alter weiter zurückgegangen und dürfte auch in den nächsten Jahren aufgrund der gestiegenen Lebenserwartung allenfalls konstant bleiben. Die daraus resultierenden Belastungen der chilenischen Volkswirtschaft werden sich damit auch in Zukunft kaum vermindern.

Diese für ganz Chile gemachten Angaben können jedoch allenfalls einen statistischen Durchschnitt umschreiben. Schon wenn man nach Provinzen weiter untergliedert, differenziert sich das Bild erheblich, noch stärker werden die Unterschiede, wenn man einzelne *comunas* betrachtet. Das liegt vor allem daran, daß bei einer kleinräumigen Analyse die Migrationen in der Regel einen größeren Einfluß auf die Altersstruktur haben als die natürlichen Bevölkerungsveränderungen. Abb. 10 mag das an einigen Beispielen verdeutlichen. Eine Begründung für die daraus hervorgehenden Unterschiede kann an dieser Stelle nur knapp und thesenartig gegeben werden; zusätzlich sei auf Kap. 3.4 verwiesen, in dem die Selektionswirkung des Wanderungsprozesses genauer betrachtet wird.

Die auffälligsten regionalen Abweichungen vom gesamtchilenischen Mittel lassen sich in den folgenden zwei Punkten zusammenfassen:

1. Es besteht ein ausgeprägter Stadt-Land-Gegensatz – hier am Beispiel der zentralchilenischen Stadt Talca (1970: 94500 Einwohner) und ihres Umlandes belegt.
   Aufgrund der im ländlichen Raum noch immer höheren Geburtenziffern zeigt die Pyramide der *comuna* Pelarco im ländlichen Hinterland von Talca eine recht breite Basis, dagegen treten in den mittleren Jahrgängen auffällige Lücken auf. Die darin zum Ausdruck kommende Abwanderung hat – wie der Männerüberschuß in fast allen Altersgruppen dokumentiert – in stärkerem Maße den weiblichen Bevölkerungsteil erfaßt. Für diesen Personenkreis ist die Suche nach einer ersten Beschäftigung selbst bei unzureichender Berufs- oder Schulausbildung meist mit keinen größeren Schwierigkeiten verbunden, da traditionsgemäß im niederen Dienstleistungbereich eine große Nachfrage nach Arbeitskräften (insbesondere Hausmädchen) besteht.
   Genau umgekehrt liegen die Verhältnisse in der Stadt. Der Anteil der Kinder an der Gesamtbevölkerung ist relativ kleiner, dafür dominieren die wirtschaftlich aktiven Altersgruppen, und der Frauenüberschuß ist beträchtlich.
2. Die jüngeren Kolonisationsgebiete unterscheiden sich auch im Hinblick auf die Alterszusammensetzung von den „altbesiedelten“ Räumen – hier am Beispiel der seit 1878 mit der Einführung der Schafzucht erschlossenen Provinz Magallanes verdeutlicht.
   Die für den ländlichen Teil der Provinz gezeichnete Bevölkerungspyramide wird von dem eindeutigen Übergewicht der Altersgruppen zwischen 20 und 35 Jahren bestimmt. Darüber hinaus beginnt sich schon im Alter von 15 Jahren ein für alle Pionierräume typischer Männerüberschuß abzuzeichnen, der in der Gruppe der 20–24jährigen so groß ist, daß sich eine Geschlechterproportion von mehr als 3:1 ergibt. Dieses „Frauendefizit“ ist zwar – wie oben gezeigt – auch für die *zona rural* des altbesiedelten Kerns charakteristisch, dort allerdings aus ganz anderen Gründen und in anderen Dimensionen. Für Magallanes insgesamt tritt diese Dominanz des männlichen Bevölkerungsteiles schon sehr viel schwächer in Erscheinung, denn von den 88000 Bewohnern der Provinz lebten 1970 nicht weniger als 73000 in den bei-

den Städten Punta Arenas und Puerto Natales, in denen sich die Bevölkerungszusammensetzung im Grundsätzlichen kaum noch von der anderer chilenischer Städte unterscheidet.

Zu den wichtigsten, zugleich aber auch schwierigsten Aufgaben der Entwicklungsländer gehört eine Verbesserung des zur Zeit noch sehr niedrigen Ausbildungsniveaus. Angesichts der Tatsache, daß der Anteil der Kinder und Jugendlichen meist noch wächst, sind alle Anstrengungen in diese Richtung mit einem hohen Investitionsaufwand verbunden, der zudem von einer relativ kleinen produktiv tätigen Bevölkerungsgruppe erwirtschaftet werden muß.

Im Rahmen eines solchen Programmes müßte zunächst die Analphabetenrate drastisch gesenkt werden, was nur erreicht werden kann, wenn alle Kinder wenigstens für einige Jahre die Schule besuchen. In dieser Hinsicht hat Chile im Vergleich zu den meisten anderen lateinamerikanischen Ländern bereits erstaunliche Fortschritte gemacht. Während noch um die Jahrhundertwende die Hälfte und 1930 ein Viertel der Bevölkerung zu den Analphabeten gerechnet wurde, liegt dieser Prozentsatz heute nur knapp über 10% (Tab. 7), ein Wert, der in Südamerika lediglich von denjenigen für Argentinien (6%) und Uruguay (7%) unterschritten wird. Im Vergleich dazu sind die Verhältnisse in den Andenstaaten Peru (29%) und Bolivien (53%) noch extrem schlecht.

Die hohen Staatseinnahmen aus dem Export bergbaulicher Primärprodukte, insbesondere des Salpeters, versetzten Chile bereits im Jahre 1920 in die Lage, die *educación primaria* als obligatorisch für alle Kinder zwischen 7 und 15 Jahren einzuführen und die entsprechenden Einrichtungen bereitzustellen. Wenn auch dieses Gesetz in der Folgezeit vor allem in abgelegenen Gebieten nicht immer voll zur Anwendung kam, so konnte bis heute doch erreicht werden, daß 90–95% aller Kinder wenigstens für kürzere Zeit am Unterricht teilnehmen. Ein Erfolg dieser Bemühungen kommt schon darin zum Ausdruck, daß die Analphabetenrate in den jüngeren Jahrgängen heute völlig unerheblich ist (Abb. 11). Sie betrug 1970 bei den 15–19jährigen weniger als 5% gegenüber fast 30% bei den über 60jährigen. Dabei klafft zwischen dem Ausbildungsstand der Männer und der Frauen noch immer eine gewisse Lücke. Während bei den Männern ein Mittelwert von 9,6% (Bevölkerung über 10 Jahre) angegeben wird, liegt er bei den Frauen bei 10,8%. Im ländlichen Raum sind die Unterschiede sogar noch etwas größer, und die Werte liegen ganz allgemein beträchtlich höher: 21,7% männlichen Analphabeten stehen hier 24,7% weibliche gegenüber. Dabei muß allerdings angemerkt werden, daß nach dem chilenischen Bevölkerungszensus von 1970 nur noch 25% der Einwohner zur *población rural* zählen.

Entsprechend dem allgemein verbreiteten

Abb. 11: Analphabetenanteil der chilenischen Bevölkerung nach Alter und Geschlecht 1970

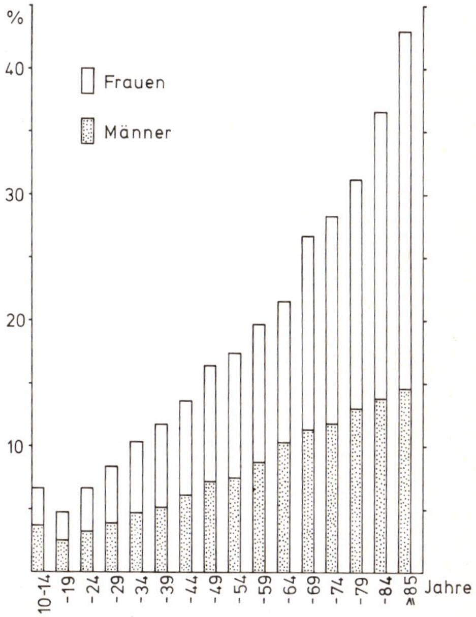

Quelle: INE

Tabelle 7: Analphabetenanteil und Ausbildungsstand der chilenischen Bevölkerung (15 Jahre und älter; mindestens ein Jahr Schulbesuch im entsprechenden Schultyp) 1952–70 (in %)

	1952	1960	1970
Analphabeten	19,8	16,4	11,6
Kein Schulbesuch	20,7	17,3	10,3
Primarschule	56,9	56,2	61,7
Sekundarschule	20,2	24,6	24,2
Universität	2,2	1,9	3,8

Quelle: Tacla 1975

Tabelle 8: Beschäftigte nach Wirtschaftszweigen 1930–77 (in %)

	1930	1940	1952	1960	1970	1977 (Schätzung)
Landwirtschaft	37,5	35,0	30,1	27,7	21,2	18,6
Bergbau	5,7	5,4	4,7	3,8	3,0	4,2
Industrie	15,9	16,3	19,0	18,0	16,6	13,8
Bauwirtschaft	4,3	3,3	4,8	5,7	6,5	4,3
Handel	11,4	9,2	10,3	10,1	11,2	15,0
Transport	5,4	4,2	4,4	4,9	6,1	6,4
Übrige Dienstleistungen	16,1	19,9	22,2	22,8	25,8	32,7
Andere und unbekannt	3,7	6,7	4,5	7,0	9,6	5,0

Quelle: Bevölkerungszensus des INE

Tabelle 9: Beschäftigte nach Stellung im Beruf 1952–70 (in %)

	1952	1960	1970
Arbeitgeber	2,0	1,4	2,1
Auf eigene Rechnung Arbeitende	21,1	18,8	18,3
Angestellte (ohne Hausbedienstete)	18,8	20,4	28,0
Hausangestellte	8,3	8,2	5,9
Arbeiter	43,7	44,2	36,6
Mithelfende Familienangehörige	2,3	2,7	2,2
Unbekannt	3,8	4,3	6,9

Quelle: Bevölkerungszensus des INE

Tabelle 10: Einkommensverteilung in verschiedenen lateinamerikanischen Staaten um 1970

% der Einkommens-empfänger	% des Gesamteinkommens				
	Chile (800) *	Panama (880)	Brasilien (530)	El Salvador (340)	Bolivien (200)
40	15	14	10	13	18
20	12	14	10	11	9
20	21	15	18	15	14
15	30	22	27	28	23
5	22	35	35	33	36

* Pro-Kopf-Einkommen 1972 in US-Dollar

Quelle: Nohlen & Nuscheler 1976, ergänzt

regelmäßigen Schulbesuch der Kinder und Jugendlichen ist auch der Anteil derjenigen, die eine weiterführende Ausbildung genossen haben, in Chile vergleichsweise recht hoch. Tab. 7 gibt dazu genauere Auskunft; bei ihrer Interpretation darf allerdings nicht übersehen werden, daß nicht immer ein entsprechender Abschluß erreicht wurde.

Aber auch eine auf längere Sicht nicht unproblematische Entwicklung läßt sich wenigstens andeutungsweise aus diesen Angaben ablesen. Während die Schülerzahl (ohne Studenten) zwischen 1965 und 1974 um 51% von 1,83 auf 2,77 Mill. zunahm, erhöhte sich die Zahl der Studierenden um mehr als das Dreifache von 49000 auf 153000. Demgegenüber fehlen weiterhin gerade die am dringendsten benötigten mittleren landwirtschaftlichen, technischen und kaufmännischen Führungskräfte.

Auch in der wirtschaftlichen Bevölkerungsstruktur unterscheidet sich Chile von den meisten anderen Staaten Südamerikas. Betrachtet man die Verteilung der Berufstätigen auf einzelne Wirtschaftszweige im zeitlichen Längsschnitt, so wird deutlich, daß Chile im letzten Vierteljahrhundert den Sprung von der Agrar- zur Dienstleistungsgesellschaft vollzogen hat, allerdings ohne daß der Industrialisierungsprozeß in gleichem Maße wie in Europa die Basis für diese Entwicklung gelegt hätte (vgl. Kap. 6.4). Waren noch zwischen 1930 und 1940 mehr als ein Drittel aller Chilenen in der Landwirtschaft tätig, so sank diese Zahl bis 1977 auf unter 20% ab (Tab. 8). Hinter diesem Rückgang steht aber keine entsprechende Zunahme auf der Seite der Industriebeschäftigten; seit 1952 ist deren prozentualer Anteil sogar wieder rückläufig. Die Umschichtungen in der Wirtschaftsstruktur kamen vielmehr einseitig dem tertiären Sektor zugute, auf den heute schon mehr als 50% der Erwerbspersonen entfallen. Damit übertrifft Chile wie auch einige andere südamerikanische Staaten (z.B. Argentinien, Uruguay, Venezuela) sogar die Bundesrepublik (45,1%) und erreicht schon fast den Wert Schwedens (57,1%). Unter den Flächenstaaten liegen weltweit nur die USA (66,8%) und Kanada (63,8%) noch deutlich darüber (Werte für 1975). Die Verschiebung zwischen dem Arbeiter- und Angestelltenanteil an den Erwerbstätigen kann diese Tendenz nur noch unterstreichen (Tab. 9).

Auch in diesem Falle täuschen derartige Mittelwerte über das Ausmaß der regionalen Differenzierung hinweg; denn es gibt in Chile noch Provinzen, in denen nach wie vor die Landwirtschaft die wichtigste Lebensgrundlage der Bevölkerung darstellt und mehr als 50% der Beschäftigten in diesem Wirtschaftszweig arbeiten (z.B. die Provinzen Colchagua, Maule, Linares). Auf der anderen Seite der Skala stehen die städtischen Räume und insbesondere die Metropole Groß-Santiago. Eine 1977 durchgeführte Stichprobenerhebung ermittelte hier einen Anteil der Beschäftigten im tertiären Sektor von nicht weniger als 65%. Noch höhere Werte werden nur in einzelnen Kleinstädten erreicht, die über keinerlei industrielle Basis verfügen (z.B. San Vicente in der Provinz O'Higgins mit 71%; Rother 1977a).

Ein relativ geringer Teil der im tertiären Bereich Beschäftigten entfällt dabei auf die Rubrik „Handel", einen sehr viel größeren Anteil hat der außerordentlich heterogene Sektor der „übrigen Dienstleistungen". Dazu werden nicht nur niedere Dienstleistungen wie Hausangestellte (bei den Frauen 25% der Erwerbstätigen!) oder Schuhputzer gerechnet, sondern auch freiberuflich Tätige, wie Ärzte oder Rechtsanwälte, und vor allem die zahlreichen Angestellten der staatlichen und halbstaatlichen Behörden. Gerade die zuletzt genannte Gruppe hat in Chile schon verhältnismäßig früh eine große Bedeutung erlangt (Caviedes 1979). Seit den Jahren des Salpeterbooms hat diese „neue Mittelklasse" nicht nur zahlenmäßig stark zugenommen, sondern darüber hinaus auch erheblichen politischen Einfluß gewonnen. Sie konnte sich stets einen überproportionalen Anteil an den Leistungen der chilenischen Volkswirtschaft sichern und hat so dazu beigetragen, daß der Spielraum des Staates für dringend notwendige Investitionen immer geringer wurde und sich das gesamtwirtschaftliche Wachstum verzögerte. Die vor 50 Jahren in einer Zeit hoher Staatseinnahmen noch relativ leicht finanzierbare Ausweitung des Verwaltungsapparates und die Einführung zahlreicher Sozialleistungen erwies sich später mehr und mehr als eine schwere, kaum noch tragbare Last. Wenn die gegenwärtige Regierung eine deutliche Verringerung der Staatsbediensteten eingeleitet hat – allein 1975 wurden nach Angaben der UN Wirtschaftsorganisation für Lateinamerika ca. 55000 Stellen eingespart –, so ist das ganz sicher ein Schritt in die richtige Richtung. Ob diese Maßnahmen allerdings zum geeigneten Zeitpunkt und mit dem richtigen Augenmaß durchgeführt wurden, muß angesichts der schon jetzt extrem hohen Arbeitslosenzahlen (offiziell 1978: 12,5%, entspricht nach deutschem Berechnungsmodus etwa 15%) und der weit verbreiteten Unterbeschäftigung bezweifelt werden. Vielen der aus dem Staatsdienst Ausgeschiedenen dürfte es sehr schwer fallen oder gänzlich unmöglich sein, einen neuen Arbeitsplatz zu finden. Die damit verbundenen finanziellen Einbußen sind in Chile trotz einer vergleichsweise sehr weitgehenden Sozialgesetzgebung heute gravierender denn je, weil viele Leistungen der Sozialversicherung nur unzureichend an die seit langem galoppierende Inflation angepaßt werden.

Die in Chile relativ breite Mittelschicht kann nicht darüber hinwegtäuschen, daß die Gegensätze zwischen arm und reich nach wie vor sehr gravierend sind (Tab. 10). Die unterprivilegierten 40% der Bevölkerung sind in Chile in ähnlich geringem Maße am Gesamteinkommen beteiligt wie in den gewählten Vergleichsländern; demgegenüber sind die Prozentwerte für eine „mittlere Gruppe“ recht hoch. Man muß allerdings berücksichtigen, daß das Pro-Kopf-Einkommen in Chile über dem der meisten anderen lateinamerikanischen Staaten liegt (1975: 820 US-Dollar, zum Vergleich Bolivien 250, Brasilien 900).

Mit den unterschiedlichen Einkommensverhältnissen geht in Chile keine ethnische Differenzierung einher, wie sie wenigstens andeutungsweise in anderen lateinamerikanischen Staaten zu beobachten ist. In dieser Hinsicht ist die chilenische Bevölkerung außerordentlich homogen, und Rassenunterschiede haben in der Geschichte des Landes nie eine Rolle gespielt.

In gewisser Weise paßt Chile noch in das Bild des weißen, europäisch geprägten Südteils von Südamerika. Wie in Argentinien und Uruguay ist die rein indianische Bevölkerung mit etwa 300000 (weniger als 0,5%) heute fast unbedeutend. Nur im Süden des Landes jenseits der *Frontera* leben noch größere geschlossene Gruppen der Araukaner in Reduktionen (nach Cunill 1970: 323000 Menschen in 3048 *reducciones* mit einer Fläche von 566000 ha). In Chile ist jedoch die Rassenmischung sehr viel ausgeprägter als in den beiden anderen Staaten des außertropischen Südamerikas. Offizielle Angaben zur rassischen Zusammensetzung der Bevölkerung werden nicht erhoben und würden ganz sicher die *raza chilena*, in der alle Schattierungen vom relativ dunkelhäutigen Indio bis zum rein Weißen europäischer Abstammung vertreten sind, auch nur sehr unvollkommen beschreiben können. Die Schätzungen des Mestizenanteils schwanken demgemäß beträchtlich (zwischen 50% und mehr als 80%), der Rest würde danach auf die noch verbleibenden reinen Indios und die Weißen mit mehr oder weniger hohem Anteil spanischen Blutes entfallen.

Es ist erwiesen, daß zu Beginn der *Conquista* und selbst in den folgenden drei Jahrhunderten nur verhältnismäßig wenig Spanier nach Chile gekommen sind, und zwar fast ausnahmslos Männer. So wird berichtet, daß unter den Begleitern von Pedro de Valdivia nur eine einzige weiße Frau war, und auch unter den eingewanderten gut 50 000 Spaniern befanden sich nur etwa 2000 Frauen. Daher waren Rassenmischung und Polygamie seit Beginn der Kolonialzeit allgemein üblich und geduldet, und die so entstehende Rasse aus spanischen Männern und indianischen Frauen wurde zum Grundstock des chilenischen Volkes (Schmieder 1968; Weischet 1970).

3.4 Ursachen und Ablauf der Binnenwanderungen

Das schnelle natürliche Wachstum der Bevölkerung ist in Chile wie in anderen Staaten der Dritten Welt nur eine Seite der vielschichtigen bevölkerungsgeographischen Problematik. Hinzu kommt das meist mit dem Schlagwort „Verstädterung“ umschriebene Phänomen der Bevölkerungsverschiebung zwischen den einzelnen Teilräumen des Landes. Diese Bevölkerungsumverteilung umfaßt jedoch keineswegs nur die direkten Wanderungen vom ländlichen Raum in die großstädtischen Ballungsgebiete, vielmehr sind auch die Standorte des Bergbaus oder kleinere Regionalzentren und in geringerem Maße die agrarischen Kolonisationsgebiete Anziehungspunkte der Migranten.

Aus Abb. 12, in der die wichtigsten innerchilenischen Wanderungsströme auf Provinzbasis zusammengefaßt sind, wird unmittelbar deutlich, daß alle Teile des Landes in diesen Prozeß des Bevölkerungsaustausches einbezogen sind. In nüchternen Zahlen ausgedrückt heißt das, daß heute 26% (2,3 Mill.) der Chilenen nicht mehr in ihrer Geburtsprovinz leben und daß allein in den fünf Jahren zwischen 1965 und 1970 10% der Bevölkerung in eine andere Provinz umgezogen sind (ohne Rück- und Zwischenwanderungen). Nicht berücksichtigt sind dabei die teilweise noch sehr viel stärkeren Migrationen innerhalb einzelner Provinzen. Ein Blick auf Tab. 11 mag das verdeutlichen. In einigen Städten und Minensiedlungen des Großen Nordens sind fast 20% der Bewohner erst zwischen 1965 und 1970 zugewandert, und mehr als ein Drittel davon kamen aus der gleichen Provinz.

Wichtigstes Zielgebiet der interprovinziellen Wanderungen ist ohne Zweifel die *Zona Metropolitana*, das „verstädterte“ Gebiet zwischen der Landeshauptstadt und dem Haupthafen in Valparaiso. Von den oben angesprochenen 2,3 Mill. Menschen, die ihre Geburtsprovinz verlassen haben, sind mehr als 1 Mill. in die Provinz Santiago gekommen. Schlüsselt man diese auf Santiago gerichteten Wanderungsströme nach einzelnen Provinzen genauer auf, so zeigt sich, daß allein 60% der Zugezogenen aus der mediterranen Zentralzone stammen. Der Norden und Süden des Landes sind mit 13% bzw. 27% vergleichsweise gering vertreten. Nur die Südprovinzen Cautín (10%) und Valdivia (4%) fallen etwas aus diesem allgemeinen Rahmen. Zum einen wird in diesen Provinzen durch Indianergemeinden *(comunidades indígenas)* bzw. Fiskalkolonien *(colonias fiscales)* eine hohe Bevölkerungsdichte auf dem Lande erreicht, zum anderen sind eben deshalb die dortigen Städte Temuco und Valdivia besonders stark gewachsen und so ihrerseits Ausgangspunkte für die Wanderung nach Santiago geworden (Bähr, Golte & Lauer 1975).

Schon an zweiter Stelle unter den Wanderungszielen stehen die Bergbauprovinzen des Nordens zwischen Tarapacá und Atacama, die in dem in Kap. 3.5 folgenden Beispiel noch näher betrachtet werden. Als drittwichtigste Komponente wären die Wanderungen in die Industrie- und Bergbauprovinz Concepción zu nennen; der Einzugsbereich dieses Zentrums umfaßt in erster Linie die südliche Zentralzone und die anschließende *Fron-*

Abb. 12: Binnenwanderungen in Chile 1970

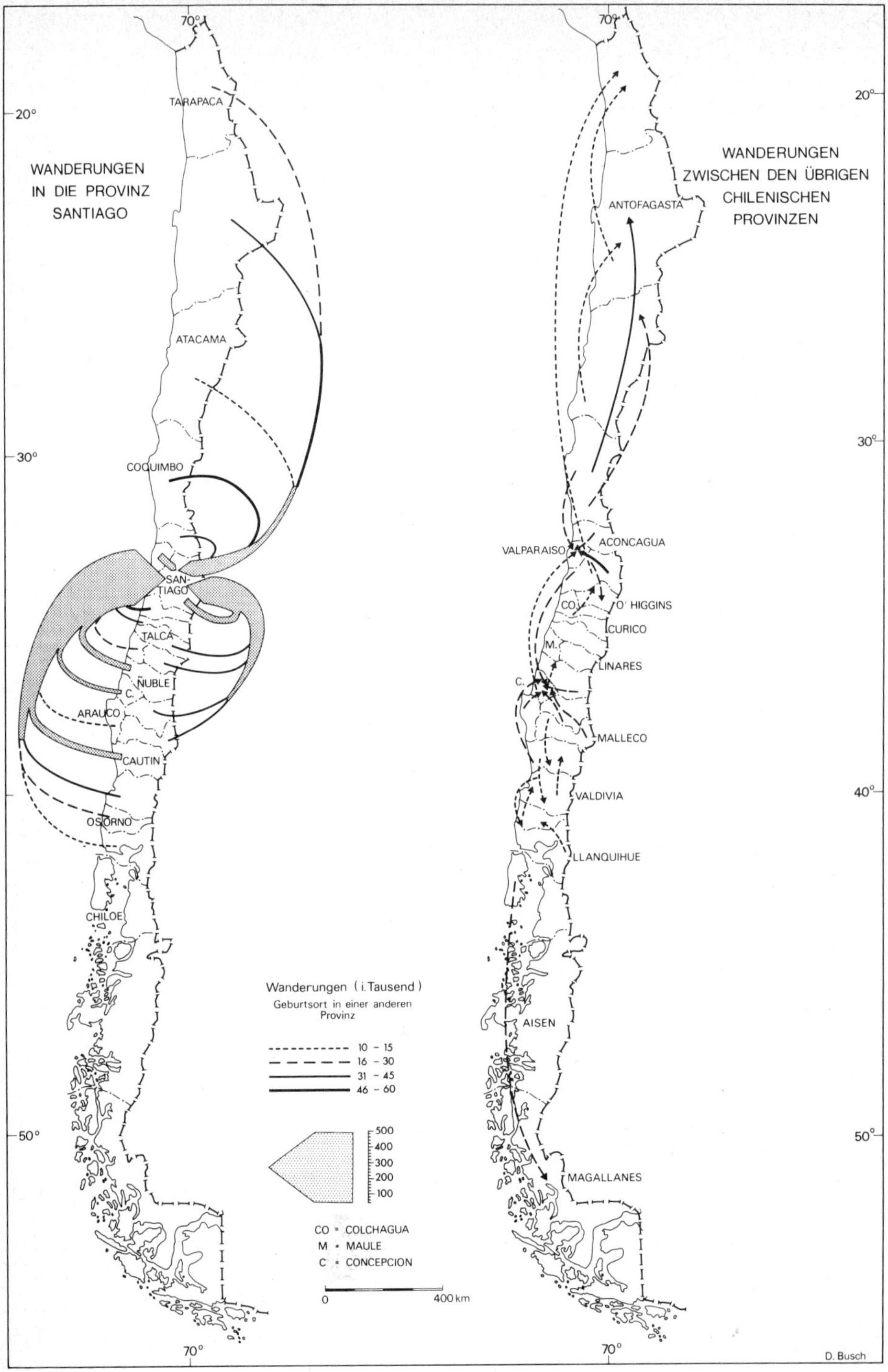

Quelle: INE

tera-Region. In den noch weiter südlich gelegenen Landesteilen fehlen solche eindeutig dominierenden Zielgebiete. In der *Región de los Lagos* haben die Migrationen zwischen den jeweiligen Nachbarprovinzen – und hier in erster Linie zwischen den Provinzhauptstädten – eine recht große Bedeutung, und in den jüngeren Kolonisationsgebieten von Aisén und Magallanes sind die Zuwanderungsströme zahlenmäßig heute nur noch sehr klein, so daß sie in Abb. 12 bis auf eine Ausnahme nicht in Erscheinung treten. Diese Ausnahme – die Wanderung von Chiloé nach Magallanes – zeigt allerdings einige auffällige Besonderheiten und hat so erhebliche Auswirkungen auf die Bevölkerungsstruktur beider Provinzen, daß sie hier genauer analysiert werden soll. Für die unter starkem Bevölkerungsdruck leidende Insel Chiloé ist die ausgeprägte „Wanderlust" ihrer Bewohner geradezu charakteristisch. Der Lebensraum der Chiloten – einer mestizischen Bevölkerung mit Übergewicht des indianischen Anteils – ist der meeresnahe Bereich: die Ostküste der *Isla Grande de Chiloé* und die zahllosen kleinen Inseln östlich und nordöstlich von ihr. Da der Ackerbau im hochozeanischen, regenreichen Klima nur geringe Erträge bringt, im chilotischen Meer andererseits aber große Mengen der in Chile so begehrten *mariscos* (Meeresfrüchte) vorkommen, ist der Chilote Ackerbauer, Viehhalter und Fischer zugleich. Diese gleichsam „amphibische" Lebensweise hat ganz sicher – neben den durch eine schnell fortschreitende Besitzzersplitterung hervorgerufenen wirtschaftlichen Zwängen – die Bereitschaft der Bewohner zu wenigstens vorübergehender Abwanderung begünstigt. Mit der planmäßigen Besiedlung des südchilenischen Seengebietes nach 1850 begannen die alljährlichen Wanderungen der Chiloten zu den Rodungs- und Erntearbeiten, die erst mit dem Abschluß der Kolonisation um 1950 zu Ende gingen. Zielgebiete der chilotischen Wanderungen sind gegenwärtig vor allem das chilenische und argentinische Patagonien, wobei allerdings die saisonalen Migrationen sehr oft zu Abwanderungen auf Dauer führten. Mit dieser besonderen „Wanderungstradition" hängt es zusammen, daß von Chiloé – im Gegensatz zu anderen ländlichen Räumen (Abb. 10) – in erster Linie die Männer fortziehen, um ihr Glück in der Fremde zu suchen. Ein ausgepräger Frauenüberschuß und auffällige Lücken in den Altersgruppen zwischen 20 und 40 Jahren gehören daher zu den wichtigsten Bestimmungsmerkmalen der Bevölkerungsstruktur in den ländlichen Bereichen der Insel Chiloé (Abb. 13).

Die hier zusammenfassend skizzierten innerchilenischen Wanderungsbewegungen sind in ihrem genauen Ablauf nicht für alle Teilräume des Landes umfassend analysiert worden. Aus Einzelstudien lassen sich jedoch einige wichtige Regelhaftigkeiten ablesen. Gerade in einem Land mit einer so extremen Längserstreckung, wie es Chile darstellt, spielt die *step-wise migration* eine bedeutende Rolle. Die grundlegende Hypothese vom Etappencharakter des Wanderungsvorganges besagt, daß zunächst vom ländlichen Raum in ein nahegelegenes regionales Zentrum gewandert wird, von dort in die nächst größere Stadt usw., bis schließlich als Endziel die Landeshauptstadt erreicht ist. Für Santiago kann diese Vermutung durch eine Erhebung von Elizaga (1970) gestützt werden. Danach sind allein 42% der Zugewanderten aus Städten mit über 20000 Einwohnern gekommen, dagegen entfielen auf die *zona rural* lediglich 13%. Auf die Frage nach ihrer genauen Wanderungsgeschichte gaben nur gut die Hälfte der über 14jährigen an, direkt vom Geburtsort in die Metropole umgezogen zu sein, dabei hatten die auf dem Lande geborenen Zuwanderer im Mittel mehr Etappen durchmessen als diejenigen, deren Geburtsort eine Gemeinde mit über 20000 Einwohnern war. Besonders die jugendlichen weiblichen Migranten, die vielfach schon im Alter von 14–16 Jahren eine Stellung als Hausmädchen antreten, bevorzugen im allgemeinen zunächst eine nicht allzu weit vom Heimatort entfernt liegende Arbeitsstätte und ziehen häufig erst in einer späteren Lebensphase nach Santiago um. Damit können gerade die kleineren städtischen Zentren als wichtige „Kristallisationskerne" der Urbanisierung gelten, in denen für die ländliche Bevölkerung der Anpassungsprozeß an städtische Lebensformen beginnt. In geringerer Entfernung von der Hauptstadt nimmt allerdings die Zahl der Etappenwanderer stark ab (Golte 1976). Der höhere Bekanntheitsgrad der nahen Stadt und die Kommunikationsmöglichkeit mit bereits vorher dorthin gezogenen Verwandten und Freunden erleichtert in diesen Fällen den Aufbruchsentschluß.

Die einseitig auf ganz wenige Räume gerichteten Wanderungsströme haben dazu geführt, daß von den 25 chilenischen Provinzen nur insgesamt fünf für das Jahrzehnt zwischen 1960 und 1970 eine positive Wanderungsbilanz zeigen (Abb. 7). Wenn man von den nur dünn besiedelten Peripherräumen absieht, zählt dazu noch nicht einmal mehr der Raum um Concepción, sondern einzig und allein die unmittelbare Einflußsphäre der Landeshauptstadt. Die gesamte Zentralzone und die sich nördlich und südlich anschließenden Bereiche des Kleinen Nordens und des Kleinen Südens sind insgesamt gesehen Abwanderungsgebiete, ihr Wanderungssaldo ist zum Teil stark negativ.

Fragt man nach den Ursachen und auslösenden Momenten dieser Bevölkerungsumverteilung, so ist es trotz der zahlreichen auch in anderen lateinamerikanischen Staaten zu diesem Problemkreis durchgeführten Studien und Befragungen noch immer schwer, darauf eine einfache und schlüssige Antwort zu geben. Während im Mitteleuropa des 19.Jh. der Strukturwandel der Landwirtschaft und die Industrialisierung der Städte einen raschen Anstieg der Binnenwanderungen auslösten, setzte in ganz Lateinamerika eine starke Migration ein, ohne daß sich tiefergehende Veränderungen auf dem Lande anbahnten oder die Städte einen namhaften Bevölkerungsbedarf aus Mangel an Arbeitskräften aufwiesen (Lauer 1976).

Das bereits in der Kolonialzeit angelegte und sich seit der Unabhängigkeit verstärkende Ungleichgewicht zwischen Stadt und Land kann allein die heute beobachtete starke „Landflucht" nicht erklären. Man wird zwar P. M. Hauser (1967) zustimmen können, daß es eher die ungenügende Entwicklung des ländlichen Raumes im Sinne von *push-factors* ist, die den Wanderungsprozeß auslöst, als die wirtschaftliche Attraktivität der Städte *(pull-factors)*, zugleich wird man aber hinzufügen müssen, daß solche grundlegenden Spannungen zwischen Stadt und Land auch in früheren Jahrzehnten bestanden, ohne jedoch zu Massenabwanderungen zu führen. Erst das Zusammenwirken von zunehmendem Bevölkerungsdruck durch steigende Geburtenüberschüsse einerseits und beginnender Industrialisierung in den Städten andererseits bewirkte einen entscheidenden Umbruch (Sandner & Steger 1973).

Empirische Untersuchungen, die sich mit der Motivation von Wanderungsbewegungen beschäftigten, haben in Chile wie in ganz Lateinamerika die überragende Bedeutung wirtschaftlicher Bestimmungsgründe nachgewiesen, d.h. die Arbeitssuche ist besonders bei jüngeren Jahrgängen für den Aufbruchsentschluß entscheidend. Psychologische Erwägungen wie die „Attraktivität und Ungebundenheit städtischen Lebens" treten jedoch ganz sicher verstärkend hinzu. Häufig sind es daher unwägbare, noch nicht voll geklärte Wanderungsmotive, die einem Leben in der Stadt – trotz des Wissens um die Schwierigkeiten, die eine Zuwanderung mit sich bringt – größere Vorteile beimessen als einem Verbleiben im ländlichen Milieu (Lauer 1976).

In einer von Elizaga (1970) für Santiago durchgeführten Befragung gaben 62% der zugezogenen Männer und 56% der Frauen als wichtigstes Wanderungsmotiv die Suche nach einem Arbeitsplatz an. Bei den Frauen lagen an zweiter Stelle familiäre Gründe mit 15% (Männer 8%), bei den Männern die besseren Ausbildungsmöglichkeiten besonders für die Kinder (9% gegenüber 10% bei den Frauen). Recht hoch, nach den Bemerkungen im vorigen Abschnitt aber durchaus verständlich, ist der Anteil derjenigen, die „sonstige" oder gar keine Gründe angaben (21% bzw. 19%).

Eine sicherlich nicht vollständig repräsentative Befragung von 212 aus den Oasen der nordchilenischen Wüste fortgezogenen Personen bestätigt im Grundsätzlichen das Ergebnis Elizagas. Die Arbeitssuche steht auch hier mit 54% an der Spitze, es folgen Schulausbildung mit 22%, familiäre Gründe mit 17% und unbestimmte Antworten mit 7% (Bähr 1977).

Eine nicht zu unterschätzende Voraussetzung für den in den letzten Jahrzehnten ständig gestiegenen *éxodo rural* dürfte in der Verbesserung der Kommunikation zwischen Stadt und Land (Pedersen 1970) und der dadurch gewachsenen Bedeutung städtischer Lebensformen in der Wertskala der ländlichen Bevölkerung zu suchen sein. Durch Straßen- und Eisenbahnbau nahmen die Kontakte mit der Außenwelt auch bei den Bevölkerungsgruppen zu, die lange Zeit ohne größere Beziehungen zum Staatswesen lebten. Nicht nur das Radio ist heute weit verbreitet, auch Zeitungen und Zeitschriften erreichen selbst abgelegene Zonen und berichten über die nächstgelegenen Großstädte und Minensiedlungen. In der Vorstellung der Landbevölkerung sind daher Migration und sozialer Aufstieg untrennbar miteinander verbunden, wenn auch die sich bietenden Möglichkeiten meist erheblich überschätzt werden.

Die schon angesprochene Verbesserung des Ausbildungsniveaus hat den Abwanderungsprozeß ebenfalls gefördert, da durch den Schulbesuch bei den Jugendlichen Erwartungen und Wünsche geweckt werden, die sie nur in der Stadt glauben verwirklichen zu können. Gelegentlich beschleunigt eine falsche Schulpolitik diese „Auslaugung des ländlichen Raumes" noch zusätzlich, wenn die in der Provinz gegründeten Bildungsstätten auf Tätigkeiten vorbereiten, die nur in den größeren Bevölkerungsschwerpunkten auszuüben sind (Herrick 1965). So wählten beispielsweise von den aus dem ländlichen Hinterland der Stadt Arica stammenden Schülern der *educación secundaria* 44% den kaufmännischen Zweig, und 83% äußerten die Absicht, nach Abschluß der Ausbildung auf keinen Fall wieder in das heimatliche Dorf zurückkehren zu wollen (Bähr 1975).

Das mit den zuletzt gemachten Ausführungen angeschnittene Problem einer Emigration gerade der jüngeren, besser ausgebildeten und ökonomisch aktiven Bewohner führt auf die Frage nach den Selektionswirkungen des Wanderungsprozesses. Es gehört zu den gesicherten und an vielen Beispielen belegten Ergebnissen der Wanderungsforschung, daß die Migranten innerhalb der Gesamtbevölkerung der Herkunftsgebiete eine einseitige Auslese darstellen und daß sich durch die Zuwanderung auch die Bevölkerungszusammensetzung der Zielorte wesentlich verändert. Die Auslesewirkungen der innerchilenischen Wanderungsvorgänge lassen sich durch folgende wichtige Regelhaftigkeiten umschreiben, die im Grundsätzlichen auch für andere Staaten Lateinamerikas gelten. Bei ihrer Interpretation darf allerdings nicht übersehen werden, daß die Wanderer nur sehr bedingt eine einheitliche Sozialgruppe darstellen und daß daher die Abweichungen vom statistischen Mittel oft erheblich sein können, wenn man regional und sachlich weiter differenziert. Darauf wird am Beispiel der Fallstudie des Großen Nordens (Kap. 3.5) noch genauer Bezug genommen.

1. Die Migrationen in die größeren Städte werden besonders in bestimmten Altersgruppen überwiegend vom weiblichen Bevölkerungsteil getragen. Zemelman

Abb. 13: Selektionswirkung von Migrationen nach Alter und Geschlecht für verschiedene Beispiele 1970

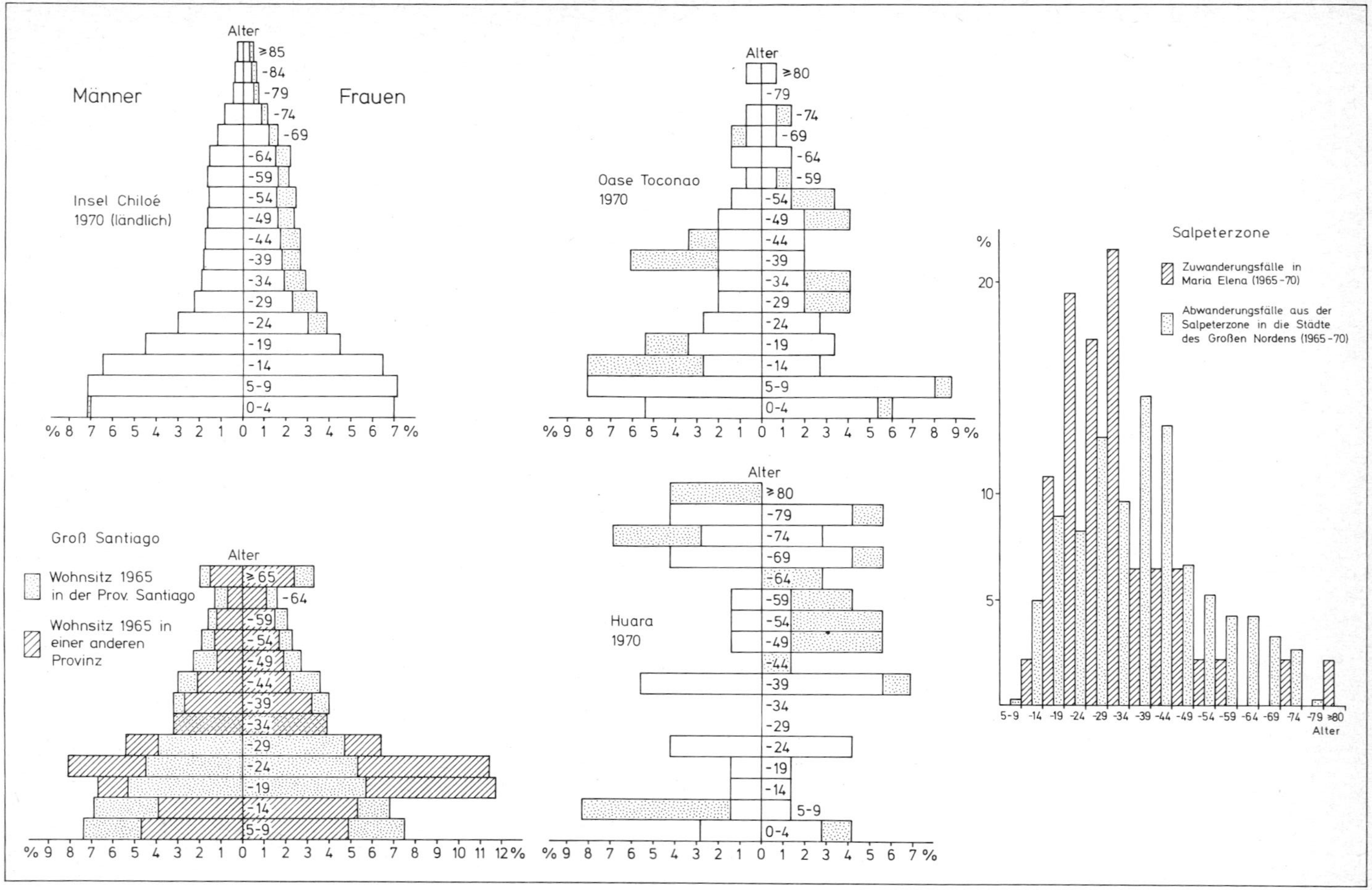

Quelle: Bähr 1976 c, INE

Tabelle 11: Zuwanderung 1965–70 in ausgewählte Orte des Großen Nordens

Ort	Einwohner 1960	Einwohner 1970	Zuwanderer 1965–70	Anteil der Zuwanderer aus der gleichen Provinz (in %)	Anteil der Zuwanderer an Einwohnern 1970 (in %)
Arica	43 344	87 726	16 890	18,0	19,3
Antofagasta	87 860	125 084	19 167	39,1	15,3
Calama/Chuquicamata	50 964	67 989	13 581	36,5	20,0
Copiapó	30 123	39 952	6 237	33,8	15,6

Quelle: Bähr 1975 (Stichprobenerhebung)

Tabelle 12: Ausbildungsniveau bei Migranten und Nicht-Migranten in Groß-Santiago

Dauer des Schulbesuchs	Migranten in %	Nicht-Migranten in %
Männer		
mindestens 1 Jahr	93,2	96,5
mindestens 4 Jahre	78,8	87,2
mindestens 1 Jahr Sekundarschule	44,1	54,6
Frauen		
mindestens 1 Jahr	88,3	96,0
mindestens 4 Jahre	68,5	86,8
mindestens 1 Jahr Sekundarschule	33,2	48,6

Quelle: Elizaga 1970

Tabelle 13: Anteil von Beschäftigten im Bereich persönlicher Dienstleistungen für Migranten und Nicht-Migranten in Groß-Santiago (in %)

	Männer	Frauen	davon Hausangestellte
Zuwanderer 1952–62	21,3	86,7	92,7
Zuwanderer vor 1952	15,9	57,3	58,1
Am Ort Geborene	7,7	39,0	56,4

Quelle: Elizaga 1970

(1971) führt für die chilenische Zentralzone an, daß im Alter von 15 bis 25 Jahren bei der Land-Stadt-Wanderung nur 83 Männer auf 100 Frauen kommen und sich erst im Alter zwischen 29 und 39 Jahren das Verhältnis auf 116:100 umkehrt. Noch extremer liegen die Verhältnisse bei der Zuwanderung nach Groß-Santiago. Wie Elizaga (1970) ermittelte, entfallen hier insgesamt auf 100 Frauen nur 72 Männer und bei den 25–29jähren sogar nur 62 (vgl. Abb. 13). In diesem Punkt unterscheidet sich Lateinamerika ganz allgemein von den Entwicklungsländern in Afrika oder Asien, wo die Selektionswirkung in bezug auf das Geschlecht in entgegengesetzte Richtung verläuft. Ein wichtiger Grund für diese auffällige Verschiedenartigkeit liegt in der traditionell günstigen Beschäftigungssituation für Hausangestellte, einer Tätigkeit, bei der nur eine geringe berufliche und schulische Qualifikation vorausgesetzt wird. So fanden beispielsweise 80% der aus der *zona rural* nach Santiago zugezogenen Frauen in den ersten drei Monaten eine geeignete Beschäftigung, bei den Männern waren es dagegen nur 67% (Elizaga 1970).

2. Da der überwiegende Teil der Zuwanderer in jugendlichem Alter und meist noch vor einer Verheiratung in die Stadt kommt, zeichnen sich die Bevölkerungspyramiden aller größeren Orte nicht nur durch einen ausgeprägten Frauenüberschuß aus, sondern auch durch einen überdurchschnittlich hohen Prozentsatz 15–34jähriger. Der Anteil der Kinder ist nicht zuletzt aufgrund der im Vergleich zum Lande niedrigeren Geburtenrate recht gering (Abb. 13). Diese Dominanz jugendlicher, ökonomisch aktiver Jahrgänge ist in Chile wie in anderen Staaten der Dritten Welt derartig ausgeprägt, daß man schon von einem „Wanderungsgesetz" sprechen kann (J. A. Hauser 1974).
3. Im statistischen Mittel weisen die in die großen Ballungszentren Zugewanderten eine geringere schulische Qualifikation als die übrige Bevölkerung auf, selbst dann, wenn sie im Vergleich zu den am Heimatort Verbliebenen in dieser Hinsicht eine positive Auslese darstellen. Als Beleg dafür kann wiederum die schon erwähnte Untersuchung von Elizaga für Santiago herangezogen werden (Tab. 12). Für kleinere Städte muß dieses Ergebnis jedoch nicht unbedingt zutreffen. Zemelman (1971) hat für Orte unter 20000 Einwohner einen im Vergleich zur ortsansässigen Bevölkerung höheren Bildungsstand der Migranten nachgewiesen, und im Großen Norden konnte der gleiche Sachverhalt sogar für sämtliche Städte belegt werden (Bähr 1975). Die zuletzt genannte Untersuchung läßt darüber hinaus erkennen, daß die Wanderer gerade in zwei gegensätzlichen Bildungsschichten überdurchschnittlich stark vertreten sind; einmal sind es diejenigen ohne jede Schulausbildung, zum anderen haben überdurchschnittlich viele weiterführende Schulen oder sogar Universitäten besucht.
4. Die Konzentration der Zuwanderer auf einige wenige Berufsgruppen ist zu einem großen Teil auf ihren geringen Ausbildungsstand zurückzuführen. Gerade weil Verstädterungs- und Industrialisierungsgrad in Chile wie in den meisten Staaten der Dritten Welt nicht übereinstimmen, bieten sich oft nur im aufgeblähten tertiären Sektor gewisse Beschäftigungsmöglichkeiten und dabei insbesondere im Bereich der *servicios personales* (Tab. 13). Hier ist nicht so sehr die Arbeitslosenquote erschreckend, sondern eher die verbreitete Unterbeschäftigung, die die wahren Verhältnisse verschleiert.

Beim männlichen Bevölkerungsteil haben neben dem Dienstleistungsbereich die Wirtschaftszweige Industrie, Handwerk und Bau eine recht große Bedeutung. Diese Aussage muß jedoch dahingehend eingeschränkt werden, daß die Zuwanderer eher in kleinen Handwerksbetrieben und Werkstätten eine meist unsichere und größtenteils auch schlecht bezahlte Stelle finden als in den wenigen größeren Industrieunternehmen. Damit bleibt die Instabilität des Arbeitsplatzes – für viele ein entscheidendes Wanderungsmotiv – auch nach der Übersiedlung in die Stadt bestehen.

Besonders krisenanfällig ist in Chile seit jeher die vorwiegend von staatlichen Aufträgen abhängige Bauwirtschaft. Ein Zurückgehen der Staatseinnahmen schlägt sich daher sofort in steigenden Arbeitslosenzahlen nieder. Eine Ende 1977 vom *Instituto Nacional de Estadísticas* durchgeführte Befragung ergab, daß bei einer mittleren Arbeitslosenziffer von 12% in der Bauwirtschaft 27%, dagegen im Dienstleistungsbereich nur 8% Arbeitslose registriert wurden.

3.5 Beispiel: Wanderungsbewegungen in die Bergbauzentren des Großen Nordens

Am Beispiel des Großen Nordens läßt sich anschaulich nachweisen, daß auch peripher zur Hauptstadt gelegene Räume eine ausgeprägte Bevölkerungsmobilität aufweisen können. Schon immer hat es in der nordchilenischen Wüstenzone als Folge der Entdeckung und Ausbeutung verschiedener Vorkommen an Bodenschätzen umfangreiche Verlagerungen der arbeitenden Bevölkerung gegeben. In der zweiten Hälfte des vorigen Jahrhunderts war zunächst der Südrand der Atacama (Silbervorkommen bei Copiapó) das Ziel solcher Wanderungsbewegungen. Mit dem Höhepunkt des Salpeterbooms um die Jahrhundertwende konzentrierten sich dann die Zuwanderungen auf den schmalen Streifen der Nitratlagerstätten am Ostabfall der Küstenkordillere zwischen Pisagua und Taltal. Mit dem endgültigen Niedergang dieses Industriezweiges strömte ein großer Teil der arbeitslos Gewordenen in die Küstenstädte, die jedoch diese Bevölkerungszunahme in keiner Weise verkraften konnten, da ihre wirtschaftliche Entwicklung ebenfalls sehr eng mit der Salpeterexploitation verbunden war. Viele ehemalige Salpeterarbeiter mußten sich daher in südlicheren Landesteilen eine neue Beschäftigung suchen, und die Bevölkerung der Provinz Antofagasta ging so zwischen 1930 und 1940 um 20%, die von Tarapacá um 10% zurück. Heute sind die Großminen des Kupferbergbaus (Chuquicamata bei Calama, Potrerillos-El Salvador im Hinterland von Chañaral) die bestimmenden Wirtschaftsfaktoren des chilenischen Nordens. Ihre Anziehungskraft auf Arbeitssuchende reicht weit über die unmittelbare Umgebung, ja selbst über die gesamte Wüstenzone hinaus. Beispielhaft soll hier die Mine Chuquicamata einschließlich des nahegelegenen Calama betrachtet werden. Die Zuwanderung in diesen Raum erfolgt besonders aus folgenden Gebieten (Abb. 14):

1. aus den Kordillerenoasen des Hinterlandes (4%),
2. aus den heute noch arbeitenden oder aufgegebenen Salpeteroficinas (8%),
3. aus der Hafenstadt Antofagasta (14%),
4. aus dem Kleinen Norden, dem Übergangsraum zwischen Wüste und mediterraner Zentralzone (31%),
5. aus der Zentralzone selbst, vor allem aus dem verstädterten Gebiet um Santiago und Valparaiso (17%).

Wir wollen versuchen, die genannten wichtigsten Herkunftsgebiete der Migranten in ihrer wirtschaftlichen Struktur etwas eingehender zu analysieren, um dadurch erste Gründe für eine Abwanderung aufzudecken. Beginnen wir dabei mit den Kordillerenoasen (Aranda 1964, Bähr 1977).

Schon von den natürlichen Gegebenheiten her sind die Anbaumöglichkeiten in den Oasen am Westabfall der Anden äußerst beschränkt. Die darauf beruhenden Schwierigkeiten lassen sich in zwei Punkten zusammenfassen:

1. Die Wassermenge ist unzureichend und wird durch den hohen Wasserverbrauch der Minen und der Küstenstädte weiter geschmälert.
2. Die Qualität des vorhandenen Wassers gestattet aufgrund eines erheblichen Salzgehaltes oder zu hoher Beimengungen anderer Mineralien meist nicht den Anbau anspruchsvoller Pflanzen und Fruchtbäume.

Die Schwierigkeiten der Oasenbewohner werden durch das dort übliche Bewässerungssystem und die an traditionellen Rechten orientierte Wasserverteilung noch vermehrt. Bewässert wird in den Oasen nach dem sogenannten *melga*-System. Unter *melga* versteht man ein Beet von 3 bis 15 m Breite und 10 bis 30 m Länge, das von etwa 30 cm hohen Erdwällen umgeben ist. Diese

Abb. 14: Zuwanderungen nach Chuquicamata/Calama 1965–70

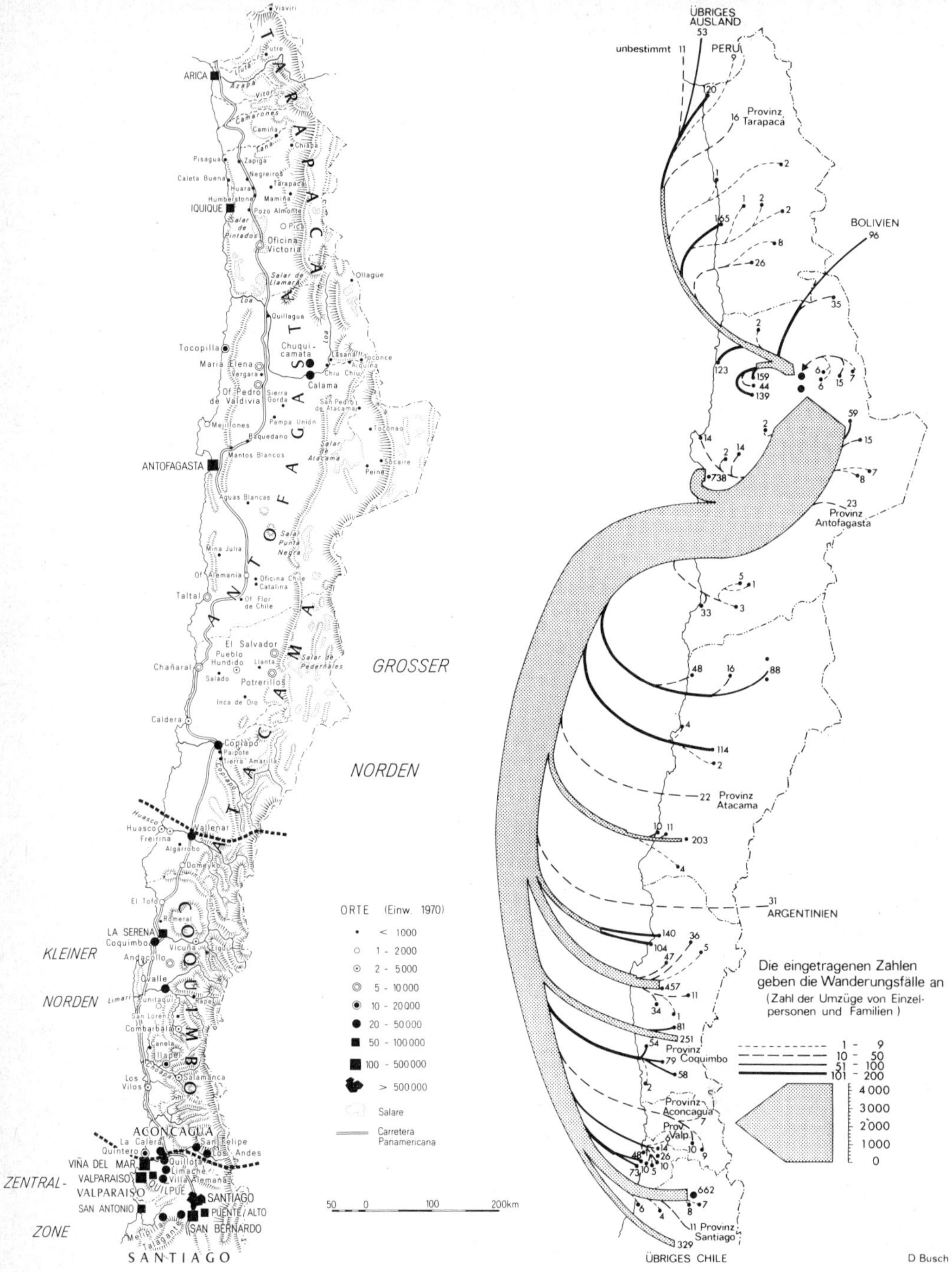

Quelle: INE

Beete sind so angeordnet, daß sie vom Hauptbewässerungskanal aus entsprechend dem natürlichen Gefälle der Reihe nach unter Wasser gesetzt werden können. Ganz davon abgesehen, daß eine solche vollständige Überflutung nicht für alle Pflanzen gut verträglich ist, führt diese Methode auch zu einem sehr hohen Wasserverbrauch, der dadurch noch weiter gesteigert wird, daß sehr viele Kanäle nicht mit Zement eingefaßt sind. Man schätzt, daß allein durch zu stark bewachsene oder undichte Erdkanäle 30% des ohnehin schon knappen Wassers verlorengehen. Eine unmittelbare Folge davon ist, daß die meisten Oasenbewohner nur in recht großen Zeitabständen (bis zu 90 Tagen) bewässern können. Auch deshalb ist der Anbau anspruchsvoller Pflanzen kaum möglich, und es wird in erster Linie *alfalfa* (Luzerne) eingesät. Hinzu kommt, daß die traditionellen Wasserrechte die wenigen größeren Besitzer begünstigen und die Bewässerungsmöglichkeiten der Kleinstbetriebe weiter einschränken. Im Zuge der Agrarreform (vgl. Kap. 5.3) wurde zwar alles vorhandene Wasser zum Staatsbesitz erklärt, eine wirkliche Änderung der Verhältnisse ist bis heute allerdings nicht eingetreten.

Ein weiterer Grund für die starke Abwanderung aus den Oasen muß in der Betriebsgrößenstruktur gesehen werden. Die vorherrschenden *minifundios* liegen vielfach bereits unter dem Existenzminimum und lassen weitere Unterteilungen nicht zu. Das aber heißt, daß sich bei einer Familie mit durchschnittlich mindestens sechs Kindern fünf ihren Lebensunterhalt außerhalb der Landwirtschaft verdienen müssen. Erste Kontakte der nicht allzu abseits gelegenen Oasen mit städtischen Siedlungen ergeben sich durch das Anbieten der Erzeugnisse auf dem Markt oder aber beim männlichen Bevölkerungsteil durch den mit 18 Jahren zu absolvierenden Militärdienst. Im Anschluß daran setzt nämlich – wie aus Abb. 13 (Oase Toconao) zu entnehmen ist – eine verstärkte Abwanderung ein. Nicht mehr bewohnte, zum Teil auch zerfallene Häuser und zahlreiche offen gelassene Ackerterrassen zeugen davon, daß ein großer Teil gerade der Jüngeren die Oasen für immer verlassen hat, um sich in den Minen oder den Küstenstädten einen Arbeitsplatz zu suchen, und die zurückgebliebenen älteren Menschen sind dann oft nicht mehr in der Lage, das Land zu bewirtschaften und lassen es daher brach liegen.

Wenden wir uns nun dem zweiten wichtigen Abwanderungsgebiet der nordchilenischen Wüste, der Zone des Salpeterabbaus zu. Wenn man heute die Atacama in Nord-Süd-Richtung durchfährt, so stößt man am Abfall der Küstenkordillere zur Pampasenke ständig auf Überreste bzw. Zeugnisse der ehemals blühenden Salpeterindustrie. Im Gebiet der Abbaustätten ist die Erde kilometerweit durchwühlt, und z.T. kann man rostende Eisenbahnwagen auf den Schienen der zum Abtransport des Salpeters angelegten Stichbahnen sehen, die seit 40 Jahren nicht mehr benutzt werden. Rechts und links der *Panamericana* liegen die „Geisterstädte" der ehemaligen Salpeteroficinas mit den verlassenen und verfallenen Wohnsiedlungen der Angestellten und Arbeiter.

Über dieses längst vergangene „goldene Zeitalter" Chiles wird in Kap. 6.1 noch ausführlicher berichtet. Hier soll lediglich festgehalten werden, daß zum Höhepunkt des Booms mehr als 60000 Arbeiter in der Salpetergewinnung beschäftigt waren. Der mit der synthetischen Stickstofferzeugung beginnende und sich durch die Weltwirtschaftskrise noch verstärkende Niedergang des Abbaus hat zu einer vollständigen Entvölkerung weiter Gebiete geführt, und in den verbliebenen Siedlungen außerhalb der drei bis heute bestehenden *oficinas* leben nur noch einige wenige alte Menschen, wie es die Bevölkerungspyramide des kleinen Ortes Huara sehr eindrucksvoll zeigt (Abb. 13). Produktionsrückgang und fortschreitende Mechanisierung haben aber auch in den noch arbeitenden Betrieben die Beschäftigungszahlen erheblich sinken lassen und dadurch eine negative Wanderungsbilanz hervorgerufen (Bähr 1976c). Dieser negative Saldo resultiert jedoch aus einer noch immer überdurchschnittlich hohen Zuwanderung und einer allerdings noch etwas stärkeren Abwanderung, so daß man von einem ausgeprägten Bevölkerungsaustausch sprechen kann. Dabei stehen den Zuzügen junger Menschen insbesondere aus dem Kleinen Norden Fortzüge in den älteren Jahrgangsgruppen gegenüber (Abb. 13). Einerseits strebt man nach einigen Jahren Tätigkeit im Salpeterabbau einen besser bezahlten und schon aufgrund der größeren Höhenlage auch „angenehmeren" Arbeitsplatz in den Kupfergroßminen an, andererseits verlegen vor allem die aus dem Erwerbsleben Ausgeschiedenen (ähnliches gilt auch für die Standorte des Kupferbergbaus) ihren Wohnsitz in die Küstenstädte mit ihren vielfältigeren Abwechslungsmöglichkeiten und ihrem höheren Freizeitwert (Bähr 1975).

Wirtschaftlich gesehen ist die Basis dieser Küstenstädte allerdings nicht sehr breit gefächert. Bis auf das ganz im Norden gelegene Arica haben alle unter dem Rückgang der Salpeterförderung erheblich gelitten. Auch die mit Hilfe staatlicher Vergünstigungen aufgebaute Industrie konnte keine dauerhafte Abhilfe schaffen. Das Beispiel Arica (vgl. Kap. 6.5) zeigt deutlich, daß sich nach teilweisem Fortfall der Unterstützungsmaßnahmen die periphere Lage zu den Hauptabsatzmärkten in der Zentralzone sehr nachteilig bemerkbar macht. Auch in Antofagasta, das neben Valparaiso und Concepción zu den Entwicklungsschwerpunkten multiregionaler Ordnung gehört, ist die Industrieansiedlung noch äußerst bescheiden. Erschwerend kommt hier hinzu, daß die Versorgung der Stadt mit Wasser und Energie besonders aufwendig und damit sehr teuer ist. Schon die Beschaffung des benötigten Trinkwassers stellt die Stadt vor erhebliche Probleme, denn es muß aus mehr als 300 km Entfernung aus der Hochkordillere herangeführt werden. So ist es verständlich, daß die vorhandenen Arbeitsplätze im industriellen Bereich noch in keiner Weise der steigenden Nachfrage entsprechen. Antofagasta ist heute in erster Linie als regionales Versorgungs- und Ausbildungszentrum anzusprechen. 1970 betrug die Zahl der Beschäftigten im Dienstleistungsbereich immerhin knapp 70%. Das erklärt, daß auch von der Provinzhauptstadt Antofagasta ein starker Wanderungsstrom in Richtung des Kupferbergbaus verläuft. Wie erwähnt stammen immerhin 14% der in Chuquicamata und Calama registrierten Zuwanderungsfälle aus dieser Stadt. Der größte Teil der Zuwanderer kommt heute allerdings nicht aus der Wüstenzone selbst, sondern aus dem südlich anschließenden Kleinen Norden. Die Wirtschaftsstruktur dieses Gebietes ist durch das Nebeneinander von Bergbau und Landwirtschaft geprägt. Die agrarwirtschaftliche Nutzung konzentriert sich im wesentlichen auf die Flußoasen zwischen Huasco im Norden und Choapa im Süden. Der lokal – besonders in Küstennähe – zusätzlich betriebene Trockenfeldbau von Weizen und Gerste ist bereits mit einem großen Risiko verbunden.

Mitentscheidend für die beobachtete starke Abwanderung aus dem Kleinen Norden sind die extrem unterschiedlichen Besitzverhältnisse. Bis zur Agrarreform (vgl. Kap. 5.3) wurden etwa zwei Drittel der Anbaufläche in den Flußoasen von großen *fundos* eingenommen. Das restliche Drittel mußte sich eine Vielzahl kaum lebensfähiger Kleinbetriebe teilen; so verfügten beispielsweise im Tal des Río Choapa ein Drittel aller landwirtschaftlichen Betriebe über weniger als einen halben ha Bewässerungsland, dagegen bewirtschafteten 1% der Betriebe genau 50% der Bewässerungsfläche.

Die Agrarreform hat zwar dazu geführt, daß es heute in Chile keinen ausgesprochenen Großgrundbesitz mehr gibt, den zahlreichen

Klein- und Kleinstbetrieben hat sie jedoch nicht geholfen. Im Kleinen Norden ist dieser *minifundio*-Besitz z. T. in der Statistik sogar noch unterrepräsentiert, da er sich hinter einer besitzrechtlichen Besonderheit, den *comunidades agrícolas* verbirgt (Gonzales 1951, Huizer 1968). Diese stellen Gemeinschaftseigentum kleiner sozialer Gruppen von etwas mehr als 100 bis zu 2000 Personen dar, deren Zusammengehörigkeit sich aus der gemeinsamen Familienwurzel ableitet (Weischet 1970). Flächenmäßig sind solche *comunidades* oftmals zum Großgrundbesitz zu rechnen, jedoch verfügen sie in der Hauptsache über kaum nutzbare Steppenländereien, während sie am Bewässerungsland entweder gar keinen oder nur einen sehr geringen Anteil haben. Durch den zunehmenden Bevölkerungsdruck hat sich die Lebensbasis der hier wohnenden Familien immer mehr verschlechtert; eine wenigstens vorübergehende Abwanderung in die Minen des Großen Nordens war daher besonders in Dürrezeiten schon immer weit verbreitet (Zuñiga 1968).

Der Kleine Norden ist zwar ebenfalls reich an Bodenschätzen, Großbetriebe sind allerdings erst in jüngster Zeit zur Ausbeutung der Eisenerzvorkommen entstanden; beim Kupferbergbau dominieren die zur *pequeña minería* zu zählenden Kleinbetriebe bis hin zu den nur mit Spitzhacke ausgerüsteten Bergleuten, den *pirqueneros*. Solche kaum mechanisierten Unternehmen arbeiten oft an der untersten Grenze der Rentabilität, d. h. sie können nur in Zeiten hoher Weltmarktpreise einen Gewinn erzielen. Eine immer wieder auftretende Einschränkung oder gar Einstellung der Förderung, die zur Abwanderung von Arbeitern führt, ist eine unmittelbare Folge davon.

Während die bisher genannten Gebiete schon in ihrer augenblicklichen Wirtschaftsstruktur eine Reihe von Erklärungsmomenten für die beobachtete Abwanderung liefern, so gilt das nicht für die chilenische Zentralzone und insbesondere die Städte Santiago und Valparaiso. Hier bietet nicht nur der aufgeblähte staatliche Verwaltungsapparat, sondern auch die Konzentration fast aller bedeutenden Industriebetriebe eine relativ große Zahl von Arbeitsmöglichkeiten. Um so erstaunlicher ist die Tatsache, daß immerhin 17% der im Bereich der Großmine Chuquicamata Zugezogenen aus den Provinzen Santiago und Valparaiso stammen. Diese Zahl stellt jedoch keine Ausnahme dar, sondern wird in den Provinzhauptstädten wie Antofagasta und Iquique sogar noch übertroffen. Eine Analyse der von diesem Personenkreis ausgeübten Berufe zeigt, daß die aus der *Zona Metropolitana* Zugewanderten zu einem beträchtlichen Teil in den verschiedenen Dienststellen der staatlichen Administration tätig sind, und dazu können seit der Nationalisierung auch die Verwaltungen der Großminen gerechnet werden. Es liegt im ungewöhnlich starken Zentralismus des chilenischen Staates begründet, daß gerade gehobene Positionen von Santiago aus besetzt werden. Dieser Personenkreis, der meist mit einem festen Arbeitsvertrag oder durch Versetzung in den Norden kommt, unterscheidet sich im Hinblick auf Wohnungsqualität und Lebensstandard erheblich von den übrigen Migranten.

Die Möglichkeiten, die eine Kupfergroßmine wie Chuquicamata (oder auch El Salvador) den Zuwanderern bietet, werden meist erheblich überschätzt. Die besondere Struktur des Kupferbergbaus bringt es mit sich, daß die Zahl der benötigten Arbeitskräfte im Verhältnis zum Kapitalaufwand immer recht gering war. Der in großem Stile betriebene Kupferbergbau ist zwar ein kapitalintensiver, aber kein arbeitsintensiver Wirtschaftszweig. Gerade in einem riesigen Tagebau wie in Chuquicamata sind alle Arbeitsgänge weitestgehend mechanisiert, und das gleiche gilt für den größten Teil der Aufbereitungsprozesse. Infolge einer fortschreitenden Mechanisierung schlug sich sogar eine Produktions-

ausweitung nicht in einer verstärkten Einstellung von Arbeitskräften nieder (vgl. Kap. 6.3).
Diese Situation des Kupferbergbaus hat auch für die Zuwanderer unmittelbare Konsequenzen: Nur wenigen gelingt es wirklich, einen der angestrebten und für chilenische Verhältnisse hoch bezahlten Arbeitsplätze und damit auch das Wohnrecht in den Großminen zu bekommen, die übrigen versuchen, im nahegelegenen Calama eine Arbeitsstätte zu finden oder wandern zur Küste weiter. Während daher die Einwohnerzahl der Mine Chuquicamata zwischen 1960 und 1970 stagnierte, wuchs die Bevölkerung Calamas um 75 % auf heute fast 50 000 Einwohner an, von der sehr viele in behelfsmäßigen Hütten leben. Für den Besucher beider Orte ist deshalb der Gegensatz zwischen den recht modernen und planmäßig angelegten Reihensiedlungen von Chuquicamata und den zum größten Teil aus Holz und Blech errichteten Barackenvierteln am Rande von Calama besonders einprägsam.

4 Der Verstädterungsprozeß

4.1 Umfang und regionale Differenzierung des Städtewachstums

Wurden im vorigen Kapitel die innerhalb Chiles registrierten Wanderungsströme in ihren Ursachen und ihrem Ablauf näher analysiert, so sollen jetzt einige der daraus resultierenden Konsequenzen und Probleme aufgezeigt werden. Wenn auch die Binnenwanderungen mit dem Schlagwort „Landflucht" keineswegs umfassend charakterisiert sind, sondern in ihrer Struktur ein sehr viel komplexeres Bild zeigen, so kann doch nicht bestritten werden, daß sie letztlich zu einem überproportionalen Wachstum der großen Städte und insbesondere der Metropole Santiago geführt haben. Um dieses Ergebnis präziser zu erfassen und mit Zahlen belegen zu können, müssen zunächst einige Bemerkungen zur Terminologie gemacht werden.

In der amtlichen chilenischen Statistik wird seit langem zwischen der *población urbana* und der *población rural* unterschieden. Die Orte mit „urbaner Bevölkerung" sind jedoch keinesfalls als Städte in unserem Sinne aufzufassen, denn nach chilenischer Gewohnheit werden darunter alle „geschlossenen Siedlungen" verstanden. Eine präzise Definition existiert allerdings nicht, und es läßt sich noch nicht einmal von der Einwohnerzahl her eine Mindestgröße angeben. Ausschlaggebend für die Einordnung in die Kategorie „städtisch" ist vielmehr – neben dem genannten physiognomischen Merkmal – eine gewisse Mindestausstattung an Verwaltungseinrichtungen; so werden z. B. die Hauptorte einer *comuna* stets zu den „urbanisierten Orten" gerechnet, auch wenn sie ausgesprochen ländlichen Charakter tragen. Im übrigen sind die Begriffe „städtisch" und „ländlich" in den verschiedenen Zählungen nicht einheitlich verwendet worden; mehrere 1960 als „urban" bezeichnete Siedlungen wurden beispielsweise 1970 trotz inzwischen höherer Einwohnerzahl wieder als „rural" eingestuft (Rother 1977a). Die im folgenden angegebenen Zahlen können daher lediglich grundlegende Entwicklungstrends aufzeigen, ohne daß sie in jedem Falle vollständig zuverlässig oder mit entsprechenden Angaben für europäische Länder vergleichbar wären.

Tab. 14 dokumentiert die in den letzten 100 Jahren abgelaufenen Verschiebungen zwischen „städtischer" und „ländlicher" Bevölkerung. Im Jahre 1875 lebten fast drei Viertel der Chilenen auf dem Lande, und noch 1920 übertraf die *población rural* knapp die *población urbana*. Im Zensus von 1940 wurden erstmals mehr Bewohner in städtischen als in ländlichen Siedlungen gezählt, und bis 1970 hatten sich die Verhältnisse im Vergleich zu 1875 genau umgekehrt.

Seit 1940 geht die ländliche Bevölkerung nicht nur relativ sondern auch absolut zurück (Abb. 15). Die kleineren Städte (unter 20 000 Ew.) nahmen zwar auch weiterhin an Einwohnern zu, ihre durchschnittliche Wachstumsrate liegt seit 1952 jedoch unter der gesamtchilenischen. Vor allem im letzten Jahrzehnt ist die Bevölkerungsumverteilung einseitig zugunsten der Orte mit mehr als 20 000 Bewohnern verlaufen. 1970 lebten genau 60 % der Chilenen (5,4 Mill.) in Städten dieser Kategorie und auf die fünf Stadtkomplexe mit mehr als 100 000 Einwohnern (Groß-Santiago, Valparaiso-Viña del Mar, Concepción-Talcahuano, Antofagasta und Temuco) entfielen allein 3,5 Mill. Menschen (40 % der Bevölkerung). Darunter ist die

Abb. 15: Angaben zum Verstädterungsprozeß in Chile

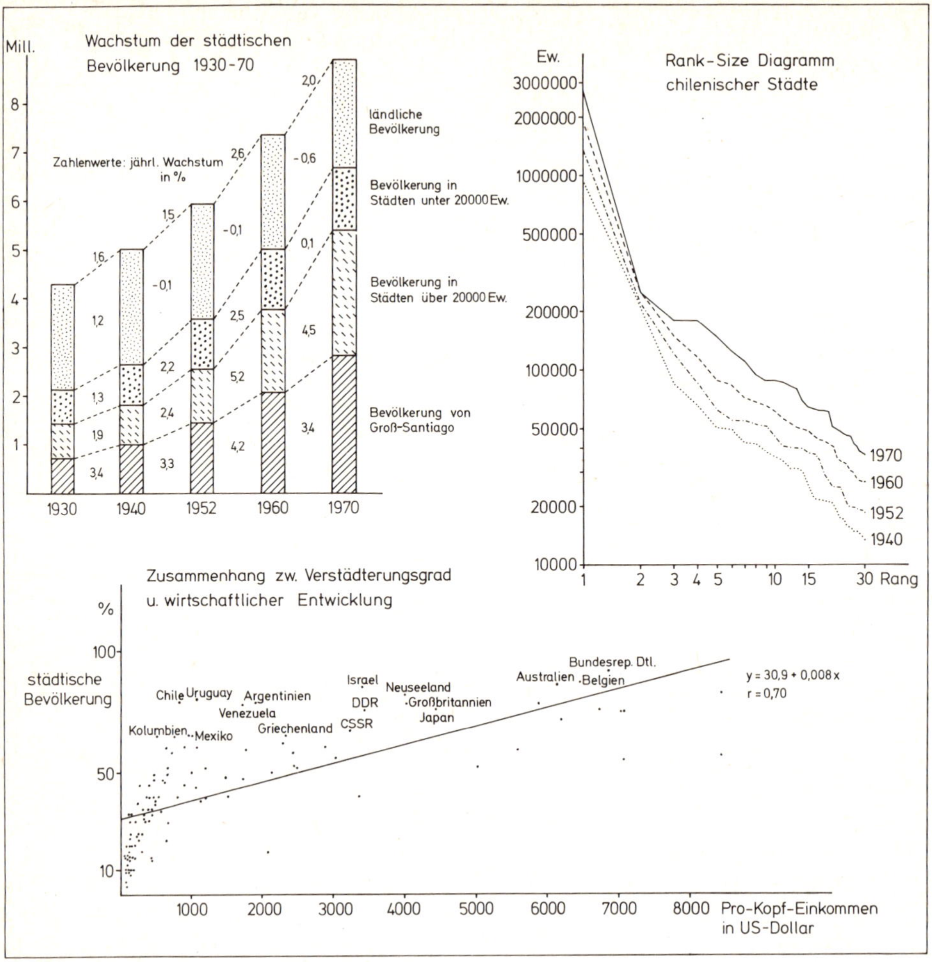

Quelle: INE, Demographic Yearbook, Weltbank

Tabelle 14: Prozentualer Anteil städtischer und ländlicher Bevölkerung in Chile 1875–1970

Jahr	ländlich	städtisch
1875	73	27
1907	57	43
1920	54	46
1930	51	49
1940	48	52
1960	31	69
1970	25	75

Quelle: Bevölkerungszensus des INE

Tabelle 15: Bevölkerungsentwicklung Groß-Santiagos 1865–1970

Jahr	Einwohner in Mill.	Anteil an der chilenischen Bevölkerung in %
1865	0,12	6,3
1895	0,26	9,5
1907	0,33	10,2
1920	0,51	13,7
1930	0,71	16,2
1940	0,99	19,8
1952	1,44	24,3
1960	2,06	28,0
1970	2,82	31,7

Quelle: Bevölkerungszensus des INE

Tabelle 16: Anteil der Landeshauptstadt bzw. vergleichbarer Ballungsräume an der Gesamtbevölkerung und an der städtischen Bevölkerung verschiedener lateinamerikanischer Staaten (um 1950 und um 1970)

Staat	Metropole	Jahr	Anteil an der Gesamtbevölkerung (in %)	Anteil an der städtischen Bevölkerung (in %)
Uruguay	Montevideo	1963	44,7	54,3
		1975	44,5	≈ 50
Argentinien	Buenos Aires	1947	29,7	47,5
		1970	36,1	45,7
Chile	Santiago	1952	24,3	40,3
		1970	31,7	42,2
Peru	Lima	1961	16,4	34,6
		1972	23,2	38,9
Venezuela	Caracas	1950	13,8	25,6
		1971	20,3	≈ 27
Mexiko	Mexiko	1950	11,5	26,9
		1970	17,8	30,3
Kolumbien	Bogotá	1951	5,6	15,2
		1973	13,6	≈ 19
Brasilien	São Paulo	1950	4,5	12,4
		1970	8,4	14,9
Brasilien	Rio de Janeiro	1950	5,8	16,2
		1970	7,3	13,1

Quelle: Herrera & Pecht 1976, ergänzt

Tabelle 17: *Index of primacy* für verschiedene südamerikanische Staaten 1950–1970

Land	um 1950	um 1960	um 1970
Uruguay	20,2	20,0	17,1
Paraguay	15,2	15,4	10,7
Chile	6,2	7,5	10,6
Argentinien	10,5	10,2	10,4
Peru	8,6	9,8	9,4
Bolivien	3,6	4,1	4,2
Kolumbien	2,2	2,4	2,5
Venezuela	2,1	1,9	1,6
Ecuador	1,2	1,4	1,4
Brasilien	1,2	1,0	1,2

Quelle: eigene Berechnung nach Daten des CELADE

Hauptstadt Santiago das eindeutig dominierende Zentrum. Schon 1970 wohnte fast jeder dritte Chilene in der damals 2,8 Mill. Einwohner zählenden Metropole (Tab. 15). Für 1978 wird die Bevölkerung der *Región Metropolitana*, die nach der neuen Verwaltungsgliederung gebildet wurde und die ehemalige Provinz Santiago ohne das Gebiet um den Hafen San Antonio umfaßt, sogar auf mehr als 4 Mill. beziffert. Der darin zum Ausdruck kommende hohe Metropolisierungsgrad wird in Lateinamerika nur von Argentinien und Uruguay übertroffen (Tab. 16).

Das *rank-size*-Diagramm chilenischer Städte (Abb. 15) belegt sehr eindrucksvoll dieses Übergewicht des „Wasserkopfes Santiago". In der zweitgrößten Stadt des Landes, dem Hafen Valparaiso, wohnt gegenwärtig noch nicht einmal ein Zehntel der Einwohner der Hauptstadt. Diese Dominanz der Metropole hat sich im dargestellten Zeitraum zwischen 1940 und 1970 erheblich verstärkt, weil die Bevölkerungsentwicklung Valparaisos seit langem stagniert (allerdings zum Teil „statistisch" bedingt wegen des eng begrenzten Stadtgebietes; vgl. Salinas 1976). Auch Concepción, bis 1960 noch die drittgrößte Stadt, zeigt nur ein recht langsames Wachstum, so daß es 1970 vom Seebad (und Industriestandort) Viña del Mar an Einwohnern übertroffen wurde.

Quantitativ läßt sich die übermäßige Bevölkerungskonzentration auf die größte Stadt eines Landes durch den *index of primacy* erfassen. Damit wird die Abweichung der rangersten Stadt von der die einzelnen Punkte des *rank-size*-Diagramms verbindenden „idealen Geraden" zum Ausdruck gebracht. Je nachdem ob man nur die Bevölkerung der beiden größten Städte zueinander in Beziehung setzt oder zusätzlich auch noch die nächstkleineren Zentren berücksichtigt, kann man zu verschiedenen Indizes kommen. Im einfachsten Fall wird der *index of primacy* als Quotient zwischen den Einwohnerzahlen der größten und zweitgrößten Stadt definiert. Im Falle einer „normalen", weitgehend an eine Gerade mit der Steigung -1 angenäherten *rank-size-distribution* würde sich dafür ein Index um 2 ergeben. Von einer *primate city* spricht man deshalb dann, wenn der errechnete Wert erheblich darüber liegt, wenn also die Einwohnerzahl der größten Stadt eines Landes die der nächst kleineren um ein Vielfaches übertrifft.

Die überragende Stellung der chilenischen Metropole Santiago kommt in Tab. 17 deutlich zum Ausdruck. Für 1970 errechnete sich ein Index von 10,6, der selbst im südamerikanischen Vergleich ungewöhnlich hoch liegt. Eine zeitliche Längsschnittanalyse (Friedmann & Lackington 1967) belegt, daß Santiago noch um die Jahrhundertwende nicht sehr viel größer als der Hafen Valparaiso war und das bevölkerungsmäßige „Voreilen" der Hauptstadt erst in den 20er Jahren einsetzte, ohne daß heute schon – wie etwa in Argentinien und Uruguay – ein Ende dieser Entwicklung abzusehen wäre (Tab. 17).

Die im Vergleich zum chilenischen Durchschnitt außergewöhnlich hohen Zuwachsraten von Groß-Santiago müssen dennoch in zweifacher Hinsicht relativiert werden:

1. Die für das letzte Jahrzehnt (1960–70) ermittelte jährliche Bevölkerungszunahme liegt mit 3,4 % erheblich unter derjenigen anderer lateinamerikanischer Ballungsräume. Nur in Uruguay (0,5 %) und Argentinien (2,3 %) vollzieht sich das Wachstum der Häuptstädte noch deutlich langsamer. Dagegen werden beispielsweise für Caracas und Lima Zuwachsraten von mehr als 6 % im Jahr angegeben.
2. Auch im innerchilenischen Vergleich ist Santiago – ganz ähnlich wie Buenos Aires in Argentinien – heute nicht mehr die am schnellsten wachsende Stadt. Im vergangenen Jahrzehnt waren es eher kleinere Regionalzentren, die erheblich rascher an Einwohnern zunahmen. Das kommt in

Abb. 15 dadurch zum Ausdruck, daß die Städte über 20000 Einwohner zusammengenommen (ohne Groß-Santiago) heute ein schnelleres Wachstum als die Metropole verzeichnen. Als Beispiele für den außerordentlichen Bevölkerungsanstieg gerade kleinerer Zentren können das im äußersten Norden Chiles gelegene Arica mit 102% (1960–70), das der Kupfergroßmine Chuquicamata benachbarte Calama mit 75%, der Hafen San Antonio mit 74% oder im Süden die beiden Städte Temuco (53%) und Puerto Montt (50%) genannt werden. Im Vergleich dazu nimmt sich der Anstieg in Groß-Santiago mit „nur" 37% recht bescheiden aus.

Das zuletzt angesprochene rasche Wachstum einiger Regionalzentren hat dazu geführt, daß auch auf Provinzbasis die Bevölkerungskonzentration weiter fortschreitet. So lebten 1970 nicht nur in der Provinz Santiago mehr als 80% der Bewohner in Orten mit über 20000 Einwohnern, sondern auch in den beiden „Wüstenprovinzen" des Nordens, und in Magallanes wurde ebenso wie in Concepción und Valparaiso immerhin die 60%-Schwelle überschritten. Nur einzelne Teile der Zentralzone und die beiden Südprovinzen Aisén und Chiloé sind demgegenüber noch überwiegend ländlich geprägt (Abb. 7).

4.2 Verstädterung als „Hyperurbanisierung"

In Chile hält, wie fast überall in Lateinamerika, etwa seit 1930 eine intensive Bevölkerungszunahme mit einem starken Zug in die großen Ballungszentren an, ohne daß das Wirtschaftswachstum damit Schritt gehalten, geschweige denn die Zuwanderung ausgelöst hätte. Dieses Ungleichgewicht zwischen dem Verstädterungsgrad eines Landes und seiner wirtschaftlichen Entwicklung bezeichnen Friedmann & Lackington (1967) auch als *hyperurbanization*, wobei der englische Begriff *urbanization* lediglich auf die Vermehrung und Vergrößerung von Städten nach Zahl und Einwohnern sowohl absolut als auch im Verhältnis zur ländlichen Bevölkerung abzielt (im deutschen Sprachgebrauch als „Verstädterung" bezeichnet) und nicht so sehr eine Ausweitung städtischer Lebens-, Wirtschafts- und Verhaltensweisen im Sinne des deutschen Begriffes „Urbanisierung" meint (Maier u.a. 1977). Deutlich sichtbar wird diese „Hyperurbanisierung" Chiles im Vergleich zu anderen Staaten, wenn man in einem Streuungsdiagramm auf einer Achse den Anteil der in städtischen Siedlungen lebenden Menschen als Ausdruck des Verstädterungsgrades (wobei die in den einzelnen Ländern sehr unterschiedliche Stadtdefinition in Kauf genommen werden muß) und auf der anderen das Pro-Kopf-Einkommen als Indikator des wirtschaftlichen Entwicklungsstandes einträgt. Die einzelnen Punkte (115 Staaten mit über 1 Mill. Ew., jedoch ohne Stadtstaaten) scharen sich dann um eine „mittlere" Regressionsgerade (Abb. 15). Die mehr oder weniger starken Abweichungen von dieser Geraden sind Ausdruck eines im Vergleich zum Durchschnitt zu hohen oder zu niedrigen Verstädterungsgrades. Die in die beiden extremen Bereiche fallenden Länder zeigen allerdings hinsichtlich ihrer Wirtschafts- und Bevölkerungsstruktur kein einheitliches Bild. Hier soll nur die hyperurbanisierte Gruppe betrachtet werden. Diese Rubrik umfaßt hochindustrialisierte Staaten wie die Bundesrepublik, Großbritannien oder auch Japan und Neuseeland, Länder mittleren sozio-ökonomischen Niveaus wie Griechenland oder Israel, aber auch ausgesprochene Entwicklungsländer wie Irak oder Kolumbien.
Chile steht zusammen mit Argentinien und Uruguay an der Spitze der im Verhältnis zum Pro-Kopf-Einkommen am stärksten verstädterten Länder, wobei sich in allen Fällen zudem noch eine außergewöhnliche Konzen-

tration dieser städtischen Bevölkerung auf ein überragendes Ballungszentrum bemerkbar macht. Dimensionen und Indikatoren der Hyperurbanisierung sind für Chile in Kap. 4.1 eingehender betrachtet und analysiert worden. Hier sollen in erster Linie die Gründe für diese Entwicklung zusammengefaßt und einige daraus resultierende Konsequenzen aufgezeigt werden.

Das überproportionale Gewicht der größeren Städte und insbesondere der jeweiligen Metropolen hat in Lateinamerika eine lange Tradition. Schon die kolonialen, stark zentralistischen Verwaltungen förderten einseitig die Hauptstädte und haben nur diese in ein Verkehrs- und Versorgungsnetz eingebunden. Landstädte, die vornehmlich den Charakter von Ackerbürgerstädten trugen, waren von vornherein benachteiligt. In ihrer kulturellen und wirtschaftlichen Orientierung waren die bedeutenden Kolonialstädte eher auf das überseeische Mutterland gerichtet als in ihrer Umgebung verwurzelt (Bähr, Golte & Lauer 1975). Dieses Ungleichgewicht zwischen Stadt und Land hat sich nach der Unabhängigkeit sogar noch verstärkt. Die Wirtschaft der neuen Staaten wurde weniger vom alteingesessenen Landadel bestimmt, als vielmehr von eingewanderten Kaufleuten, Unternehmern und Handwerkern. Die Erzeugung von Welthandelsprodukten aus Bergbau und Landwirtschaft stand im Vordergrund und weniger der Ausbau des eigenen Hinterlandes.

In Chile führte die einseitige Ausrichtung und Abhängigkeit der Wirtschaft vom Salpeterbergbau bereits im späten 19. Jahrhundert zu einem ersten Verstädterungsschub. Der Staat konnte sich damals nicht nur eine Ausweitung seines Verwaltungsapparates mühelos leisten, sondern darüber hinaus auch große Summen für öffentliche Arbeiten zur Verbesserung der Infrastruktur zur Verfügung stellen. Der größte Teil dieser Ausgaben kam letztlich der Hauptstadt und den wichtigsten Häfen zugute.

Die Fertigstellung der Eisenbahn um 1914 und die seit 1940 einsetzende Mechanisierung der Landwirtschaft leiteten schließlich einen massiven *éxodo rural* ein. Die in allen Lebensbereichen (Schule, Gesundheit, Wohnung und selbst Ernährung) spürbare Vernachlässigung des ländlichen Raumes machte den Entschluß zur Abwanderung besonders leicht, denn trotz aller Schwierigkeiten waren die Chancen in der Stadt noch immer größer als auf dem Lande. Der einmal in Gang gekommene Abwanderungsprozeß hat dann in hohem Maße selbstverstärkend gewirkt (vgl. Kap. 3.4).

Die Auswirkungen des überproportionalen Verstädterungsgrades auf die Wirtschafts- und Sozialstruktur des Landes können in Anlehnung an Friedmann & Lackington (1967) in drei Punkten gesehen werden:

1. *Eine neue städtische Mittelklasse und die relativ kleine Gruppe der organisierten Arbeiter gewannen schon früh Anteil an der politischen Macht*

Daß es in Chile heute anders als in den meisten Staaten Lateinamerikas einen relativ breiten Mittelstand zwischen der zahlenmäßig sehr kleinen, traditionellen Oberschicht und der großen Masse der Unterprivilegierten gibt, geht auf die Zeit wirtschaftlicher Blüte während des Salpeterbooms zurück. In dieser Epoche kamen nicht nur zahlreiche Ausländer (und damit ausländisches Kapital) ins Land und brachten es im Bergbau, im Handel oder im Handwerk sehr rasch zu Wohlstand und Ansehen, auch vielen Chilenen gelang damals ein leichter und schneller wirtschaftlicher Aufstieg. Die hohen Einnahmen aus dem Export bergbaulicher Produkte ermöglichten es dem Staat, zahlreiche Verbesserungsmaßnahmen im Bereich der Infrastruktur durchzuführen und das Schulwesen und andere Einrichtungen der öffentlichen Verwaltung stark auszuweiten. Das ließ die Zahl der staatlichen Bediensteten rasch ansteigen. Zusammen mit den Angestellten privater Bergwerks-, Handels- und Industrieunternehmen bildeten sie neben den Selbständigen den Kern einer neuen *clase media* (Weischet 1970, Caviedes 1979), der es in der Folgezeit gelang, ihren Anteil am nationalen Wohlstand weiter zu vergrößern und ein hohes Maß an sozialer Sicherheit zu erreichen. Das belegt beispielsweise der zwischen 1940 und 1971 von 15% auf 35% gestiegene Anteil der Gehälter an den gesamtchilenischen Einkünften (Mamalakis 1976).

Diese neue Mittelklasse, die 1920 nur etwa 10% der chilenischen Bevölkerung ausmachte und deren Anteil 1960 ca. 25% betrug, organisierte sich in den politischen Parteien der „Liberalen" und der „Radikalen" und wurde dadurch seit 1920 zu einem entscheidenden Faktor in der chilenischen Politik. Die Verfassungsreform von 1925 mit der Einführung der Präsidialdemokratie und der strikten Trennung von Kirche und Staat geht nicht zuletzt auf ihre Einflußnahme zurück. Aber auch auf wirtschaftlichem Gebiet konnte die städtische Dienstleistungsschicht für sich weitreichende Vergünstigungen durchsetzen, so z. B. die Einrichtung von Sozial- und Versorgungskassen *(cajas)*, für die die staatlichen und privaten Arbeitgeber den Löwenanteil der Kosten aufbringen mußten. Schon sehr früh entwickelten sich erste Verbindungen zwischen Teilen der *clase media* und der sich zusammenschließenden Arbeiterschaft. Der Organisationsgrad der chilenischen Arbeiter war zwar bis in die 60er Jahre mit nur etwa 12% nicht sonderlich hoch und blieb auf die großen Bergwerksgesellschaften und die bedeutenden Industrieunternehmen beschränkt, ihr politischer Einfluß nahm jedoch schon in den 30er Jahren erheblich zu, so daß 1938 mit dem Radikalen Aguirre Cerda erstmals der Kandidat einer „Volksfront" der Linksparteien einschließlich der Kommunisten eine Präsidentschaftswahl gewinnen konnte. Nach dem 2. Weltkrieg setzten sich zwar zunächst wieder die traditionellen politischen Kräfte durch, aber schon in den Wahlen von 1964 erreichten die „linken" Parteien 39% der Stimmen, die nach Schätzungen zu etwa 70% von städtischen Wählern stammten. Damals triumphierte jedoch der Christdemokrat Eduardo Frei mit seinem in Chile sehr populär gewordenen Wahlversprechen einer „Revolution in Freiheit". Erst 1970 erzielte mit dem Sozialisten Salvador Allende wieder ein Kandidat der Linken die relative Mehrheit (erneut mit Unterstützung der Radikalen als den Vertretern des „unteren" Mittelstandes) und wurde mit Zustimmung der Christdemokraten (die in Chile sehr viel weiter links stehen als in Europa) vom Kongreß im zweiten Wahlgang zum Präsidenten gewählt.

2. Die wirtschaftliche Entwicklung verzögerte sich

Das Ziel der neu entstandenen Mittelklasse, die ihren Ursprung nicht so sehr im Handwerk oder der Industrie sondern vor allem in der Bürokratie hatte, war von Anfang an darauf gerichtet, die gleichen Statussymbole wie die alte Landaristokratie zu erreichen. Sie entwickelte daher ein extrem konsumorientiertes Verhalten und zeigte eine nur mangelhafte Sparfähigkeit. Die dadurch hervorgerufene starke Nachfrage nach Verbrauchsgütern bei relativ geringem Angebot bedingte eine anfangs noch gemäßigte, später immer rascher fortschreitende Geldentwertung (Tab. 18). Die galoppierende Inflation hat ihrerseits dann die Investitionsneigung der Wirtschaft weiter gebremst und dazu beigetragen, daß das durchschnittliche Wirtschaftswachstum (pro Kopf) mehr als ein Vierteljahrhundert (1927–57) unter 1% im Jahr lag.

Den organisierten Gruppen der Arbeiter und Angestellten gelang es – nicht zuletzt durch politischen Druck bis hin zu längeren Streiks – eine jährliche Neufestlegung der Löhne und Gehälter durchzusetzen, die die inflationsbedingte Geldentwertung oft sogar mehr als auffing. 1952 wurde für die öffentlichen Bediensteten sogar eine – später allerdings wieder aufgegebene – automatische Anpassung der Gehälter an die Preise erreicht. Dagegen waren andere, politisch weniger einflußreiche Bevölkerungsgruppen und vor allem die auf dem Lande lebenden Menschen an dieser Politik des *reajuste* kaum beteiligt, so daß sich die sozialen Gegensätze dadurch nur noch weiter verschärften.

Die einseitige Förderung städtischer Mittelschichten führte seit 1930 auch zu einer zunehmenden Stagnation im Agrarsektor (vgl. Kap. 5.5), die durch die nach der Weltwirtschaftskrise eingeleitete importsubstituierende Industrialisierung nur unzureichend ausgeglichen werden konnte. Diese hatte zwar in der Anfangsphase gewisse Erfolge zur verzeichnen (vgl. Kap. 6.4), noch immer wurde jedoch ein zu großer Teil der dem Staat zur Verfügung stehenden Mittel in wenig produktive Wirtschaftszweige gelenkt. Die groß angelegten Wohnungsbauprogramme (insbesondere für die Metropole) und auch die Maßnahmen zur Verbesserung der Infrastruktur haben letztlich die Migrationen nur weiter beschleunigt und damit immer mehr Mittel im städtischen Bereich gebunden.

Tabelle 18: Durchschnittlicher jährlicher Preisanstieg in Chile 1880–1978 (in %)

1880–1890	5
1890–1900	5
1900–1910	8
1910–1920	6
1920–1930	3
1930–1940	7
1940–1950	18
1950–1960	36
1960–1970	27
1971	22,1
1972	163,4
1973	508,1
1974	375,9
1975	340,7
1976	174,3
1977	63,5
1978	30,8

Quelle: Fitter 1968, ergänzt nach INE

Ihren Höhepunkt erreichte diese schon um die Jahrhundertwende eingeleitete Entwicklung während der beiden letzten Jahre der Präsidentschaft Allendes, als die ungebremste Ausweitung des Geldumlaufs, die wiederum in erster Linie den städtischen Gruppen der Gesellschaft zugute kam, bei einem sich verknappenden Warenangebot zu einer Massenhysterie mit Schwarzmarkt und Hamsterkäufen führte. Trotz Preiskontrollen war nun die Inflation überhaupt nicht mehr zu bremsen (Tab. 18). Für uns heute unvorstellbare Raten von mehr als 500% wurden Ende 1973 erreicht und fast täglich änderten sich in Geschäften, Hotels und Restaurants die Preise.

3. In den städtischen Ballungsräumen entstanden große „marginale" Bevölkerungsgruppen

Die massive Zuwanderung führte sehr schnell dazu, daß auch in den Städten immer mehr Menschen keinen oder doch nur geringen Anteil an den Vergünstigungen des chilenischen Wohlfahrtsstaates hatten. Das bedeutete jedoch weit mehr als nur eine Übertragung der Armut vom Lande in die Großstadt, denn die unterprivilegierten Gruppen begannen, sich hier allmählich ihrer Rechte bewußt zu werden und diese auch wahrzunehmen. Darin wurden sie zumindest von Teilen der Mittelklasse unterstützt. Bei nur geringem wirtschaftlichen Wachstum waren die Regierungen aber nicht in der Lage, eine volle Integration der zugewanderten Bevölkerung und eine nachhaltige Verbesserung des Lebensstandards für die städtischen Unterschichten zu erreichen. Eine wachsende Verelendung dieser „marginalen" Bevölkerung – wobei marginal hier weniger räumlich als vielmehr sozial verstanden werden soll – mußte bei gleichzeitig noch gestiegenen Erwartungen zu einer starken Polarisierung der Gesellschaft und schließlich zu einer sozialen und politischen Krise führen. Damit – so die Schlußfolgerung von Friedmann & Lackington (1967) – erzeugt die Hyperurbanisierung selbst einen Konflikt, der ebenso leicht in eine Diktatur der „Rechten“ wie auch der „Linken“ einmünden kann. Wie recht die Autoren mit dieser Prognose hatten, zeigte sich schon wenige Jahre später.

Viele Chilenen sahen zunächst in der neuen, ebenfalls in erster Linie städtisch geprägten Reformpartei der Christlichen Demokraten eine vielleicht letzte Möglichkeit, die Krise zu meistern. So konnte Eduardo Frei 1964 mit seinem Programm einer *revolución en libertad* die Präsidentschaftswahlen mit großer Mehrheit (56%) gewinnen und in der Folgezeit auch durchgreifende Strukturveränderungen wie z.B. die Agrarreform oder die „Chilenisierung“ des Kupferbergbaus einleiten. Die sechs Jahre seiner Regierungszeit reichten aber bei weitem nicht aus, um alle notwendigen, viel zu lange aufgeschobenen Aufgaben wirklich anzufassen, auch unpopuläre Maßnahmen durchzusetzen und noch die Früchte solcher Bemühungen zu ernten. Schon bald sahen sich die Christdemokraten einem doppelten Dilemma gegenüber: den konservativen Kräften gingen die Veränderungen sehr schnell zu weit, sie wandten sich daher mehr und mehr von der Partei ab, die „Linken“ verurteilten ihre Politik als „halbherzig“ und setzten auf radikalere Lösungen. Die enttäuschten Hoffnungen auf eine rasche Bewältigung der anstehenden Probleme drückte sich in herben Stimmenverlusten für die Christdemokraten aus. Konnten sie bei den Parlamentswahlen von 1965 noch über 40% der Stimmen erringen, so sank ihr Anteil 1969 auf knapp unter 30%. Da nach der chilenischen Verfassung eine Wiederwahl des Präsidenten nicht möglich war und der Partei 1970 kein ähnlich populärer Kandidat wie Frei als Alternative zu den Konservativen und der Volksfront zur Verfügung stand, gelang es dem Sozialisten Salvador Allende in dieser Wahl die meisten Stimmen zu gewinnen (36%) und Präsident des Landes zu werden.

Allendes demokratischer Sozialismus chilenischer Prägung knüpfte zunächst an die Reformen der Christdemokraten an, später verlor er jedoch immer stärker die Kontrolle über einzelne Gruppen der *Unidad Popular*, die auf eine gewaltsame Veränderung der Verhältnisse drängten. Die zunehmenden, sicher intern und extern verursachten wirtschaftlichen Schwierigkeiten des Landes, die sich zuletzt in einer katastrophalen Verknappung der Nahrungsmittel und in den schon erwähnten Inflationsraten von mehr als 500% äußerten, haben ihren Teil dazu beigetragen, daß das „chilenische Experiment“ scheiterte und im September 1973 die Militärs erstmals in der chilenischen Geschichte ihre traditionelle Rolle als „neutrale Schiedsrichter“ (Sandner & Steger 1973) aufgaben und selbst die Macht im Staate übernahmen. Es ist bezeichnend, daß es wiederum die seit jeher im ökonomischen Bereich besonders empfindlichen Mittelschichten und verschiedene privilegierte Arbeitergruppen waren, die zur „sozialen Basis des Militärputsches“ wurden, weil sie wenigstens temporär bereit waren, auf die politische Macht zugunsten der Absicherung ihrer bedrängten sozialen und wirtschaftlichen Position zu verzichten (Nohlen & Wachendorfer 1976). Als die bei der Machtübernahme versprochene schnelle wirtschaftliche Gesundung des Landes nicht oder doch nur sehr langsam und unter großen Opfern gerade auch der städtischen *clase media* erreicht werden konnte, schlug die anfängliche Begeisterung für die Militärs schnell in eine, wenn auch nur selten offen geäußerte Kritik und Unzufriedenheit um.

4.3 Gestalt- und Funktionswandel der spanischen Kolonialstadt

„Bis zur Mitte des vorigen Jahrhunderts“, so schreibt Sandner (Sandner & Steger 1973) „war das Bild der lateinamerikanischen Stadt vergleichsweise einheitlich. Der starke Prägestock kolonialzeitlicher Verwaltungsanordnungen und ein nur sehr geringes Maß individueller Freiheit in Bauplan und Gestaltung erzeugte eine nahezu monotone Gleichförmigkeit, die nur durch Lage und landwirtschaftliche Einbettung, Größe und Reichtum der Städte modifiziert wurde". Diese Feststellung gilt ohne Einschränkung auch für Chile. Zu einer stärkeren Differenzierung ist es hier wie in ganz Lateinamerika erst in neuerer Zeit gekommen, da der jetzt einsetzende Struktur- und Funktionswandel nicht alle Städte mit gleicher Intensität erfaßte. Überformt wurden nur die größeren Zentren des Landes und insbesondere die Metropole Santiago, dagegen sind die Veränderungen in ländlichen, vielfach allerdings erst sehr viel später gegründeten (z.B. im Zusammenhang mit dem Eisenbahnbau) Kleinstädten noch weniger spürbar (Rother 1977a).

Im folgenden sollen zunächst die wichtigsten, nicht nur für chilenische Städte charakteristischen Umgestaltungen im kolonialzeitlichen Stadtaufbau zusammenfassend gekennzeichnet und damit alte und neue Strukturelemente zu einem „Idealschema der heutigen lateinamerikanischen Großstadt" (Bähr 1976a) zusammengefügt werden; in einem zweiten Schritt soll am Beispiel der chilenischen Hauptstadt und südchilenischer Mittelstädte die unterschiedliche Dimension dieses Wandels aufgezeigt werden. Ausgangspunkt unserer Überlegungen sei eine knappe Zusammenfassung der die kolonialzeitliche Stadt in Grundriß, Aufriß und innerer Gliederung prägenden Merkmale.

Die spanischen Konquistadoren konnten bei ihren Stadtgründungen auf genaue, sich an römischen Vorbildern orientierende königliche Anweisungen zurückgreifen. Daher wurde der Schachbrettgrundriß auch bei höchst unterschiedlicher topographischer Lage zum bestimmenden Merkmal aller spanischen Stadtanlagen. Der Idealplan der spanischen Kolonialstadt läßt sich in Anlehnung an Bähr (1976a; dort auch weitere Literatur) wie folgt darstellen:

„Die für die Stadtanlage vorgesehene Fläche wurde in eine bestimmte Anzahl von Quadraten mit einer Seitenlänge von gut 100 Metern aufgeteilt, die als *cuadras* oder *manzanas* bezeichnet werden. Im Mittelpunkt der zukünftigen Stadt blieb eine *cuadra* ausgespart und als *plaza* unbebaut. Die unmittelbar an die *plaza* angrenzenden Blöcke wurden in vier gleich große Grundstücke, die sogenannten *solares*, unterteilt, die den führenden Familien der neuen Stadt zur Verfügung gestellt wurden. An das Bebauungsland schlossen sich noch ungeteilte *cuadras* an, die als sogenannte *quintas* dem intensiven Gartenbau dienten und zugleich als Reserveland für eine mögliche Stadterweiterung vorgesehen waren. Zum Außenrand hin folgten ihnen die viermal größeren *chacras*, auf denen man Indianer ansiedelte, die für die städtischen Grundbesitzer Landwirtschaft betreiben mußten.

Diese Aufteilung bedingte ein soziales Kern-Rand-Gefälle, das auch in der Physiognomie deutlich in Erscheinung trat. An den vier Seiten der *plaza* wurden die wichtigsten öffentlichen Repräsentationsbauten errichtet, die Kathedrale, das Rathaus *(cabildo)*, Regierungs- und Gerichtsgebäude sowie Schulen und Klöster. Die mit den strategischen Diensten der Verwaltung und den weltlichen und kirchlichen Führungsaufgaben eng verflochtene Oberschicht lehnte sich auch räumlich eng an den Stadtkern mit den Symbolen politischer und kirchlicher Macht an. Nach außen hin folgten die Wohnviertel der weniger privilegierten Angestellten, der Händler und Handwerker. Größe und Ausstattung der einstöckigen Patiohäuser nahmen dabei mit wachsender Entfernung vom Stadtmittelpunkt stetig ab. Die Lehmhütten der Indianer und später auch der Sklaven lagen am äußersten Stadtrand oder waren sogar von der eigentlichen Stadt durch noch unbebautes Land getrennt; ihre Ansiedlun-

Abb. 16: Idealschema einer lateinamerikanischen Großstadt

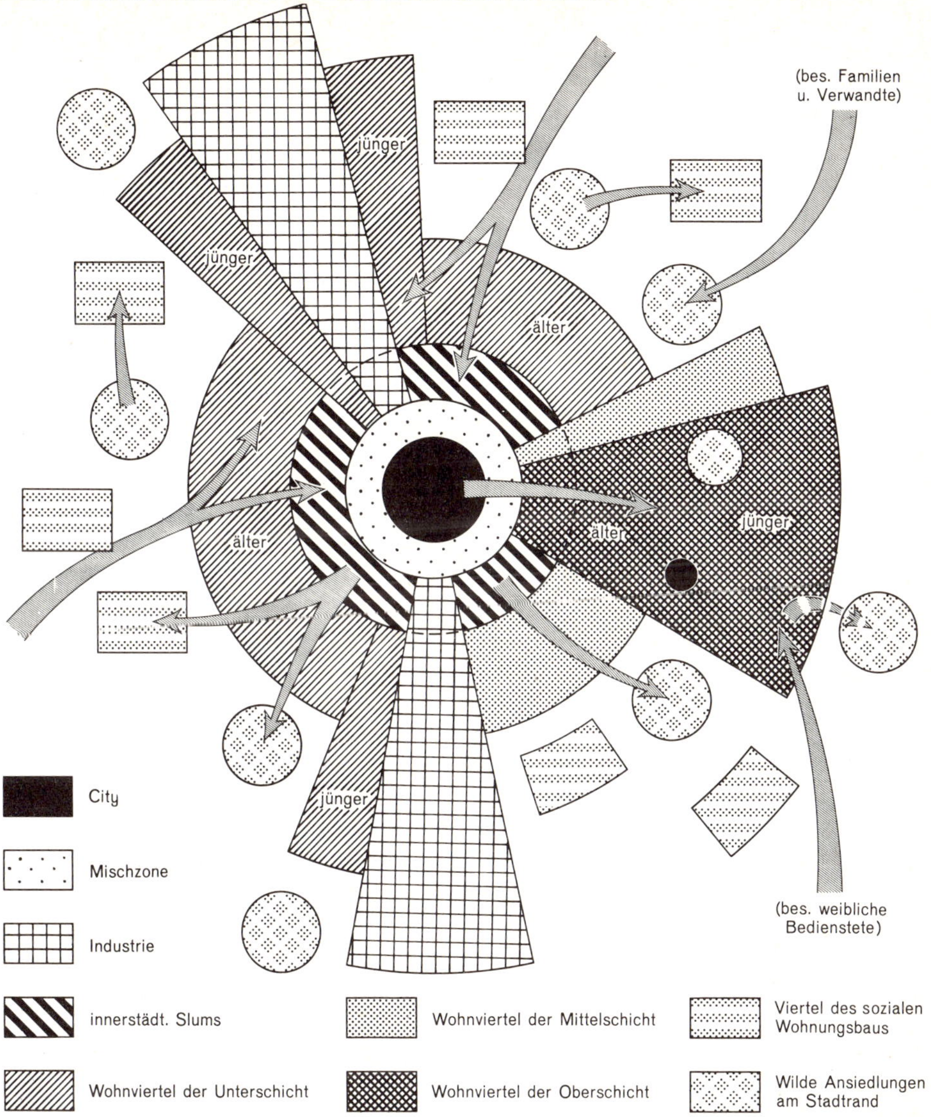

Quelle: Bähr 1976 a

gen können deshalb weniger als Stadterweiterungen, sondern eher als Kolonien der Städte angesprochen werden."

Stellt man diesem „Idealplan der spanischen Kolonialstadt" nun das „Modell der heutigen lateinamerikanischen Großstadt" (Abb. 16) gegenüber, so lassen sich eine ganze Reihe von Veränderungen und Verlagerungen im Stadtgefüge nachweisen, die in drei Punkten zusammengefaßt werden sollen (Bähr 1976a):

1. Das alte, aus der Kolonialzeit ererbte Ordnungsschema mit seinem deutlichen Kern-Rand-Gefälle ist vor allem in den großen Bevölkerungskonzentrationen nur noch als Relikt erhalten. Eine ringförmige

Anordnung allerdings weitgehend umgestalteter Stadtviertel läßt sich noch in der Abfolge von der im altstädtischen Kern entstandenen City (oft mit Hochhausüberbauung) über eine Wohn-Geschäfts-Mischzone bis hin zu den übervölkerten Armenvierteln der innerstädtischen Slums erkennen. Die zuletzt genannten Wohnbereiche am Rande der Altstadt gehen teilweise auf ältere und hygienisch völlig untragbare Massenquartiere aus der Zeit vor und um die Jahrhundertwende zurück, zum Teil sind auch Stadtviertel, die ehemals von wohlhabenderen Schichten bewohnt wurden, sozial degradiert, und die vielfach baufälligen und wenig gepflegten Häuser werden heute zimmerweise vermietet.

2. Überlagert wird dieses Modell der konzentrischen Zonen von einer jüngeren, eher sektoralen Gliederung, wie sie erstmals Hoyt als Ordnungsprinzip anglo-amerikanischer Städte herausstellte. Sie ist einerseits gegeben durch die Ansiedlung größerer Industriebetriebe mit den dazugehörigen Wohnsiedlungen für Arbeiter entlang von Verkehrsadern wie Straßen, Eisenbahnen oder Flüssen, andererseits durch die Abwanderung der führenden Gesellschaftsschichten aus den ehemals bevorzugten Wohngebieten um die zentrale *plaza* in neue aufgelockerte Villenviertel am Stadtrand und ihre weitgehende Segregation von anderen Teilen der Bevölkerung. Meist wurde diese zentrifugale Bevölkerungsbewegung der wohlhabenden Gruppen von Ausländern und erst im 19. oder 20. Jh. zu Reichtum Gekommenen eingeleitet, denen später mit zunehmender Überbauung der Altstadt und der sozialen Degradierung der alten Mittel- und Oberschichtviertel auch die alteingesessenen Familien folgten.
3. Die ringförmige Ordnung im Stadtkern und die sich darüber lagernde Sektorengliederung werden besonders in den Außenvierteln der Städte durch zellenförmige Erweiterungen modifiziert. Zwei Haupttypen lassen sich dabei unterscheiden: einmal die vorwiegend von staatlichen oder halbstaatlichen Organisationen errichteten, in Chile *poblaciones* (genauer: *poblaciones planificadas*) genannten Viertel und zum anderen die wilden Ansiedlungen unterer Sozialschichten mit ihren primitiven, selbsterrichteten Hütten aus Blech, Holz oder Kartons, die nach dem Ketschua-Wort für Pilz in Chile als *callampas* bezeichnet werden. Für beide Typen lassen sich nur schwer Regelhaftigkeiten in ihrer Verteilung über das Stadtgebiet feststellen. Wenn sie sich auch in erster Linie auf die Peripherie konzentrieren, so können z. B. die primitiven Hüttenviertel an Steilhängen oder entlang von Flußläufen bis an den Rand der Innenstadt vordringen, und ebenso ist es möglich, daß im Zuge von Sanierungsmaßnahmen auch in der Zone der innerstädtischen Slums genormte Reihensiedlungen auftreten.

Es ist wenig sinnvoll, die in diesem modellhaften Ordnungsschema erfaßten Wandlungen im strukturellen Aufbau der Städte um ihrer selbst willen zu betrachten, denn alle Beobachtungen können nur als Indikatoren einer dahinter stehenden längeren Entwicklung aufgefaßt und gedeutet werden. Daher ist zusätzlich die Frage nach den Vorgängen und Kräften zu stellen, die diese Veränderungen bewirken und steuern. Mit dem Hinweis auf das außerordentliche Wachstum der Städte und die wenigstens in Ansätzen damit einhergehende Veränderung ihrer Bevölkerungsstruktur ist sicherlich ein wichtiges auslösendes Moment angesprochen; eine wirkliche Erklärung setzt jedoch voraus, daß auch die die Anfangs- und Endglieder der Kausalkette verbindenden Prozesse dargelegt werden.

Es ist hier nicht möglich, die vielfältigen Konsequenzen des wachsenden Bevölkerungsdruckes auf das Erscheinungsbild der Städte in allen Einzelheiten zu diskutieren. Deshalb soll nur der Versuch unternommen werden, ein Problem exemplarisch zu behandeln, indem im folgenden Abschnitt die Frage nach dem Zusammenhang zwischen Zuwanderung und Entstehung bzw. Ausweitung der unkontrollierten Barackensiedlungen *(callampas)* am Stadtrand gestellt wird.

4.4 Barackensiedlungen und räumliches Wachstum der Städte

Mit Recht wird in allen Untersuchungen von Landflucht und Verstädterung in Lateinamerika als eine der auffälligsten Folgeerscheinungen dieses Phänomens die Entstehung sowie das Wachstum von Barackenvierteln gesehen, denn die Zahl der oft über Nacht errichteten und aus primitiven Behausungen bestehenden Siedlungen nahm auf dem ganzen Kontinent in den letzten 20 Jahren besonders stark zu. Damit ist jedoch noch nicht gesagt, daß dieser beobachtete Zusammenhang in dem Sinne ein „direkter" ist, daß die Hüttenviertel am Stadtrand die ausschließliche oder auch nur die wichtigste Auffangstelle der Zuwanderer seien. Verschiedene Beobachtungen und Erhebungen nicht zuletzt auch in chilenischen Städten (z.B. Mercado u.a. 1970, Bähr 1976b, Borsdorf 1976) können eher die Hypothese eines indirekten Zusammenhanges stützen, wie er in Abb. 16 durch Pfeile angedeutet wurde.

Bevor diese These näher belegt und an Beispielen verdeutlicht werden kann, müssen einige Bemerkungen zur Typisierung solcher Barackenviertel gemacht werden. Im folgenden werden alle in einfachster Form aus leichtem Material erbauten Behausungen wie auch in Chile selbst als *callampas* bezeichnet; für eine zweite Entwicklungsphase, mit der meist eine gewisse bauliche Verbesserung einhergeht, soll der Begriff *mejora* – abgeleitet von *mejorar* = verbessern – verwendet werden. Als zusammenfassender Oberbegriff wird die beschreibende Bezeichnung „Baracken- oder Hüttenviertel" beibehalten, da die Begriffe „Slum" oder auch „Marginalsiedlung" zu unterschiedlich gebraucht werden und meist die innerstädtischen Armenquartiere miteinschließen. Eine Verwendung des Begriffes „Elendsviertel" verbietet sich schon deshalb, weil damit zu stark der Eindruck des materiellen Notstandes suggeriert wird, der in den Hüttensiedlungen, einmal abgesehen von der Bausubstanz, gar nicht zu herrschen braucht (Borsdorf 1976).

In Anlehnung an Portes (1971) und Tennekes (1973) empfiehlt es sich, die auf diese Weise rein physiognomisch bestimmten beiden Haupttypen weiterhin danach zu unterscheiden, ob sie als vorübergehende oder dauerhafte Lösungen des Wohnungsproblems angesehen werden, und ob die Entstehungsinitiative vom Staat oder den Bewohnern selbst ausging. Besonders häufig kommen in Chile zum einen die auf genau geplante Aktionen zurückgehenden Landbesetzungen, die *tomas* (von *tomar* = nehmen), vor, zum anderen aber auch die auf Hilfsmaßnahmen des Staates zurückgehenden Viertel. Spontan entstandene Barackensiedlungen mit ausgesprochen temporärem Charakter z.B. am Rande von Flußläufen, entlang von Eisenbahnlinien oder unter Brükken gibt es ebenso selten wie den legalen Kauf der bebauten Grundstücke.

Größere Barackensiedlungen auf illegal besetztem Land traten erstmals Mitte der 40er Jahre auf, seit etwa 1965 sind solche *tomas* nichts Ungewöhnliches mehr; allein 1970 zählte man im Stadtgebiet von Santiago über 100 derartige Aktivitäten, durch die vor allem bisher landwirtschaftlich genutzte Flächen an der Peripherie okkupiert wurden.

Auch bei solchen Landbesetzungen streben die Beteiligten meist eine dauerhafte Lösung ihres Wohnungsproblems an und hoffen, nachträglich eine Vergabe von Besitztiteln durchzusetzen. In den letzten Jahrzehnten konnte sich keine Regierung dem Zwang der „vollendeten Tatsachen" entziehen; so wurde beispielsweise 1978 damit begonnen, die besitzrechtliche Lage für mehr als 100 000 Grundstücke abzusichern, die zu einem großen Teil aus *tomas* der Allende-Zeit hervorgegangen sind.

Daß zahlreiche Hüttenviertel auf staatliche Initiative zurückgehen, wird vielleicht zunächst Verwunderung hervorrufen, dahinter steht jedoch der Versuch, das in den 60er Jahren immer drängender werdende Wohnungsproblem ohne größeren Kapitaleinsatz, aufbauend auf der Eigeninitiative der Bewohner einer Lösung zuzuführen. Im Rahmen dieser als *operación sitio* bezeichneten Projekte wurde das Bauland lediglich in einfachster Weise erschlossen, parzelliert und an meist mittellose Berechtigte vergeben. Auf seinem Grundstück errichtete der Eigentümer zunächst eine einfache Hütte, die er dann im Laufe der Zeit in ein stabileres Haus umgestaltete. Diese Wohnungspolitik ist häufig als *operación tiza* (*tiza* = Kreide) verspottet worden, weil außer der Markierung der Parzellenbegrenzung nichts geschah. Wie verschiedene Befragungen zeigen, kann sie jedoch aus der Sicht der Begünstigten durchaus als erfolgreich bezeichnet werden, wenn man auch nicht übersehen darf, daß dadurch die Ausuferung der Städte und die soziale Segregation weiter gefördert wurden.

Unter der Volksfrontregierung sind derartige Programme bis auf einzelne Privatinitiativen, über die z.B. Borsdorf (1976) berichtet, nicht fortgeführt worden; man glaubte vielmehr, das Wohnungsproblem durch eine verstärkte Bautätigkeit staatlicher Institutionen in den Griff zu bekommen. Der Versuch scheiterte jedoch trotz beachtlicher Anfangserfolge (1971: 55 100 Wohnungen in 60 *comunas*; 1977: 11 700 in 80 *comunas*), da sich alle Maßnahmen nur als „Tropfen auf einen heißen Stein" erwiesen und zudem die politische und wirtschaftliche Entwicklung im Lande sehr bald einen weiteren Ausbau des Wohnungsbauprogrammes nicht zuließ. Der öffentliche Wohnungsbau hat von Anfang an den städtischen Sektor begünstigt und damit den *éxodo rural* nur noch weiter beschleunigt (Herrick 1965). Die oben erwähnte Erhebung für das Jahr 1971 zeigt das sehr deutlich: 52% der begonnenen Wohnungen lagen in der Provinz Santiago, 12% in Concepción und weitere 9% in Valparaiso, damit entfielen auf die drei am meisten „verstädterten Provinzen" der Zentralzone allein 72% (bei einem Bevölkerungsanteil von lediglich 52%).

Nach den Vorstellungen der gegenwärtigen Regierung soll in Zukunft die Privatwirtschaft stärker zum Abbau des Wohnungsdefizits beitragen. Dazu wurde 1978 das bisherige, vorwiegend über staatliche und halbstaatliche Organisationen laufende System der Finanzierung von Sozialwohnungen geändert. Eine derartige Umorientierung kann allerdings nur Erfolg haben, wenn vom privaten Sektor ein entsprechendes Angebot preisgünstiger Wohnungen und Fertighäuser bereitgestellt wird, und das muß nach den bisherigen Erfahrungen zumindest skeptisch beurteilt werden.

Doch ganz gleich welchen Förderungsmaßnahmen man in Zukunft den Vorzug gibt, eine nachhaltige Verbesserung der Wohnungssituation dürfte auch auf längere Sicht an der fehlenden Finanzkraft des Staates scheitern. Man hat ausgerechnet, daß zur vollständigen Bedarfsdeckung in den nächsten zehn Jahren 1,2 Mill. Wohnungen erbaut werden müßten – davon allein 520 000 aufgrund der Bevölkerungszunahme; eine Aufgabe, die für ein Entwicklungsland wie Chile zumindest mit den bisherigen Mitteln kaum lösbar erscheint.

Bezugnehmend auf die Situation in Santiago sollen als Ausgangspunkt der weiteren Betrachtungen zunächst drei Hypothesen zur Frage nach den Beziehungen zwischen Migrationen und peripherem Wachstum der Städte formuliert werden (Bähr 1978a):

1. Die stärksten von außen kommenden Wanderungsströme sind nicht auf die Barackenviertel an der Peripherie gerichtet; die Umzüge nach dort gehen vielmehr vorwiegend von anderen Teilen der Stadt aus.
2. Die überwiegend jugendlichen Migranten wählen ihren ersten Wohnsitz in der Stadt vorwiegend unter dem Gesichtspunkt der Arbeitssuche aus. Die meist peripher und von möglichen Arbeitsstätten weit entfernt gelegenen Hüttenviertel können diesen Ansprüchen nicht genügen. Die Übersiedlung in eine der *callampas* am Stadtrand erfolgt deshalb erst in einer späteren Lebensphase; die Wanderungsentscheidung wird dann in erster Linie vom Wunsch nach einer Verbesserung der Wohnsituation beeinflußt.
3. Sofern die besitzrechtliche Lage gesichert ist, entwickeln sich aus den behelfsmäßigen Behausungen in Eigeninitiative allmählich stabilere, je nach der wirtschaftlichen Lage unterschiedliche Eigenkonstruktionen. Je älter solche einfachen Stadtrandsiedlungen sind, desto häufiger finden Neuzuwanderer hier eine erste Unterkunft und leiten damit einen neuen Migrationszyklus ein.

Welche Bedeutung hat eine direkte Zuwanderung von außen für die Entstehung und Ausweitung von Barackenvierteln?

Für Santiago liegen inzwischen eine ganze Reihe von Arbeiten zu diesem Problemkreis vor (vgl. die Zusammenstellung bei Bähr 1978a), in chilenischen Mittelstädten sind ähnliche Fragen erstmals von Borsdorf (1976) untersucht worden. Aber auch in noch kleineren, schon nicht mehr unbedingt als städtisch zu bezeichnenden Gruppensiedlungen können solche Hüttenviertel auftreten, wie Rother (1977a) für Beispiele aus der Provinz O'Higgins berichtet. Systematische Befragungen wurden allerdings in Orten dieses Typs bislang nicht durchgeführt.

Schon 1963 wurde ermittelt, daß nur 6% der in den *callampas* von Santiago lebenden Bewohner innerhalb der letzten drei Jahre aus der Provinz zugezogen waren. Ähnliche Ergebnisse erbrachte eine Befragung aus dem Jahre 1967. Danach lebten sogar nur 2% der Erwachsenen weniger als drei Jahre in Santiago, 74% jedoch mehr als 12 Jahre. Die Auswertung der Originalerhebungsbögen der letzten Volkszählung (1970) für die Bewohner einer Barackensiedlung am Südrand Santiagos (Stadtteil La Granja) kann diese Befunde stützen (Bähr 1976b). Mehr als 70% der Haushaltungsvorstände waren nicht in Santiago geboren, d. h. vorwiegend aus der Zentralzone und dem südchilenischen Seengebiet zugewandert. Selbst 1965 lebte nur ein gutes Viertel schon in der untersuchten *comuna*, dagegen waren mehr als die Hälfte erst zwischen 1965 und 1970 aus anderen Teilen Groß-Santiagos dorthin zugezogen. Für das im südchilenischen Seengebiet gelegene Osorno konnte Borsdorf (1976) aufgrund einer 1973/74 durchgeführten Befragung feststellen, daß nur 24% der in *callampas* lebenden Menschen Zugewanderte waren und sogar nur 10% eindeutig aus dem ländlichen Hinterland der Stadt stammten.

Die *callampas* am Stadtrand können demnach keinesfalls als erste Auffangstelle der Migranten bezeichnet werden. Lange Zeit suchten Neuzuwanderer ihre erste Unterkunft vorwiegend in den um die Jahrhundertwende entstandenen Massenquartieren für Arbeiter und den sozial degradierten ehemaligen Wohnvierteln der Mittel- und Oberschicht. Seit etwa 1950 ging die Zahl derartiger Gebäude durch Sanierungsmaßnahmen jedoch zurück; sie haben zwar noch eine gewisse Bedeutung als erster Wohnsitz jugendlicher Migranten, der Zuwandereranteil liegt aber gegenwärtig nicht mehr über dem Durchschnitt Groß-Santiagos.

Heute finden mehr und mehr Zuwanderer zunächst bei Freunden und Bekannten erste Aufnahme bzw. können durch deren Vermittlung ein Zimmer mieten. Dinovitzer (1971) gibt an, daß 45% der an einer *operación sitio* Beteiligten vorher bei anderen Familien lebten. Ein solches „vorübergehendes Unterschlüpfen" hatte in der Mehrzahl der Fälle über vier Jahre gedauert.

Welche Faktoren beeinflussen die Auswahl des ersten Wohnstandortes in Santiago?

Belege für die in Hypothese 2 angesprochene Vermutung, daß der Gesichtspunkt der Arbeitssuche eine wichtige Rolle spielt, können nur auf indirektem Weg erbracht werden, da zu diesem Problemkreis keinerlei Befragungsergebnisse vorliegen. Abb. 17 zeigt eine Verteilung der Arbeitsstätten in Groß-Santiago getrennt nach einzelnen Wirtschaftszweigen. Daraus läßt sich klar die nach wie vor überragende Bedeutung des Zentrums als Arbeitsstandort ablesen. Lediglich im Bereich der häuslichen Dienstleistungen werden in den gehobenen Wohnvierteln im Osten der Stadt mehr Arbeitsplätze als in den zentralen Stadtteilen angeboten. Mit diesem räumlichen Verteilungsmuster der Arbeitsstätten koinzidieren in auffälliger Weise Gebiete mit überdurchschnittlichem Anteil an Zuzügen aus einer anderen Provinz. Der mögliche Einwand, daß dieser Befund nicht unbedingt auch für die ersten Unterkünfte der in den Barackensiedlungen lebenden Menschen gelten muß, wird durch die Befragung von Mercado u.a. (1970) widerlegt. Danach ist lediglich ein Drittel der über 14jährigen Bewohner von *callampas* und *mejoras* direkt nach dort gezogen. Darüber hinaus wurden zwischen männlichen und weiblichen Zuwanderern erhebliche Unterschiede im Hinblick auf ihren ersten Wohnsitz in Santiago ermittelt, die wiederum in enger Beziehung zum räumlich differierenden Arbeitsplatzangebot stehen. Da die jugendlichen weiblichen Migranten aufgrund des großen, wenn auch heute wegen der hohen Sozialkosten zurückgehenden Stellenangebotes für Hausbedienstete meist sehr schnell eine Beschäftigung in der Metropole finden, ziehen sie vielfach sofort in Wohnviertel der Mittel- und Oberschicht und leben dort im Hause ihres Arbeitgebers. Dagegen bevorzugt der alleinstehende männliche Bevölkerungsteil zentrumsnahe Wohnquartiere als ersten „Brückenkopf" in der Stadt, da die Suche nach einer dauerhaften Beschäftigung und vor allem auch das Auffinden von Gelegenheitsarbeiten von hier aus am wenigsten Schwierigkeiten bereitet.

Die spätere Übersiedlung in eines der Barackenviertel am Stadtrand wird demgegenüber von anderen Motivationsbereichen bestimmt; jetzt steht – so wurde im zweiten Teil von Hypothese 2 behauptet – der Wunsch nach einer Verbesserung der Wohnsituation im Vordergrund. Als Beleg für diese These mag Abb. 18 dienen, in der für ein Beispiel die subjektive Einstufung der Wohnung und einige der im Zensus ermittelten Ausstattungsmerkmale einander gegenübergestellt sind. Trotz der unzureichenden Lebensbedingungen bezeichneten drei Viertel der Befragten ihre Wohnung als „besser" als die vorige, und noch nicht einmal ein Viertel nannte die Wohnsituation schlecht. Diese positive Einschätzung beruht vor allem darauf, daß man so zu einer eigenen Wohnung kommen kann, die sich unter Einsparung der vorher teilweise hohen Mietausgaben und unter dem Einsatz der eigenen Arbeitskraft allmählich weiter ausbauen läßt.

Die Familiengründung und Geburt von Kindern dürfte den damit angesprochenen Motivationsbereich noch verstärken, zumal in diesem Lebensabschnitt häufig neue Wohnungsprobleme auftreten, wie z.B. der Verlust des Wohnrechts im Hause des Arbeitgebers bei Hausangestellten. Die Umzüge in die Barackenviertel sind daher in auffälliger Weise an eine Phase im Lebenszyklus gebun-

Abb. 17: Verteilung der Arbeitsstätten in Groß-Santiago (1967) und Gebiete mit hohem Zuwandereranteil (1965–70)

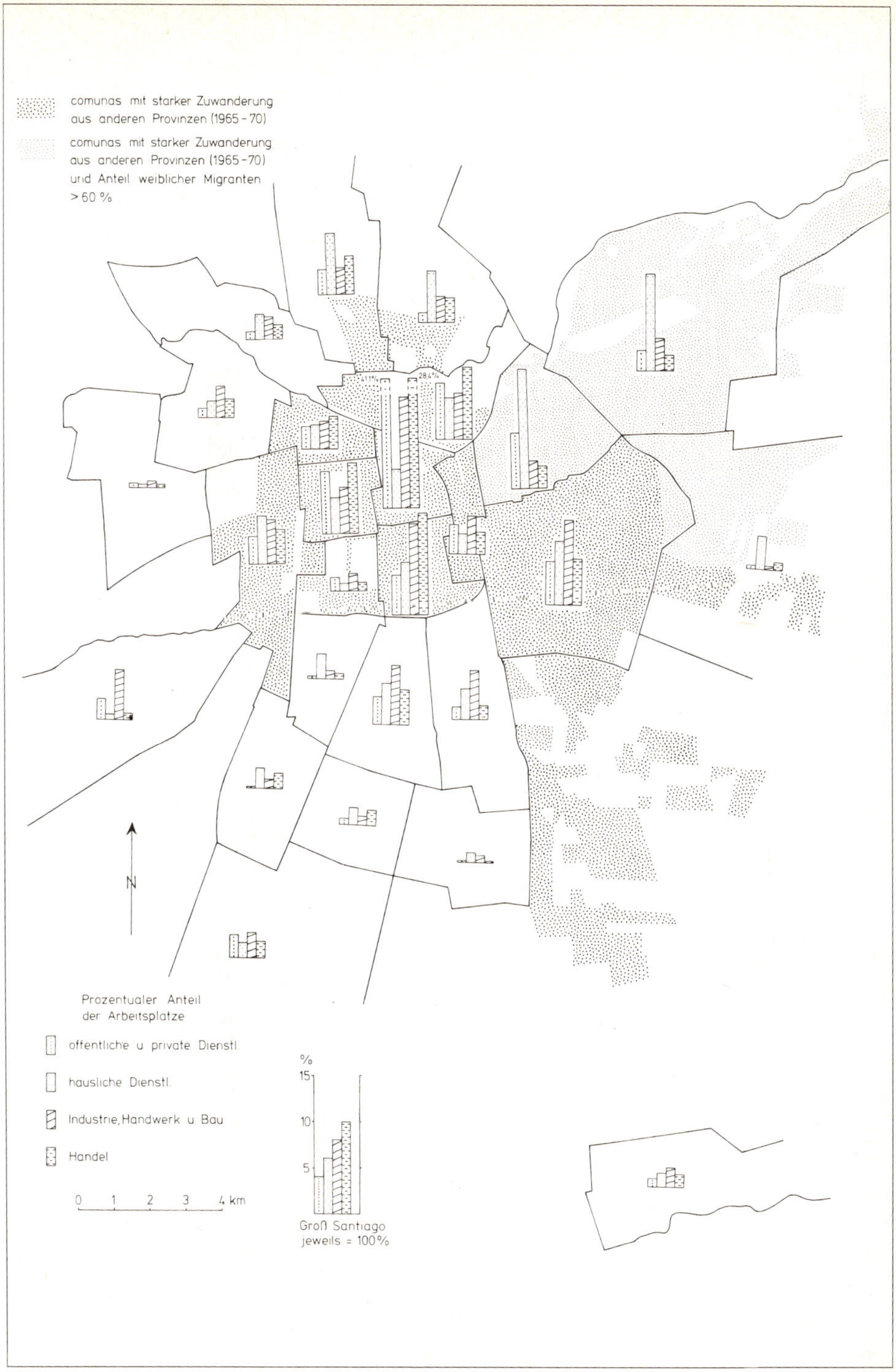

Quelle: Bähr 1978 a

Abb. 18: Subjektive Einstufung der Wohnung und Merkmale zur Wohnungsausstattung für eine Barackensiedlung in Groß-Santiago

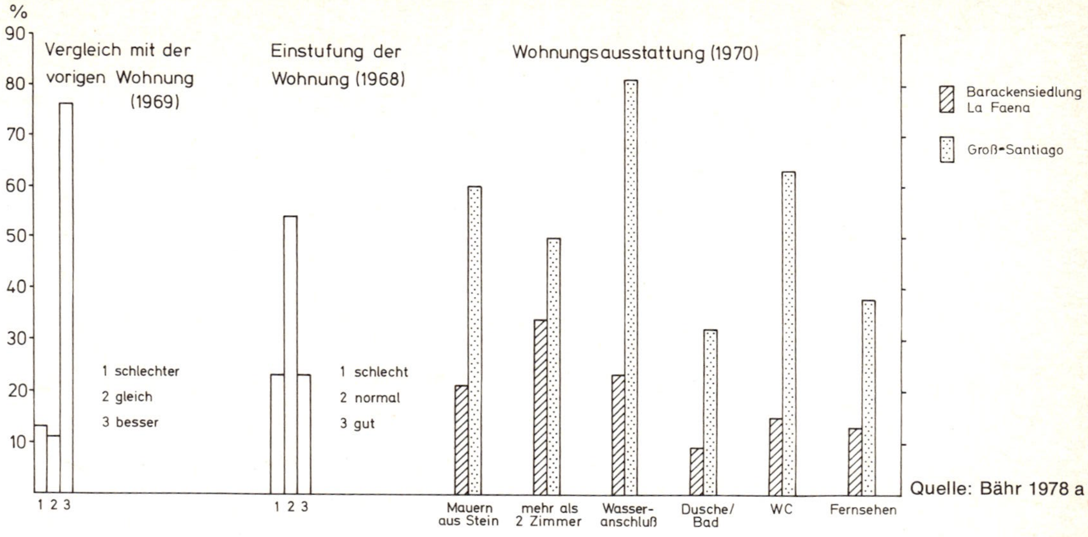

Quelle: Bähr 1978 a

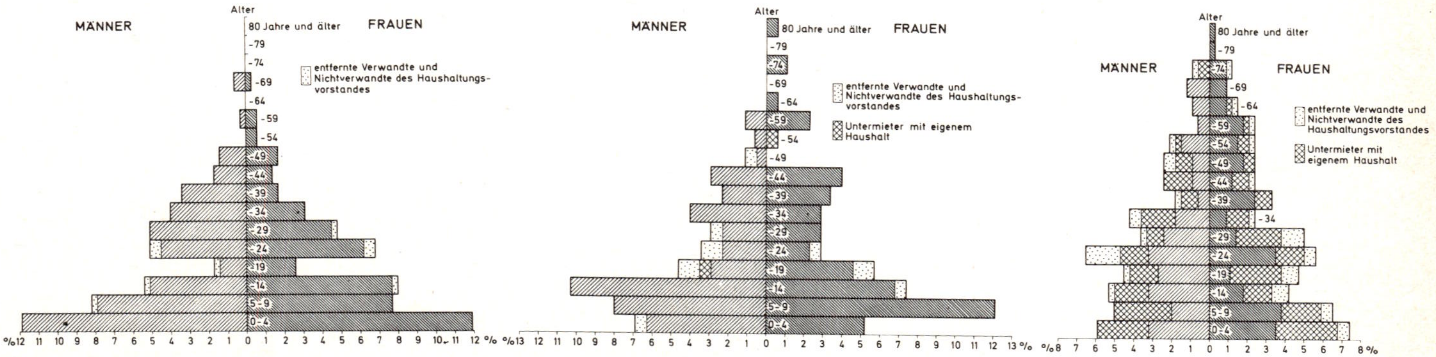

Abb. 19: Bevölkerungspyramiden für Barackenviertel verschiedenen Alters im Stadtteil La Granja von Groß-Santiago 1970

Quelle: Bähr 1976 b

den, in der die Familie zu expandieren beginnt (Abb. 19).
Die Wünsche nach einer Verbesserung der Wohnverhältnisse lösen jedoch erst dann eine Wanderungsentscheidung aus, wenn eine einigermaßen sichere Anstellung gefunden ist – so läßt sich aus den nur wenig über dem Durchschnitt Santiagos liegenden Quoten für Arbeitslosigkeit und Unterbeschäftigung schließen. Als Ausgangspunkt zur häufigen Arbeitssuche eignen sich die Barackensiedlungen aufgrund ihrer peripheren, von möglichen Arbeitsstätten oft weit entfernten Lage nicht. Die Kosten für den täglichen Weg von und zur Arbeit fallen demgegenüber aufgrund der staatlich subventionierten Tarife für öffentliche Verkehrsmittel weniger ins Gewicht.

Welche idealtypische Weiterentwicklung einer Barackensiedlung läßt sich erkennen?

Der in Hypothese 3 postulierte Migrationszyklus kann durch die Auswertungsergebnisse für unterschiedlich alte Barackenquartiere belegt werden. In Abb. 19 sind die Bevölkerungspyramiden (1970) für eine gerade erst entstandene *callampa* (links), für eine etwa 10jährige *mejora* (Mitte) und eine ca. 30 Jahre alte einfache Stadtrandsiedlung (rechts), auf deren Entwicklung von staatlicher Seite nur minimaler Einfluß genommen wurde, dargestellt. Deutlich zeigt sich mit dieser zeitlichen Abfolge eine immer stärker zu den älteren Jahrgangsgruppen verschobene Bevölkerungszusammensetzung und – bei etwa gleicher durchschnittlicher Haushaltsgröße – ein zunehmender Anteil von Untermietern und nicht zur engeren Familie gehörenden Personen. Von solchen älteren Stadtrandsiedlungen kann damit ein neuer Migrationszyklus seinen Anfang nehmen, der zur weiteren Ausuferung des Ballungsraumes beiträgt.

4.5 Erstes Beispiel: Die Entwicklung Santiagos von der spanischen Kolonialstadt zu einem ausufernden Ballungsraum

Die chilenische Metropole Santiago entstand 1541 als typische kolonialspanische Gründung im nördlichen Teil der Längssenke auf einem Schwemmkegel des aus den Anden kommenden Río Mapocho (Abb. 20). Dort wo sich der Fluß durch einen weit nach Westen reichenden Kordillerenausläufer (Cerro San Cristóbal) in zwei Arme teilte und eine dreieckige, epigenetisch abgeschnittene Insel umfloß (Cerro Santa Lucía), bot sich für Pedro de Valdivia eine strategisch günstige Lage, um hier „vier *cuadras* talab vom Cerro Santa Lucía die *plaza de armas* des heutigen Santiago" abzustecken (Weischet 1970).
Wie alle spanischen Kolonialstädte, so begann auch Santiago seine Geschichte als ein einfaches *pueblo* aus Holz- und Lehmbauten. Angriffe der Araukaner, Erdbeben und Überschwemmungen haben im Laufe der Jahrhunderte die Stadt mehrfach ganz oder zu großen Teilen zerstört (Wilhelmy 1952, León 1977).
Der südliche Nebenarm des Río Mapocho bildete lange Zeit als *La Cañada* den Hauptbewässerungsgraben der Stadt. Unter Bernardo O'Higgins, dem Freiheitskämpfer und Nationalhelden Chiles, wurde hier ein mit Pappeln bepflanzter *paseo público* gestaltet, aus dem sich später die Santiago von Nordosten nach Südwesten querende Prachtstraße *Alameda Bernardo O'Higgins* entwickelte (Abb. 20).
Der von Nordosten in das Stadtgebiet hineinreichende Cerro San Cristóbal stellt noch heute den markantesten Einschnitt im Baukörper Santiagos dar. Als *Parque Metropolitano* mit Zoo, Schwimmbad, Restaurants und Picknickplätzen wurde er zu einem der beliebtesten sonntäglichen Ausflugsziele für die Stadtbevölkerung.

Abb. 20: Übersichtskarte von Groß-Santiago

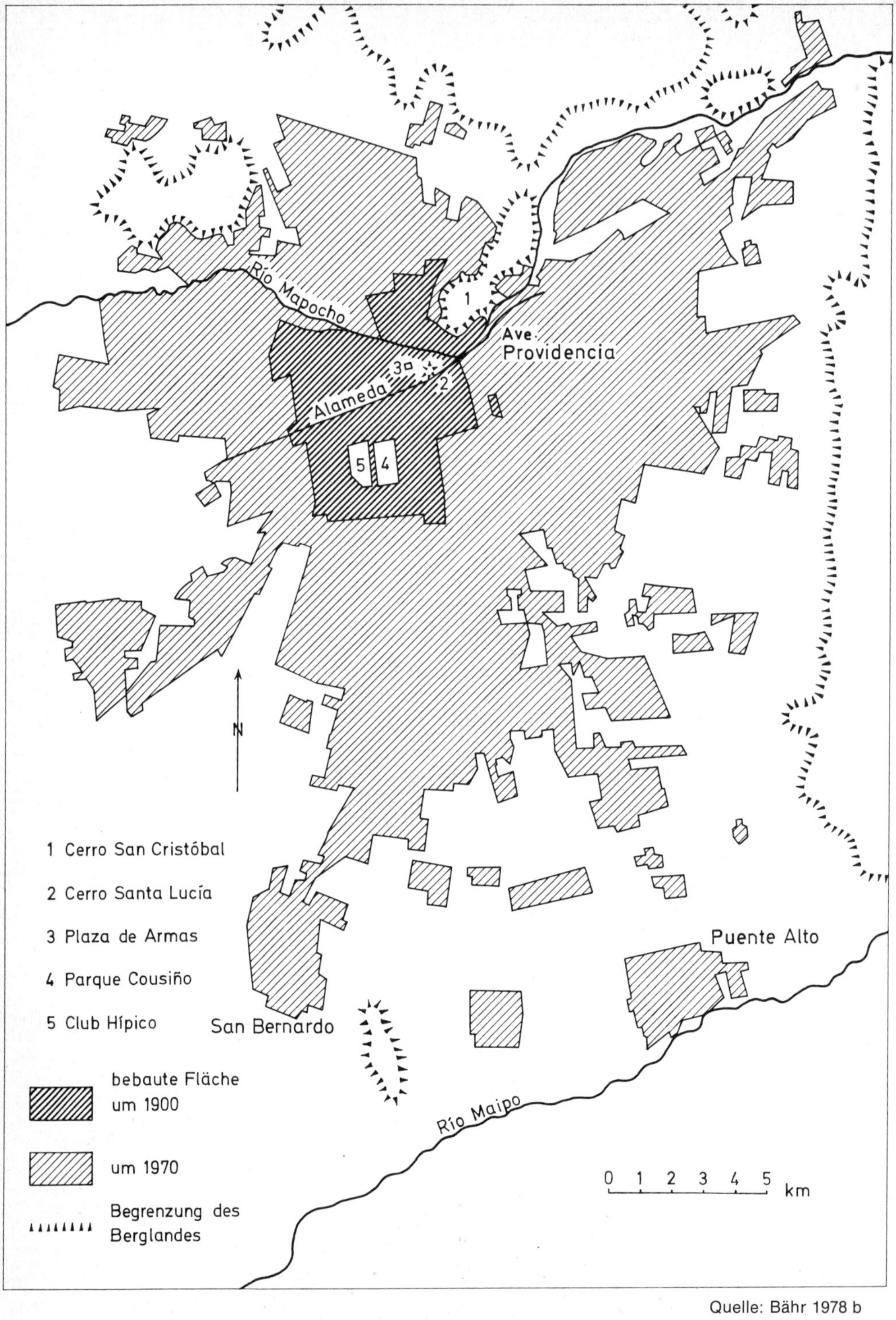

Quelle: Bähr 1978 b

Bis zur Unabhängigkeit blieb Santiago mit etwa 35 000 Einwohnern eine kleine und recht unbedeutende Stadt, deren innere Gliederung weitgehend dem Idealplan kolonialspanischer Gründungen entsprach: Die wichtigsten Repräsentationsbauten und die Wohnhäuser der vornehmen Familien lagen in der Nähe der *plaza*, dagegen lebte die ärmere Bevölkerung vorwiegend in kleineren und größeren Vorstädten nördlich und südlich der beiden Mapochoarme.
Bis zu Beginn unseres Jahrhunderts hatte Santiago mit seinen überwiegend einstöckigen Häusern noch ganz seinen kolonialen Charakter bewahrt, ohne allerdings einen ähnlichen Reichtum an alten öffentlichen Gebäuden und Palästen wie etwa Lima aufweisen zu können (Schmieder 1968). Nur im Zentrum entstanden in der zweiten Hälfte des vorigen Jahrhunderts massive zweistökkige, stuckbeladene und mit Gußeisengittern verzierte Geschäfts- und Wohnbauten anstelle der älteren, meist einstöckigen *adobe*-Häuser (Weischet 1970). Das für die innere Struktur spanischer Kolonialstädte bestimmende „zentral-periphere Gefälle nach Wohlstand und Ansehen“ (Sandner & Steger 1973) trifft auch für das damalige Santiago noch weitgehend zu. Das Wohnviertel der führenden Gesellschaftskreise hatte sich zwar langsam aus dem oberen Teil der Altstadt in den Bereich zwischen der *Alameda Bernardo O'Higgins* und dem 1873 fertiggestellten *Parque Cousiño* – dem „Bois de Boulogne Santiagos“ – verlagert (Borde 1954); im Vergleich dazu konzentrierten sich die im Zuge des Salpeterbooms entstandenen einfachen Ausbauten sehr viel stärker auf periphere Zonen im Westen, Norden und Süden. Insgesamt war jedoch damals die Flächenausdehnung der Stadt noch vergleichsweise gering (Abb. 20).
Die reichen Einkünfte des chilenischen Staates aus dem Verkauf bergbaulicher Produkte brachten es mit sich, daß in Santiago schon 1857 die erste noch von Pferden gezogene Trambahn Südamerikas eingerichtet werden konnte, die 1910 durch eine elektrische Bahn ersetzt und ab 1919 durch den Autobusverkehr ergänzt wurde (Santiago 1977).
Mit der nach der „Salpeterkrise“ einsetzenden Industrialisierung zeichneten sich erste Veränderungen dieses Raummusters ab. Im Südosten, entlang der nicht mehr bestehenden Bahnlinie nach Puente Alto entstanden die ersten größeren Industriekomplexe (Uribe 1970) und daran westlich anschließend die zugehörigen Wohnviertel für Arbeiter. Neben einfachsten, häufig unverputzten *patio*-Häusern finden sich hier auch heute noch zahlreiche ältere Bauten, die in der Statistik unter der Rubrik *conventillos* zusammengefaßt werden. Dabei handelt es sich einmal um primitive Kleinstwohnungen, die entlang eines langen, sehr schmalen Ganges aufgereiht sind *(casitas)*, zum anderen um Einzimmerunterkünfte, die sich um einen oder mehrere Höfe gruppieren (die eigentlichen *conventillos*).
Diese *conventillos* gehen zum Teil schon auf die zweite Hälfte des vorigen Jahrhunderts zurück, als zum ersten Male ältere, früher von gehobenen Bevölkerungsgruppen bewohnte Häuser unterteilt und zimmerweise vermietet wurden. Seit der Jahrhundertwende errichtete man ähnliche Bauten auch speziell als Massenunterkünfte für Arbeiterfamilien. 1906 gab es in Santiago bereits 1574 derartige *conventillos* (Wilhelmy 1952; Cunill 1970). In den bis zum 2. Weltkrieg erstellten Gebäuden dieses Typs lebten noch 1952 knapp 30% der Bevölkerung Groß-Santiagos (heute nur noch 3%).
Etwa gleichzeitig mit den Anfängen einer Industrialisierung und der damit einhergehenden zunehmenden Überbauung der Altstadt siedelten sich wohlhabende Geschäftsleute und Unternehmer – zunächst vorzugsweise Ausländer, später in zunehmendem Maße jedoch auch reiche Chilenen – im *barrio alto* im Osten der Kernstadt an; ein Gebiet, das von der Erweiterungsphase zu Ende des vo-

Abb. 21: Räumliches Wachstum Groß-Santiagos 1940–70

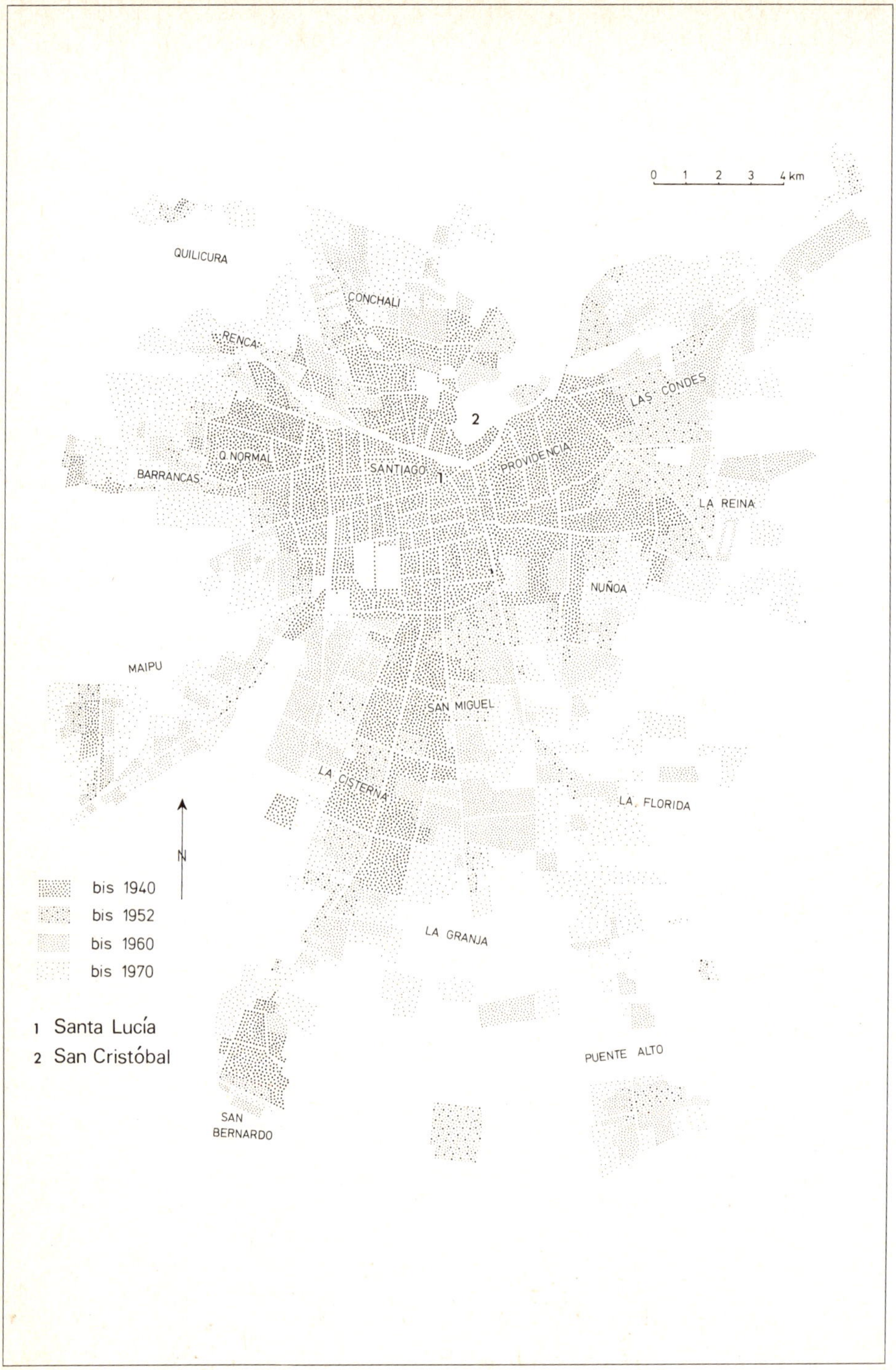

Quelle: Bähr 1978 a

rigen Jahrhunderts weitgehend ausgespart geblieben war. Die Villenviertel aus dieser Zeit, die bis heute einen gewissen „aristokratischen Charme“ bewahrt haben (Santiago 1977) ziehen sich entlang der (in Verlängerung der *Alameda* nach Osten verlaufenden) *Avenida Providencia* und ihrer baumbestandenen Quer- und Parallelstraßen; später dehnten sich die vornehmen Wohngebiete immer weiter nach Osten gegen die Kordillere aus. An der *Avenida Providencia* selbst siedelten sich schon bald auf den gehobenen Bedarf der hier lebenden Bevölkerungsgruppen eingestellte Geschäfte an. Daraus hat sich im Laufe der Zeit das wichtigste „sekundäre“ Geschäftszentrum Santiagos entwickelt.

Nach dem 2. Weltkrieg begann dann der eigentliche Wandel von der kompakten Kolonialstadt zu einem ausufernden Ballungsraum (Abb. 21). Zwischen 1940 und 1970 verdreifachte sich die Stadtfläche – zumeist auf Kosten der auch für eine Bewässerungslandwirtschaft geeigneten Flächen – von 102 auf 302 km², und die Einwohnerzahl schnellte von 993 000 auf 2,82 Mill. empor. Seit 1960 macht sich darüber hinaus aufgrund der vorherrschenden, von zahllosen *cajas* und staatlichen Baugesellschaften noch geförderten Einfamilienbebauung ein wachsendes Mißverhältnis zwischen Bevölkerungsanstieg und räumlicher Ausdehnung bemerkbar. Diese Tendenz verstärkte sich zu Beginn der 70er Jahre erheblich, da die Regierung mehr und mehr die Kontrolle über illegal besetzte Ländereien und das damit einhergehende Wachstum von Barackenvierteln verlor (vgl. Kap. 4.4) und einige Partei- und Regierungsstellen derartige Aktionen sogar bewußt förderten oder initiierten. Genaue Zahlenwerte zu diesem Problem liegen naturgemäß nicht vor. Aus einer Mitteilung der Santiagoer Zeitung *El Mercurio* vom 16. 3. 1976, in der von 463 *campamentos* gesprochen wird, von denen lediglich 260 an die Elektrizitätsversorgung angeschlossen waren, läßt sich aber eine ungefähre Vorstellung vom schnellen Wachstum der unkontrollierten Stadtrandsiedlungen gewinnen.

Die gegenwärtige Regierung hatte zunächst neben der Altstadtsanierung eine rigorose Einschränkung der räumlichen Expansion Groß-Santiagos zum wichtigsten stadtplanerischen Ziel erklärt. So wurden seit 1974 in der *comuna* Santiago keine Baugenehmigungen mehr für einstöckige Häuser erteilt, in einzelnen Zonen des vornehmen Wohnviertels Las Condes war eine minimale Stockwerkhöhe von vier Geschossen vorgeschrieben, und im Rahmen eines Entwicklungsplanes für die *Area Metropolitana* hatte man für die nächsten 20 Jahre eine absolute Bebauungsgrenze sowie für einzelne Viertel bestimmte Mindestdichtewerte festgelegt. Angesichts der anhaltenden starken Zuwanderung in Richtung Landeshauptstadt und des nach wie vor erheblichen Wohnungsdefizites ließ sich ein solches Programm aber nicht verwirklichen und wurde bereits 1979 wieder aufgegeben.

Die außerordentlich schnelle flächenhafte Ausdehnung randstädtischer Wohngebiete hat zusammen mit der fortbestehenden Konzentration der meisten Arbeitsplätze im Stadtzentrum zu erheblichen Verkehrsproblemen geführt. Während für die im *barrio alto* lebenden, wohlhabenden Bevölkerungsgruppen ein Auto oder gar ein Zweitwagen schon lange selbstverständlich ist, sind die Bewohner anderer Stadtteile in erster Linie auf die zwar billigen, aber unzulänglichen öffentlichen Verkehrsmittel angewiesen. Nach einer Befragung des *Ministerio de Obras Públicas* aus dem Jahre 1971 fallen in Santiago täglich knapp 3 Mill. Fahrten zur Arbeit, zum Schulbesuch oder zum Einkaufen u. ä. an, davon werden noch mehr als 80 % von der *locomoción colectiva* abgedeckt, obwohl der Autobestand in Santiago wesentlich höher als in den übrigen Landesteilen ist (1970: 70 000 von 152 000 in Chile zugelassenen PKW).

Abb. 22: Funktionale Gliederung der Innenstadt von Santiago (comuna Santiago)

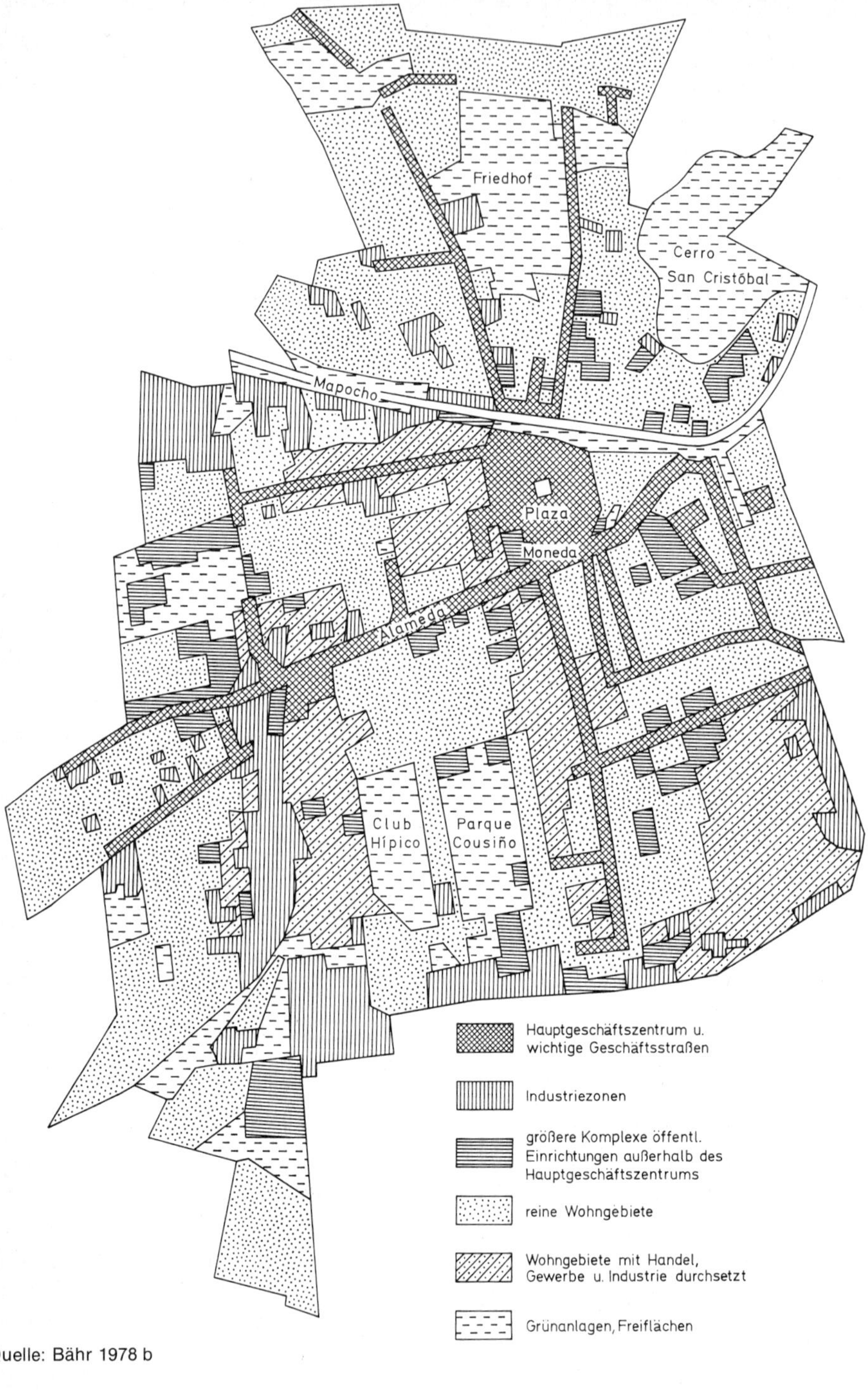

Quelle: Bähr 1978 b

Seitdem 1959 die Straßenbahn ganz aus dem Stadtbild verschwunden ist, wird der öffentliche Personenverkehr von rund 6000 Bussen – den größeren *micros* und den kleineren *lievres* – sowie einigen noch verbliebenen Oberleitungslinien und 16000 Taxis wahrgenommen. Nur wer die zu den Stoßzeiten an den Haltestellen wartenden Menschenmengen und die bis zu den Trittbrettern vollgepfropften Busse einmal gesehen hat, vermag sich eine plastische Vorstellung vom Ausmaß des Transportproblems zu machen. Nach der oben erwähnten Befragung beträgt während der *rush hour* die durchschnittliche Wartezeit an den Haltestellen 25 Minuten und das, obwohl die Busse in mehreren Reihen und dicht hintereinander fahren.

Durch den Bau einer nach französischem Vorbild und mit französischer Unterstützung geplanten U-Bahn versucht man heute, diesen Schwierigkeiten zu begegnen. Ende 1978 waren die ersten beiden Linien in Teilstrekken (insgesamt 20 km) eingeweiht. Linie 1 verläuft in Ost-West-Richtung unterhalb der wichtigsten innerstädtischen Verkehrsader, der *Alameda*; Linie 2, die die Arbeiterviertel im Norden und Süden verbindet, kreuzt diese an der Station *Moneda* (alte Münze, bis 1973 Sitz des Präsidenten; Abb. 22) inmitten der Stadt. Zur Zeit verkehren die Züge alle vier Minuten, und befördern täglich rund 340000 Fahrgäste. Der Bau der *metro* soll nicht nur eine nachhaltige Erhöhung der Transportkapazität gewährleisten, zugleich erhofft man sich auch eine Entlastung der heute zum Teil schon für den privaten Autoverkehr gesperrten Innenstadtstraßen und der wenigen Parkhochhäuser im Zentrum.

Parallel zu diesem kurz charakterisierten Wachstumsprozeß veränderte sich auch die sozialräumliche Struktur der chilenischen Hauptstadt. Als Beleg können die Ergebnisse einer faktorenanalytischen Untersuchung auf der Basis von 26 Merkmalen zum sozio-ökonomischen Status der Wohnbevölkerung (1970) für die 116 Distrikte Groß-Santiagos herangezogen werden (Bähr 1978b). Abb. 23 zeigt die so erarbeitete Binnengliederung der Metropole. Schon auf den ersten Blick sind weitgehende Ähnlichkeiten mit dem in Abb. 16 wiedergegebenen „Idealschema der lateinamerikanischen Großstadt“ unverkennbar. Die Wohngebiete höchsten Sozialprestiges konzentrieren sich nahezu ausschließlich auf einen unmittelbar im Osten an die City anschließenden Sektor. Die in den 20er Jahren eingeleitete Abwanderung der führenden Gesellschaftskreise aus den einst bevorzugten Wohngebieten um die zentrale *plaza* und auch aus dem nach der Jahrhundertwende entstandenen Villenviertel südlich der *Alameda* hat sich in den folgenden Jahrzehnten verstärkt fortgesetzt und schließlich zu einer völligen Verlagerung der hochwertigen Wohnbereiche geführt. Die lockere Villenbebauung hat heute längst die Grenze der *comuna* Providencia überschritten und sich auf die östlich benachbarten Viertel von Las Condes und La Reina ausgedehnt.

Die exklusiven Villenviertel im Osten Santiagos sind in fast allen Richtungen von den Wohngebieten unterer Einkommensgruppen deutlich abgeschirmt. Während sich im Nordwesten der Kordillerenausläufer des Cerro San Cristóbal zwischen das *barrio alto* und die Arbeitersiedlungen der nördlichen Stadtteile schiebt, schließt sich im Südwesten zunächst das „Mittelstandsviertel“ Nuñoa mit zahlreichen Industriebetrieben (besonders an seinem Südrand) an, so daß sich hier ein sehr allmählicher Übergang zu der von einfachen Wohnquartieren und Barackensiedlungen geprägten südlichen Peripherie ergibt. Lediglich im Südosten werden die Wohnbereiche höchstens sozio-ökonomischen Status' von zahlreichen um 1970 entstandenen Barackensiedlungen umschlossen. Für die Wohngebiete gehobener und mittlerer Sozialgruppen ist eine auffällige Zweiteilung kennzeichnend, zum einen finden sie sich in enger räumlicher Anlehnung an das

Abb. 23: **Binnengliederung Groß-Santiagos nach dem sozio-ökonomischen Status der Wohnbevölkerung 1970**

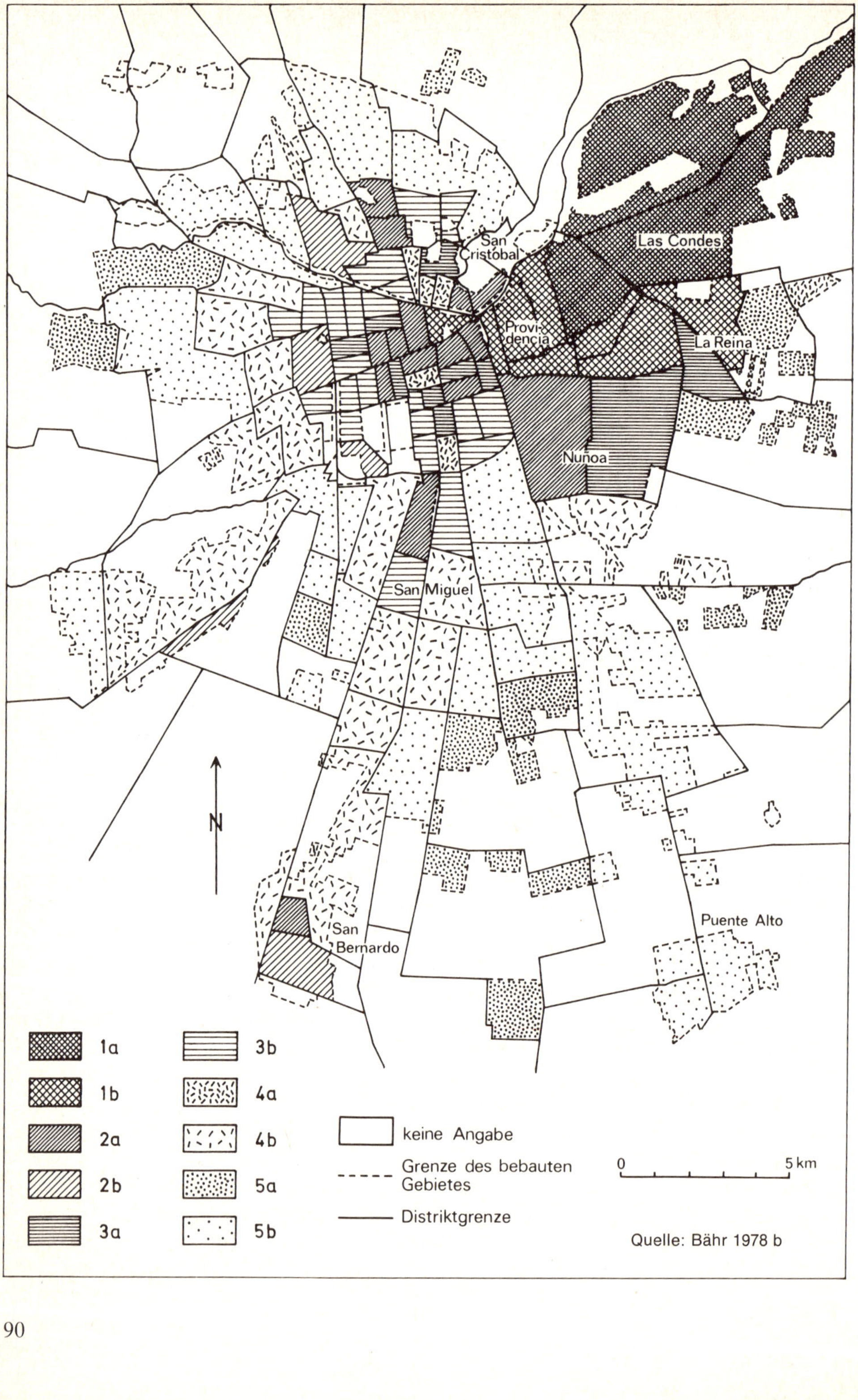

1a: Höchster Sozialstatus bei extrem hohem Anteil von Beschäftigten im Bereich persönlicher Dienstleistungen und extrem geringem Anteil von Beschäftigten im Handel

1b: Höchster Sozialstatus bei sehr hohem Anteil von Beschäftigten im Bereich persönlicher Dienstleistungen und geringem Anteil von Beschäftigten im Handel

2a: Gehobener Sozialstatus bei überdurchschnittlichem Anteil von Beschäftigten im Bereich persönlicher Dienstleistungen

2b: Gehobener Sozialstatus bei geringem Anteil von Beschäftigten im Bereich persönlicher Dienstleistungen und im Handel

3a: Mittlerer Sozialstatus bei überdurchschnittlichem Anteil von Beschäftigten im Bereich persönlicher Dienstleistungen und im Handel

3b: Mittlerer Sozialstatus bei unterdurchschnittlichem Anteil von Beschäftigten im Bereich persönlicher Dienstleistungen und hohem Anteil von Beschäftigten im Handel

4a: Unterer Sozialstatus bei hohem Anteil von Beschäftigten im Bereich persönlicher Dienstleistungen und im Handel

4b: Unterer Sozialstatus bei geringem Anteil von Beschäftigten im Bereich persönlicher Dienstleistungen

5a: Unterster Sozialstatus bei überdurchschnittlichem Anteil von Beschäftigten im Bereich persönlicher Dienstleistungen

5b: Unterster Sozialstatus bei unterdurchschnittlichem Anteil von Beschäftigten im Bereich persönlicher Dienstleistungen

„Oberschichtviertel", zum anderen konzentrieren sie sich nach wie vor auf das Stadtzentrum. In Lateinamerika hat im allgemeinen die Entvölkerung der Innenstädte selbst in den unmittelbar an die *plaza* angrenzenden Bereichen noch nicht das Ausmaß und die Intensität wie in Europa oder Nordamerika erreicht. Zwar wurden auch in der chilenischen Metropole die älteren, meist nur ein- und zweigeschossigen Altstadt-Bauten in zunehmendem Maße durch moderne Geschäfts- und Bürohochhäuser ersetzt, und die Einwohnerzahlen gingen insgesamt gesehen zurück, in einigen der City mit ihrer neuen Fußgängerzone unmittelbar benachbarten Bereichen konnte diese Entwicklung aber durch den Bau moderner Appartement-Hochhäuser aufgehalten oder zumindest verlangsamt werden (z.B. *remodelación San Borja* am Fuße des Santa Lucía-Hügels mit etwa 19 000 Bewohnern).

Abgesehen vom Osten und Südosten Santiagos läßt das Raummuster der Abb. 23 eine ringförmige Struktur und damit ein Sozialgefälle von innen nach außen erkennen. Diese durchaus vorhandene Parallele zum kolonialzeitlichen Stadtaufbau gilt jedoch nur mit gewissen Einschränkungen:

1. Die zentrumsnahen Wohnviertel werden zwar als Wohngebiete relativ hochstehender Sozialgruppen ausgewiesen, absolut gesehen liegt jedoch der sozio-ökonomische Status der hier lebenden Bevölkerungsgruppen niedriger als in weiten Teilen des östlichen Sektors.
2. Die sich an das Hauptgeschäftszentrum anschließende Wohn-Geschäfts-Industrie-Mischzone (Abb. 22) umfaßt eine weite Spanne von Wohnquartieren höchst unterschiedlicher Qualität. Neben neueren Appartement-Hochhäusern und gepflegten älteren Villen findet man hier auch sozial degradierte, schlecht erhaltene und heute überwiegend zimmerweise vermietete Gebäude sowie sehr alte, noch aus *adobe* errichtete Häuser und Überre-

Abb. 24: Haushaltsgröße und -zusammensetzung in Groß-Santiago 1970

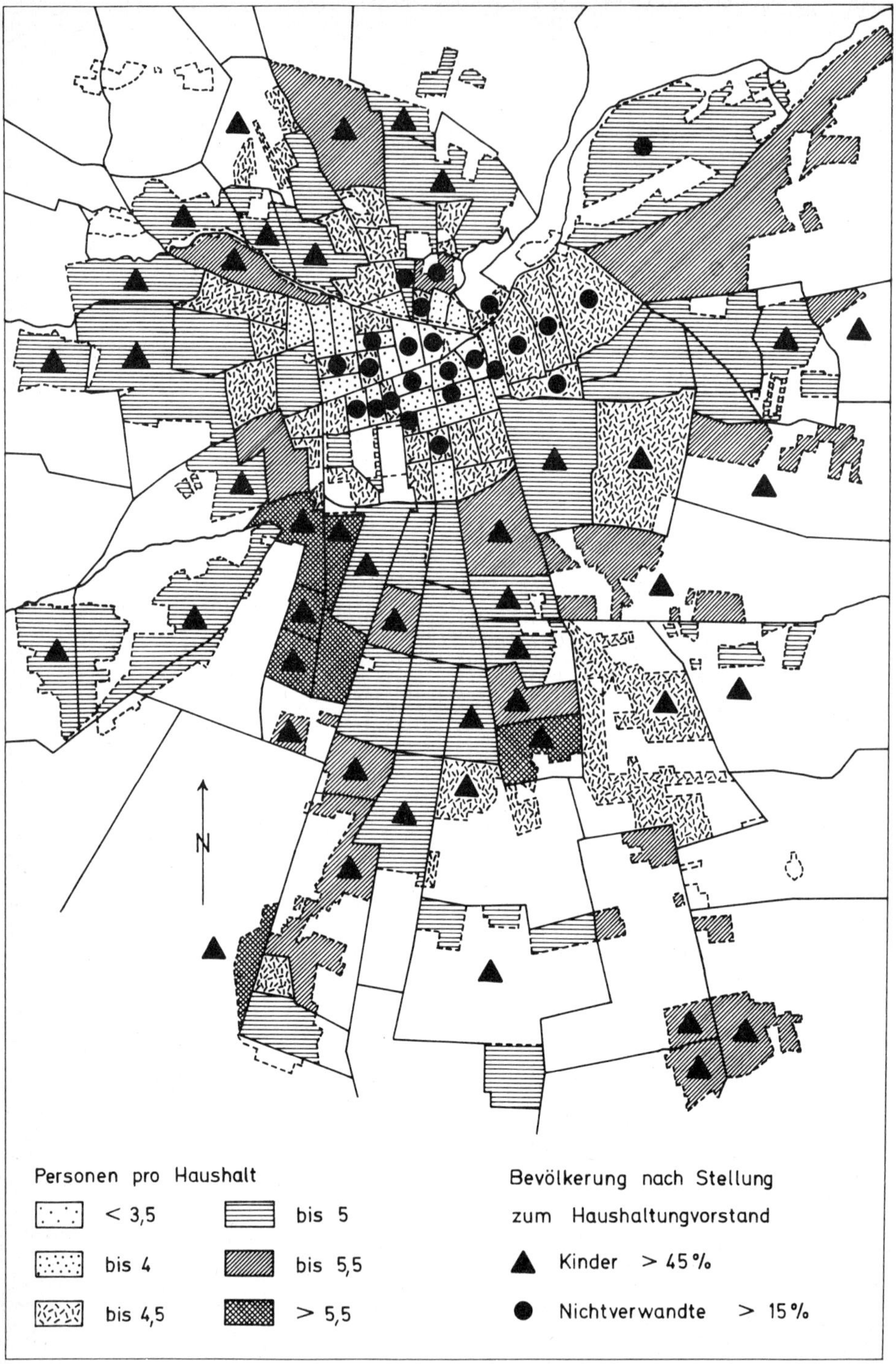

Quelle: Bähr 1978 b

Abb. 25: Schematische Darstellung der strukturellen Gliederung Groß-Santiagos nach sozio-ökonomischem Status und Lebenszyklus der Wohnbevölkerung 1970

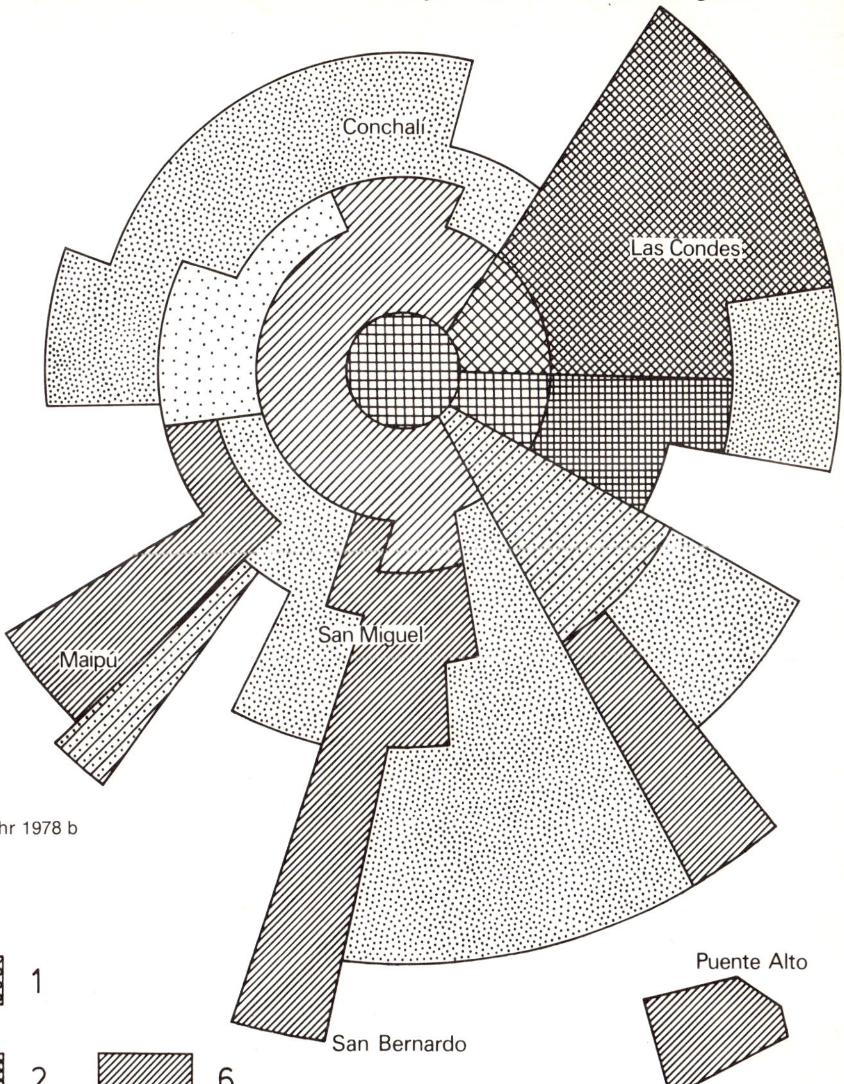

Quelle: Bähr 1978 b

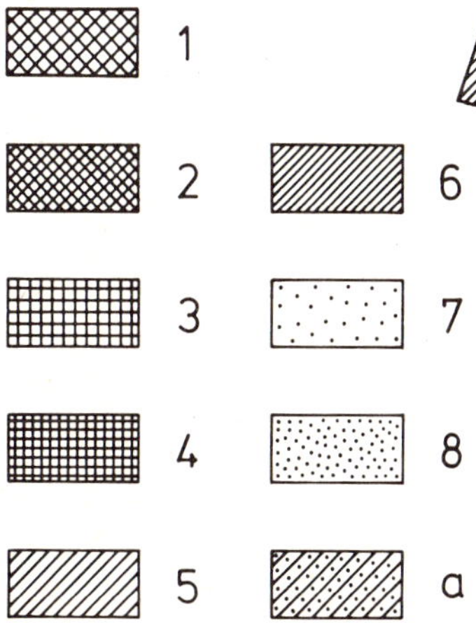

1: Höchster sozio-ökonomischer Status, kleine bis mittelgroße Haushalte
2: Höchster sozio-ökonomischer Status, große Haushalte
3: Gehobener sozio-ökonomischer Status, kleine bis sehr kleine Haushalte
4: Gehobener sozio-ökonomischer Status, mittelgroße bis große Haushalte
5: Mittlerer sozio-ökonomischer Status, kleine Haushalte
6: Mittlerer bis unterer sozio-ökonomischer Status, kleine bis mittelgroße Haushalte
7: Unterer sozio-ökonomischer Status, kleine bis mittelgroße Haushalte
8: Unterer bis unterster sozio-ökonomischer Status, große Haushalte
a: Größere Industriegebiete außerhalb der Wohn-Geschäfts-Industrie-Mischzone, z. T. auch von Wohnbereichen durchsetzt

ste älterer Massenquartiere für Arbeiter. Eine geschlossene Zone solcher abgewerteten Wohnviertel wie beispielsweise in Lima gibt es allerdings in Santiago nicht. Daher ist der in anderen Metropolen Lateinamerikas häufig zu beobachtende starke Abfall des Sozialgradienten im Anschluß an die Mischzone und der später folgende erneute Anstieg nur stellenweise und recht schwach ausgeprägt.

3. Das unterschiedliche räumliche Wachstum Santiagos hat zu einer Unterbrechung bzw. Ausweitung einzelner Ringe geführt. Besonders im Süden (*comuna* San Miguel) setzte parallel zu den Anfängen der Industrialisierung schon zwischen 1930 und 1940 eine ausgeprägte sektorenförmige Expansion der Kernstadt ein; ähnliches gilt abgeschwächt auch für den Norden (Abb. 21). Demgegenüber blieben beispielsweise im Südwesten und Nordwesten einige abseits der Hauptausfallstraßen gelegene Bereiche noch länger von der Bebauung ausgespart, so daß hier die äußerste Zone sozial geringwertiger Wohnviertel bis nahe an das Stadtzentrum heranreicht.
4. Die Peripherie Santiagos stellt kein Gebiet geschlossener und weitgehend einheitlicher Bebauung dar; für diese Zone ist vielmehr eine mosaikhafte Auflösung in einzelne, zum Teil noch von landwirtschaftlich genutzten Flächen umgebene Siedlungszellen kennzeichnend. Neben Barackenvierteln unterschiedlichen Alters finden sich hier auch Reihensiedlungen staatlicher und halbstaatlicher Baugesellschaften für einkommensschwache Bevölkerungsschichten (Bähr 1976 b).
5. Ältere Orte wie San Bernardo oder Puente Alto, die erst in jüngster Zeit zunehmend in den Sog der Landeshauptstadt gerieten und damit zu Wohnvororten wurden, heben sich durch eine andere Bevölkerungszusammensetzung von der übrigen Außenzone ab. Der sozio-ökonomische Status liegt hier im allgemeinen höher als in anderen Randbereichen.

Im Grundsätzlichen ergibt sich damit eine weitgehende Übereinstimmung mit der im „Idealschema der heutigen lateinamerikanischen Großstadt" postulierten Struktur. Lediglich die zellenförmige Auflösung des Stadtrandes ist bei der hier vorgelegten Typisierung nicht in gleicher Weise zu erkennen. Das ist nicht nur auf die noch zu grobe Distriktgliederung zurückzuführen, sondern liegt auch daran, daß sich die in Barackensiedlungen (*callampas*) und einfachen „Sozialwohnungen" (*poblaciones*) lebenden Bevölkerungsgruppen nach Ausbildung, Einkommen und Berufstätigkeit kaum unterscheiden.

Wurde bisher in erster Linie – wie im „Idealschema" auch – der Sozialcharakter der verschiedenen Wohngebiete betrachtet, so läßt sich das so gewonnene Bild durch die Berücksichtigung zusätzlicher Strukturmerkmale noch verfeinern. Für Santiago konnte nachgewiesen werden (Bähr 1978 b), daß in zunehmendem Maße auch eine Differenzierung der Gesellschaft nach demographischen Merkmalen wie Alter und Familienstatus ihre räumliche Ausprägung findet. Ganz ähnlich wie in europäischen oder nordamerikanischen Großstädten haben innerstädtische, an bestimmte Phasen des Lebenszyklus gebundene Wanderungsbewegungen dazu geführt, daß für die Grunddimension des „Familienstatus'" in allen Teilen der Stadt eine deutliche zentral-periphere Abfolge festzustellen ist. Kleinere, meist ältere Familien und Einzelpersonen leben in der Regel zentrumsnäher, größere und insbesondere junge, noch wachsende Familien an der Peripherie (Abb. 24).

Mit Abb. 25 wurde der Versuch unternommen, in einer modellhaften Darstellung diesen Gesichtspunkt zusätzlich zu berücksichtigen und so zu einer strukturellen Gliederung Groß-Santiagos nach sozio-ökonomischem Status und Lebenszyklus der Wohnbevölkerung zu gelangen. Inwieweit diese Ergebnisse auch für andere Ballungszentren Lateinamerikas Gültigkeit haben und somit in ein erweitertes und modifiziertes „Stadtmodell" einfließen können, müssen weitere Untersuchungen zeigen.

4.6 Zweites Beispiel: Wandel in südchilenischen Mittelstädten

Es gehörte zu den Prinzipien der spanischen Konquistadoren, ihre Herrschaft über die eroberten Gebiete durch Stadtgründungen zu sichern. So legten die unter der Führung von Pedro de Valdivia seit 1552 über den Río Biobío nach Süden vordringenden Spanier auch in Südchile insgesamt sieben Städte an, darunter schon 1552 das nach seinem Gründer benannte Valdivia (20 km oberhalb der Mündung des gleichnamigen Flusses) und 1558 Osorno (am Zusammenfluß des Río Rahue und des Río Damas inmitten eines dicht bevölkerten Gebietes). Im Zuge einer allgemeinen Erhebung der Araukaner um 1600 wurden sämtliche, jenseits der *Frontera* gegründeten Siedlungen zunächst wieder zerstört. In Valdivia errichtete man zwar schon 1602 aus strategischen Gründen erneut ein Fort, bis 1800 blieb jedoch dieser Stützpunkt eine völlig vom Meer her versorgte „Festung im Araukanerland". In der noch mehrfach von Indianerüberfällen, Epidemien und Erdbeben heimgesuchten Stadt lebten im 18. Jh. nur zwischen 2000 und 3000 Bewohner (Golte 1973).

Nach 1750 gelang es den Spaniern allmählich, wieder größere Teile des verlorengegangenen Gebietes südlich des Biobío unter ihre Kontrolle zu bringen. Die endgültige Befriedung des Seengebietes kann aber erst mit der Wiedergründung Osornos im Jahre 1796 als abgeschlossen gelten.

Wie alle spanischen Kolonialstädte so zeichnen sich auch Valdivia und Osorno durch das charakteristische Schachbrettmuster ihres Grundrisses aus. Das auf ebenem Gelände angelegte Osorno (Abb. 26) zeigt dieses klassische Schema allerdings deutlicher als das durch Topographie und zahlreiche, im 17. Jh. errichtete Festungsbauwerke eingeengte Valdivia. Hier hat sogar die zentrale *plaza* eine etwas ungewöhnliche Form und umfaßt nur eine halbe statt einer vollen *cuadra* (Golte 1973).

Nach Borsdorf (1976) läßt sich die Entwicklung Valdivias und Osornos in vier Abschnitte gliedern:

1. Die Zeit der frühen spanischen Kolonisation

In den ersten Jahrzehnten nach ihrer Gründung nahmen beide Städte einen schnellen Aufschwung. Sie dienten damals als Militärbasis für die nach Süden ziehenden Konquistadoren, als lokale Stützpunkte im Kampf gegen die Araukaner und als Goldlieferanten für die spanische Krone.

2. Die 200 Jahre währende Stagnationsphase bis zur Mitte des 19. Jahrhunderts

Lange Zeit blieb Valdivia in dieser Epoche einziger Außenposten der Spanier im Gebiet südlich des Biobío. Aber auch nach der *Reconquista del Sur* entwickelten sich beide Städte nur sehr langsam, da ihnen nach wie vor ein dicht besiedeltes Hinterland fehlte.

3. Die Zeit der deutschen Einwanderung zwischen 1846 und 1909

Die zunächst noch fortbestehende Isolation des Seengebietes hatte jetzt den Vorteil, daß sie die freie Entfaltung der Einwanderer begünstigte. Es ist bemerkenswert und hängt ganz sicher mit der Berufsgliederung der nach Chile eingewanderten Deutschen zusammen (vgl. Kap. 5.6), daß die wirtschaftliche Blüte jener Zeit weniger von der noch äußerst extensiven Landwirtschaft als vielmehr vom gewerblich-industriellen Sektor

Abb. 26: Räumliche Entwicklung von Osorno

Quelle: Golte 1973, ergänzt

getragen wurde. Damals entstanden in den Städten Gerbereien zur Verarbeitung der Rinder- und Schaffelle, Schuhfabriken, Anlagen zur Herstellung von Dörrfleisch sowie Branntweinbrennereien und Bierbrauereien. Noch 1909 war Valdivia nach Santiago der bedeutendste Industriestandort in Chile.

4. Die Zeit des wirtschaftlichen Rückgangs im 20. Jahrhundert

Die frühe Industrialisierung des chilenischen Südens, die 1914 zur Errichtung des ersten Hochofens in Südamerika (in Corral, dem Vorhafen Valdivias) führte, setzte sich nach dem 1. Weltkrieg nicht fort. Nichts dokumentiert das so deutlich wie der Niedergang des Hafens von Corral. Wurde aus dem Jahre 1911 noch berichtet, daß durchschnittlich 15 Schiffe dort lagen und in Spitzenzeiten sogar bis zu 27 Einheiten gezählt wurden, so nahm die Bedeutung des Hafens nach Fertigstellung des Bahnbaus bis Puerto Montt (1912) und der Eröffnung des Panamakanals (1914) rasch ab. Das Erdbeben von 1960 und die Schließung des unmodern gewordenen Hochofens haben den Niedergang weiter beschleunigt. So legte im ganzen ersten Halbjahr 1976 nur ein Schiff hier an, bezeichnenderweise nicht – und auch das ist charakteristisch für die veränderte wirtschaftliche Situation – um Agrarprodukte zu exportieren, sondern um importierten Weizen zu entladen.

Sicher ist der geschilderte Bedeutungsverlust Corrals ein extremes Beispiel, man kann aber ganz allgemein feststellen, daß seit Beginn unseres Jahrhunderts ein Verkauf der im Süden hergestellten industriellen Produkte immer schwieriger wurde. Die Absatzmärkte in Europa waren jetzt durch verschiedene Schutzzollbestimmungen (z.B. für Schuhleder) verschlossen, und in Chile selbst hatte sich im Zuge des Salpeterbooms die *Zona Metropolitana* sehr rasch zum wichtigsten Industriestandort des Landes entwickelt und trat in zunehmendem Maße als Konkurrenz auf. Der 1. und später auch der 2. Weltkrieg haben die Handels- und Industriebetriebe in den Städten des Südens nochmals schwer getroffen, da zum Boykott aller Unternehmen aufgerufen wurde, die sich in deutschen Händen befanden.

Valdivia, das im „goldenen Zeitalter des Südens“ wesentlich stärker gewerblich-industriell orientiert war als das mehr ländliche Osorno, hat diese Rückschläge besonders stark verspürt. Hinzu kommt, daß das Erdbeben von 1960 hier sehr viel schwerwiegendere Folgen als in Osorno hatte.

Beide Städte werden heute kaum noch vom industriellen Sektor geprägt, an die Stelle dieses produktiven Wirtschaftszweiges ist – wie in anderen chilenischen Städten auch – der überbesetzte Dienstleistungsbereich getreten. Immerhin waren 1974 in Osorno mehr als zwei Drittel der Erwerbstätigen im tertiären Sektor tätig, und in Valdivia war die Situation nicht wesentlich anders. Unter den wenigen noch verbliebenen Industriebetrieben hat in Valdivia die Holzverarbeitung, in Osorno die Nahrungsmittelindustrie die

Tabelle 19: Entwicklung der Einwohnerzahlen von Valdivia und Osorno 1940–1970

	1940	1952	durchschnittliche jährliche Wachstumsrate 1940–52	1960	durchschnittliche jährliche Wachstumsrate 1952–60	1970	durchschnittliche jährliche Wachstumsrate 1960–70
Valdivia	34 496	45 138	2,4	61 334	3,6	82 400	3,2
Osorno	25 075	40 120	4,2	55 091	3,8	68 815	2,4

Quelle: Bevölkerungszensus des INE

größte Bedeutung. Obwohl das deutsche Element in beiden Städten seiner Zahl nach heute kaum mehr ins Gewicht fällt (z.B. in Valdivia ca. 3000 Personen), ist sein Anteil an den industriellen Aktivitäten noch immer hoch. So wurden 1974 in Valdivia mehr als 50% aller Betriebe mit über 15 Beschäftigten von deutschstämmigen Unternehmern oder leitenden Angestellten geführt (Borsdorf 1976).

Trotz einer stagnierenden oder sogar zurückgehenden Bedeutung der Industrie nahm seit den 50er Jahren die Bevölkerung in beiden Städten aufgrund einer massiven Zuwanderung aus dem Umland rasch zu (Tab. 19), und ihre demographische Struktur veränderte sich erheblich. Selbst im noch relativ bescheiden gewachsenen Osorno sind allein 13% der Bewohner in nur fünf Jahren (1965–70) zugewandert.

Neben dem Abschluß der Rodungskolonisation trug die Mechanisierung der Getreideernten zu einem verminderten Arbeitskräftebedarf auf dem Lande bei, und auch die 1964 mit der Einführung eines Mindestlohnes und der Familienunterstützung verbesserte Sozialgesetzgebung sowie das 1967 neu gefaßte Gesetz über die Agrarreform haben die Neigung der Großgrundbesitzer verstärkt, mit einem Minimum an Arbeitskräften auszukommen (Golte 1973).

Dem Besucher des Seengebietes wird aber zunächst weniger die veränderte Bevölkerungszusammensetzung in den großen Städten auffallen, für ihn ist der Wandel im äußeren Erscheinungsbild sehr viel einprägsamer. Nur kleinere Orte bestehen auch im Kern noch aus den ein- und zweigeschossigen Holzhäusern, wie sie um die Jahrhundertwende errichtet wurden. In größeren Städten – so in Valdivia und Osorno – werden die Straßenzüge um die zentrale *plaza* mehr und mehr von Betonkonstruktionen moderner Geschäfts- und Bürohäuser bestimmt, nur in größerem Abstand vom Zentrum ist Holz das bevorzugte Baumaterial geblieben.

Noch auffälliger als diese im Vergleich zur Landeshauptstadt Santiago noch in den Anfängen steckenden Umgestaltungen des Stadtkerns ist die außergewöhnlich starke flächenhafte Ausdehnung der Städte, die zwar schon während der »ersten Verstädterungswelle« zur Zeit der deutschen Einwanderung im Seengebiet begann, heute jedoch ganz andere Dimensionen erreicht hat (Abb. 26). Die wichtigsten Ausbauphasen und die damit einhergehenden Veränderungen im Sozialcharakter einzelner Stadtviertel sind in Abb. 27 schematisch dargestellt.

Die sehr kleinen Kolonialstädte ohne ein wirtschaftlich aktives Hinterland entsprachen in Grundriß und innerer Gliederung weitgehend dem Idealplan spanischer Stadtgründungen (vgl. Kap. 4.3). Eine erste Überformung setzte mit der deutschen Einwanderung ein, und die bereits in der Stadtanlage begründete soziale Segregation verschärfte sich noch. Die an die *plaza* angrenzenden Viertel (*barrios*) blieben zwar Wohnbereiche der oberen Schichten, in größerer Entfernung vom Stadtzentrum bildete sich aber schon damals ein Gegensatz zwischen den locker und villenartig bebauten *cuadras* und den von Handwerks- und Gewerbebetrieben durchsetzten Wohnbereichen der Unterschicht heraus, und an den Ausfallstraßen entstanden in den *suburbios* die Anfänge der späteren Industriegebiete (Borsdorf 1976).

Diese Tendenzen haben sich nach dem 2. Weltkrieg durch die von der Binnenwanderung getragene „zweite Verstädterungswelle“ weiter verstärkt. Im eigentlichen Stadtkern geht die Wohnbevölkerung heute zurück, und es zeigen sich erste, allerdings noch bescheidene Anfänge einer Citybildung. Die an das Zentrum anschließenden Viertel entwickelten sich vorwiegend zu Wohngebieten der Mittelschicht; in Valdivia sind einzelne *barrios* nach dem Erdbeben und wenigstens z.T. als Folge der dabei aufgetretenen Schäden sogar zu innerstädtischen *conventillos* herabgesunken (Variante A in Abb. 27), in

Abb. 27: Strukturschema der Genese chilenischer Städte am Beispiel Valdivia und Osorno

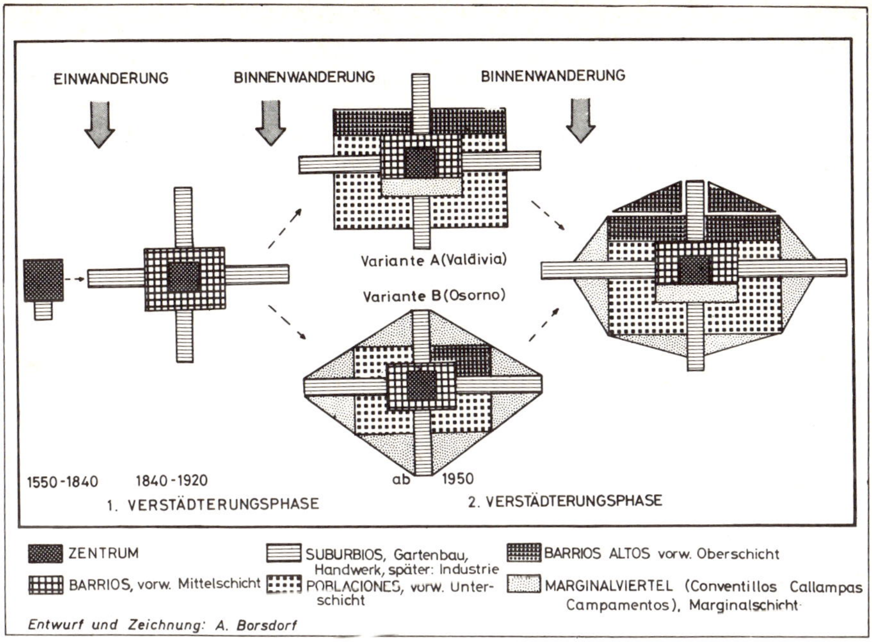

Quelle: Borsdorf 1976 und 1978

Abb. 28: Reihensiedlung (población) in Osorno

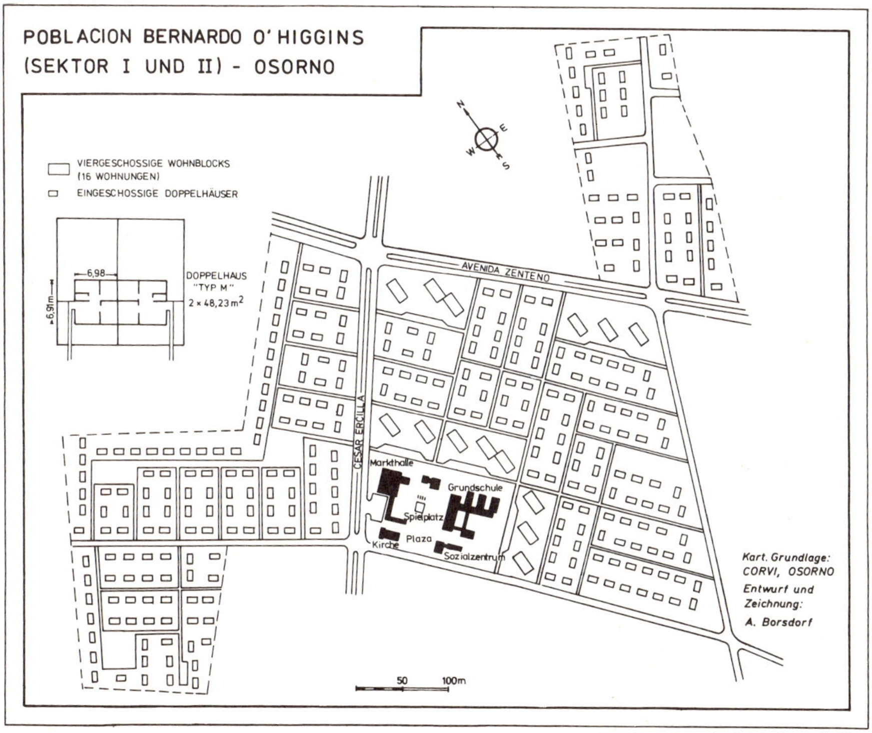

Quelle: Borsdorf 1976 und 1978

Osorno fehlt eine vergleichbare Abwertung zentrumsnaher Bereiche (Variante B), dafür sind hier schon früh jenseits des Río Rahue Massenquartiere für Arbeiter gebaut worden.

Die oberen Sozialschichten leben heute ganz ähnlich wie in der Landeshauptstadt nur noch zum Teil im altstädtischen Kern, sondern mehr und mehr in *barrios altos* am Rande der Städte. In besonderem Maße wird die Peripherie aber seit Mitte der 60er Jahre – und auch hier zeigt sich eine auffällige Parallele zur Metropole – von den für Angehörige der Unterschicht und zum Teil auch der Mittelschicht erbauten Reihensiedlungen der *poblaciones* (Abb. 28) und den wilden Ansiedlungen der *callampas* geprägt. Ähnliches gilt, wie die Untersuchungen von Rother (1977 a) in der Zentralzone zeigen, selbst für Gruppensiedlungen mit sehr viel geringerer Einwohnerzahl.

Die jungen Barackenviertel haben besonders in Osorno (Stadtteil Rahue) eine erhebliche Ausdehnung erreicht. Der größte Teil davon entfällt auf *campamentos de emergencia*, die zwischen 1971 und 1973 mit Unterstützung der staatlichen Wohnungsbaugesellschaft CORHABIT erstellt wurden. Abgesehen von ihrer planmäßigen Anlage und der Ausstattung mit elektrischem Licht unterscheiden sich diese Notquartiere nicht wesentlich von den „freien" *callampas*. Meist waren die eingenommenen Flächen im Bebauungsplan ebenfalls nicht als Wohngebiete ausgewiesen und die Grundstücke wurden über Nacht besetzt, um darauf aus dem Baumaterial, das die Gesellschaft zur Verfügung stellte, behelfsmäßige Hütten zu errichten (Borsdorf 1976). Da jedoch in diesem Falle die Aktivitäten von staatlichen Stellen geduldet bzw. sogar unterstützt wurden, waren die Aussichten der Beteiligten, eine dauerhafte Lösung ihres Wohnungsproblems zu erreichen, im allgemeinen recht günstig. Eine Enteignung der Vorbesitzer wurde häufig sofort eingeleitet und eine spätere Sanierung geplant.

Die innere Differenzierung chilenischer Mittelstädte läßt damit – wie die Beispiele Valdivia und Osorno belegen – im Grundsätzlichen kaum noch Unterschiede zu dem für die Metropole entworfenen Bild erkennen. Die Anordnung von Wohnbereichen unterschiedlichen sozialen Niveaus und unterschiedlicher Bausubstanz ist auch hier nur aus einer Überlagerung verschiedener Raummuster erklärbar. Die aus der Kolonialzeit überlieferte zentral-periphere Ordnung wurde durch eine jüngere, eher sektorale Gliederung mit den Wohnvierteln der Oberschicht und den Industriestandorten als den wichtigsten Orientierungsachsen überformt und durch die erst im Zuge der massiven Land-Stadt-Wanderung entstandenen zellenförmigen Außenviertel erweitert.

5 Die agrargeographische Problematik

5.1 Besitzverhältnisse in der Landwirtschaft als koloniales Erbe

Chile hat ebenso wie die anderen Staaten des spanischen Amerika aus der Kolonialzeit eine Agrarstruktur ererbt, die durch den Gegensatz *minifundio* und *latifundio* bestimmt wird. Bis zu der gegen Ende der 60er Jahre mit Nachdruck vorangetriebenen Bodenreform stand der großen Masse häufig kaum lebensfähiger Klein- und Zwergbetriebe eine nur kleine Zahl landwirtschaftlicher Großbetriebe gegenüber. Eine gesunde mittelbäuerliche Schicht fehlte dagegen im „altbesiedelten" Zentralchile, sie war lediglich in Teilen des erst nach 1850 kolonisierten Südens stärker vertreten (vgl. dazu Kap. 5.6). Die Erhebungen des letzten, vor dem Agrarreformgesetz von 1967 durchgeführten *Censo Agropecuario* können diese Situation verdeutlichen (Tab. 20). Fast 50% der Betriebe waren damals kleiner als 5 ha und bewirtschafteten zusammen weniger als 1% der landwirtschaftlichen Nutzfläche (*superficie agrícola*), und auch an den wirklich in Rotation befindlichen Arealen oder am Bewässerungsland hatten sie nur einen unbedeutenden Anteil (knapp 4% bzw. 8%). Auf der anderen Seite verfügten die mehr als 1000 ha großen Güter (1% der Betriebe) über genau zwei Drittel der landwirtschaftlichen Nutzfläche und fast 30% des Bewässerungslandes. Die in diesen Zahlenangaben zum Ausdruck kommenden extrem unterschiedlichen Besitzverhältnisse müssen lediglich dahingehend relativiert werden, daß zu den Riesenbetrieben häufig ausgedehnte Ländereien gehören, die kaum oder nur sehr extensiv genutzt werden können. Die Angaben zur *superficie agrícola* umfassen nämlich die gesamten Betriebsflächen mit Ausnahme der völlig sterilen bzw. für nicht landwirtschaftliche Zwecke benötigten Areale. Das Beispiel der *comunidades* in den Trockensteppen des Kleinen Nordens hat gezeigt, daß große Flächenausdehnung nicht immer auch blühender Großbetrieb heißen muß (vgl. Kap. 3.5).

Trotz zahlreicher Siedlungsprojekte, die seit den 20er Jahren von staatlichen Organisationen eingeleitet wurden, haben sich die agrarsozialen Gegensätze ständig weiter verschärft. Das belegt beispielsweise ein Vergleich der Agrarzählungen von 1955 und 1965. Danach hat die Besitzzersplitterung bei den *minifundistas* erheblich zugenommen: der Anteil der Betriebe unter 5 ha kletterte von 37% (1955) auf 40% (1965).

Die heutige Betriebsgrößenstruktur läßt sich nur aus der historischen Entwicklung im altbesiedelten Kernraum des Landes erklären. Um die eroberten Gebiete zu sichern, die Heere unterhalten zu können und um Tribute abzuschöpfen, vergab die spanische Krone an verdiente Konquistadoren Rechte über riesige Landstücke und die dort lebenden Indios. Zunächst geschah das meist in Form sogenannter *encomiendas*, durch die dem *encomendero* das Recht übertragen wurde, eine bestimmte Gruppe von Indianern zu verschiedenen Arbeiten heranzuziehen. Als Gegenleistung mußte er sich verpflichten, die Bewohner in der christlichen Lehre zu unterweisen und mit den wichtigsten Elementen eines „zivilisierten" Lebens vertraut zu machen. In der Realität ist allerdings diese Seite der *encomienda* kaum beachtet worden.

Diese Belehnungen beinhalteten nicht immer eine gleichzeitige Vergabe der zugehöri-

Tabelle 20: Betriebsgrößenstruktur in der chilenischen Landwirtschaft 1965

Betriebs-größe	Zahl der Betriebe	in %	landwirtsch. Nutzfläche (in ha)	in %	Nutzland in Rotation (in ha)	in %	Bewäss.-land (in ha)	in %
< 1 ha	45 233	17,9	20 563	0,1	19 416	0,4	16 930	1,5
1– 4,9	78 460	31,0	172 304	0,8	145 150	3,3	71 277	6,5
5– 9,9	33 076	13,0	216 655	1,0	155 571	3,5	41 109	3,8
10– 19,9	29 976	11,8	385 377	1,7	228 974	5,2	44 909	4,1
20– 49,9	29 360	11,6	840 936	3,7	396 151	8,9	65 423	6,0
50– 99,9	14 785	5,8	933 367	4,1	368 125	8,3	72 341	6,6
100– 199,9	9 164	3,6	1 147 694	5,0	446 196	10,1	117 819	10,8
200– 499,9	6 998	2,8	1 963 664	8,7	728 866	16,5	213 964	19,6
500– 999,9	3 156	1,2	1 909 721	8,4	586 740	13,2	151 229	13,9
1000–4999,9	2 594	1,0	4 593 271	20,3	900 938	20,3	197 112	18,1
≥5000	730	0,3	10 483 095	46,2	458 263	10,3	98 982	9,1
Gesamt:	253 532	100,0	22 666 647	100,0	4 434 390	100,0	1 090 645	100,0

Quelle: Agrarzensus des INE

gen Ländereien, faktisch hat dieser rechtliche Unterschied aber keine größere Bedeutung gehabt, zumal die *encomenderos* meist zusätzlich auch Nutzungsrechte über ausgedehnte Areale *(mercedes)* erhielten. Da die Zahl der ersten Konquistadoren nur klein, die eroberten Landstriche jedoch riesig waren, konnten große Flächen vergeben werden. So teilte schon Pedro de Valdivia etwa 5 Mill. ha Land unter wenig mehr als 40 Soldaten auf. Auch später ist von den *cabildos* (Gemeinderäten) und *gobernadores* (Gouverneuren) sehr freigiebig Land ausgegeben worden, denn Chile blieb während des ganzen 16. und zu Beginn des 17. Jh. *tierra de guerra*, und Landschenkungen waren oft die einzige Möglichkeit, die Teilnehmer an den Kriegszügen gegen die Araukaner zu entlohnen. Nicht immer umfaßten solche *donaciones* (Schenkungen) Flächen von mehreren tausend ha, einfache Soldaten erhielten häufig nur Stücke von 50 bis 150 ha *(peonías)*. Das schloß allerdings nicht aus, daß sich auch diese Besitze später durch unterschiedliche, ganz sicher rechtlich nicht immer einwandfreie Maßnahmen erheblich vergrößern konnten (CIDA 1966).

Das klassische *encomienda*-System hat in Chile nie die Bedeutung gehabt wie in den Andenstaaten Peru und Bolivien. Da die eroberten Räume entweder gar nicht oder doch nur sehr dünn besiedelt waren, standen in Chile normalerweise nur wenig Indios zur Verfügung, die man zu Arbeitsleistungen hätte heranziehen können. Überdies ist ihre Zahl in der frühen Kolonialzeit durch Kriege und Krankheiten sowie durch die harten Arbeitsbedingungen – zunächst bei den nicht sonderlich erfolgreichen bergbaulichen Bemühungen (Goldwäscherei), später auch in der Landwirtschaft – weiter dezimiert worden. Für die Herausbildung des späteren Großgrundbesitzes sind die *encomiendas* dennoch neben den *mercedes* von entscheidender Bedeutung gewesen, denn aus den zunächst nur auf Lebenszeit, später auch auf drei Generationen vergebenen Belehnungen entwickelte sich durch verschiedene Gesetze sowie legalen (seit 1591 wurden in Chile auch Landstücke verkauft) und illegalen Erwerb ein dauerhaftes Eigentum an Grund und Boden.

Da sowohl die *encomiendas* wie auch die *mercedes* vor allem in der Anfangszeit der Eroberung nicht sehr genau abgegrenzt waren, fiel es den Begünstigten leicht, ihre Ländereien auf Kosten des noch „freien" Indianerlandes zusätzlich zu vergrößern. Erst zu Beginn des 17. Jh. wurden in Teilen der Zentralzone genauere Vermessungen durchgeführt und die „Rechtmäßigkeit“ der Besitzungen überprüft. Die Lage war bis zu diesem Zeitpunkt jedoch bereits so undurchsichtig geworden, daß man sich entschloß, für alle Areale Besitztitel zu vergeben, die sich nachweislich mehr als 40 Jahre in den Händen der gegenwärtigen Bewirtschafter befanden. Damit hatten sich die Eigentumsverhältnisse endgültig zugunsten des Großgrundbesitzes verschoben, und selbst eine drastische Einschränkung der Landvergabe zum Schutze des Indios (ab 1703) vermochte keinen grundsätzlichen Wandel mehr zu bewirken. Aus den Belehnungen und Schenkungen der frühen Kolonialzeit war damit das Dauereigentum der *hacienda* geworden. Die ehemals verstreut siedelnden Indianer hatte man schon vorher in geschlossenen Dörfern zusammengefaßt. Von ihren alten Ländereien war ihnen nur ein geringer Teil geblieben, durch Erbteilungen hat sich ihre schon damals eingeschränkte Lebensbasis im Laufe der Zeit weiter verschmälert.

Die Zeit der *Conquista* und der damit einhergehenden territorialen Expansion war für die Spanier eine Epoche freier Entfaltungsmöglichkeiten und leichten sozialen Aufstiegs. Mit der Konsolidierung der großen Landbesitzungen zu Beginn des 17. Jh. wuchs jedoch sehr schnell eine neue Schicht von *españoles pobres* heran (Góngora 1974). Zum größten Teil waren das schon keine reinblütigen Spanier mehr, sondern Abkömmlinge aus den Verbindungen spanischer Männer mit indianischen Frauen. Diesen Mestizen boten sich nur noch geringe Chancen, z.B. durch die Teilnahme an Kriegszügen zu Ehren und wirtschaftlichem Wohlstand zu gelangen. Da die Städte damals noch klein und die Beschäftigungsmöglichkeiten im Handel oder Handwerk gering waren, wandten sie sich notgedrungen einer landwirtschaftlichen Tätigkeit zu. Ein Teil der Mestizen übernahm auf den großen Landbesitzungen Vorarbeiter- oder Verwalterposten; andere – zumal wenn sie etwas Vieh besaßen – ließen sich auf „geliehenem Land“ am Rande einer *hacienda* nieder. Ein solches Abtreten kleiner Landstücke brachte für die Eigentümer eher Vor- als Nachteile. Bei dem vielfach noch unklaren Grenzverlauf ließ sich dadurch die Inbesitznahme auch nach außen dokumentieren, und es war eine gewisse Aufsicht über die frei weidenden Viehherden gegeben. Solche für 1629 erstmals archivalisch belegten *préstamos* wurden in erster Linie an Personen vergeben, mit denen sich der Grundherr in irgendeiner Form persönlich verbunden fühlte, häufig waren darunter entfernte Verwandte oder auch uneheliche Nachkommen. Für diese „Ausleihe“ von Land mußten die Begünstigten zunächst nur symbolische Abgaben leisten, erst später traten an ihre Stelle sehr viel weitergehendere Pflichten und Aufgaben. Aus den noch relativ freien *españoles pobres* wurden so im Laufe der Zeit die quasi leibeigenen *inquilinos* – eine Bezeichnung, die seit Mitte des 18. Jh. für derartige Kleinpächter gebräuchlich ist. Diese mußten für das Recht, ein bestimmtes Stück Boden zu nutzen und in einem meist vom Grundherrn errichteten Haus leben zu dürfen, genau festgelegte Dienstleistungen erbringen. Daraus hat sich allmählich das für Chile bis heute kennzeichnende System indirekter Landbewirtschaftung in Form der *inquilinaje* herausgebildet (Góngora 1974).

An der damals entstandenen Agrarsozialstruktur mit dem *hacendado* und den von ihm abhängigen *inquilinos* auf der einen und geringen Resten indianischen oder mestizischen Kleinbesitzes auf der anderen Seite hat sich über mehr als zwei Jahrhunderte nur wenig geändert. Auch die Unabhängigkeit des Landes stellte in dieser Hinsicht keinen tieferen Einschnitt dar. Zwar war das klassische *encomienda*-System schon 1720 endgültig verboten und damit die Verpflichtung zu persönlichen Dienstleistungen aufgehoben worden (Mc Bride 1973), in der Praxis hatte dieses Gesetz jedoch keinerlei Auswirkungen, denn an die Stelle der versklavten Indios wa-

Abb. 29: Veränderung der Betriebsgrößenstruktur im Puangue-Tal 1690-1953

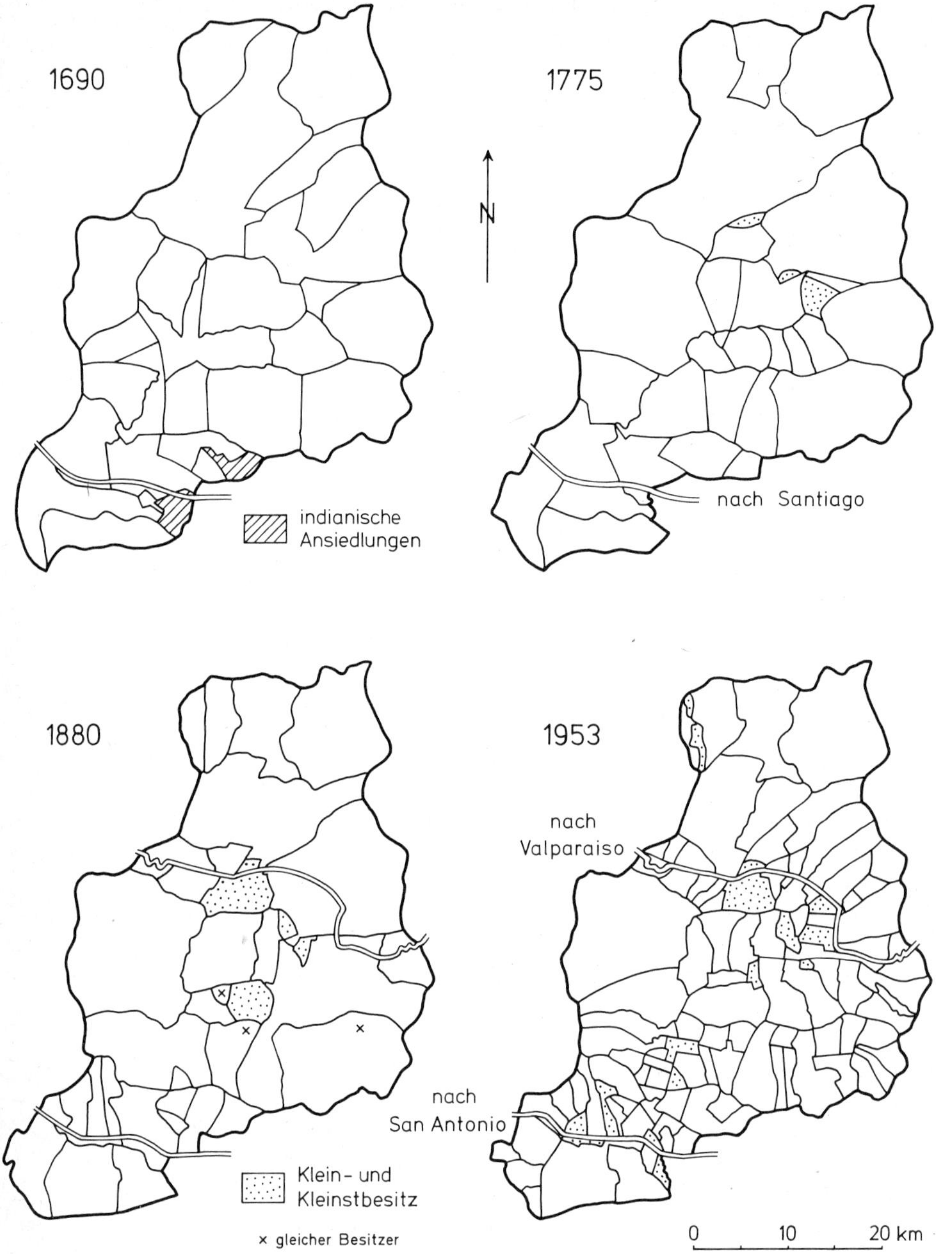

Quelle: Borde & Góngora 1956

ren längst die *inquilinos* getreten, die nach wie vor auf das Wohlwollen ihres *patrón* angewiesen waren.

Die großen Familien des Landes sorgten dafür, daß die kolonialzeitlichen *haciendas* bis in die zweite Hälfte des 19. Jh. ihren Bestand nahezu ungeschmälert wahren konnten. Vor allem wenn eine ganze Reihe von Besitztümern in einer Hand lag, fiel es nicht schwer, im Erbfall auf eine Unterteilung der Betriebe zu verzichten. Bezeichnenderweise sind frühe Aufteilungen gerade in solchen Fällen zu finden, in denen Familien nur über einen relativ beschränkten Landbesitz verfügten. Gelegentlich wurde auch durch die Einrichtung von sogenannten *mayorazgos* (Erbhofgesetze) festgelegt, daß der Besitz nur an den Erstgeborenen übertragen werden konnte. Die nach Borde & Góngora (1956) erarbeitete Kartenfolge für das Tal des Río Puangue (westlich von Santiago) dokumentiert diese Stabilität der Besitzstruktur zwischen 1690 und 1880 (Abb. 29). Es sind zwar auch in dieser Zeit zahlreiche Käufe und Verkäufe vorgekommen, aber die Größe der *haciendas* änderte sich dabei meist nur wenig.

Bis zum Beginn des 18. Jh. betrieben die Spanier auf ihren ausgedehnten Ländereien im wesentlichen eine extensive Viehzucht. Die Verwaltung dieser *estancias ganaderas* lag häufig in den Händen eines *mayordomo* (Verwalter), und der Eigentümer lebte den größten Teil des Jahres in Santiago, gelegentlich auch in kleineren Landstädten (Absentismus). Es bestand damals weder ein Anreiz noch eine Notwendigkeit zu intensiverer Nutzung.

Anstoß für einen ersten inneren Ausbau der Betriebe gaben die um 1700 in Gang kommenden Weizenexporte nach Peru. 1687 wurden Lima und seine Umgebung von einem Erdbeben schwer getroffen und dabei wurden viele Bewässerungsanlagen zerstört. Da zur gleichen Zeit der Weizen von einer Pflanzenkrankheit befallen wurde, mußte chilenisches Getreide importiert werden. Wegen der höheren Preise war damals der Drang zum Export so stark, daß zeitweilig jede Getreideausfuhr aus der Umgebung von Santiago verboten werden mußte (1695), um den internen Bedarf decken zu können (Sepúlveda 1956). Später kamen andere ausländische Märkte hinzu, wie beispielsweise Kalifornien und Australien zur Zeit der ersten Goldfunde um 1850, und in der zweiten Hälfte des 19. Jh. in zunehmendem Maße auch das sich industrialisierende Europa (insbesondere Großbritannien).

Für die chilenischen Landwirte war eine Ausdehnung des Weizenanbaus aus klimatischen Gründen nur möglich, wenn neue Bewässerungskanäle angelegt wurden. Um das dafür benötigte Kapital zu erhalten, gingen einzelne Großgrundbesitzer dazu über, die für sie weniger wertvollen Teile – und das waren jetzt die nicht bewässerbaren Flächen – zu verkaufen oder zu verpachten. Ein Teil der Besitzlosen konnte auf diese Weise zu einem eigenen, meist allerdings gar nicht oder nur in geringem Umfang bewässerungsfähigen Stück Land kommen und damit zum Mittel- oder Kleinbauern, dem typischen *huaso chileno,* aufsteigen (Smole 1963). Vielfach waren allerdings die in Eigenregie bewirtschafteten Areale nicht groß genug, um auf Dauer einen ausreichenden Lebensunterhalt sicherzustellen; diese *minifundistas* waren dann gezwungen, nebenbei noch als *peones* (Tagelöhner) auf den großen, heute meist als *fundos* bezeichneten Gütern zu arbeiten.

Diese größtenteils privatwirtschaftlich organisierte, frühe Ausweitung der Bewässerungsflächen legte den Grundstock für die bis heute charakteristische Zweiteilung der mittelchilenischen Kulturlandschaft in das *campo de regadío* (Bewässerungsland) auf den Talböden und ebenen Flächen und das *campo de rulo* (Trockenfeldbauland) in den Berg- und Hügelländern.

Nach dem Pazifischen Krieg hat sich die bewässerte Fläche – jetzt vor allem im Zuge staatlicher Großprojekte – nochmals kräftig ausgedehnt. Zwischen 1875 und 1936 nahm sie etwa um das Dreifache zu, der damals erreichte Stand hat sich bis in die Gegenwart kaum verändert (1936: 1,21; 1975: 1,26 Mill. ha). Diese zweite Ausbauphase während des Salpeterbooms führte auch im Bereich des Großgrundbesitzes zu vermehrten Aufteilungen. Auch unabhängig vom Verbot des *mayorazgo* (1857) war die Bodenmobilität jetzt sehr viel größer als früher. Bevölkerungswachstum und der damit einhergehende zunehmende Bedarf an Agrarprodukten auf dem Binnenmarkt ließen die Nachfrage nach Land erheblich ansteigen, zumal auch in anderen Wirtschaftszweigen reich gewordene Bevölkerungsgruppen als Geldanlage bevorzugt Bodenbesitz anstrebten. Durch seine Steuerpolitik hat der Staat diese Tendenz weiter gefördert, denn bis in die 50er Jahre blieben die Steuersätze für Grund und Boden minimal. In Einzelfällen konnten aus solchen Landkäufen auch neue große *fundos* entstehen, gewöhnlich führte der einmal eingeleitete Aufteilungsprozeß jedoch zu einer Vielzahl von Klein- und Kleinstbetrieben und konnte bis zur „Atomisierung" der Betriebe fortschreiten.

Alaluf (1961) hat eines der wenigen Beispiele, in denen sich diese Entwicklung anhand von Katasterplänen genauer verfolgen läßt, näher untersucht. Im Gebiet von Llallauquén am Río Rapel war um 1900 eine Gesamtfläche von 362 ha auf 24 Besitzer mit je einer Parzelle aufgeteilt. In nur gut 50 Jahren wuchs die Zahl der Besitzer auf 119, die der Parzellen sogar auf 168. Auch die Gegenüberstellung der beiden Karten aus den Jahren 1880 und 1953 für das schon erwähnte Beispiel des Puangue-Tales (Abb. 29) kann diese um 1850 verstärkt einsetzenden jungen Aufteilungen belegen.

Mit der wachsenden Bedeutung der Bewässerungslandwirtschaft zeigte sich sehr schnell, daß die ausgedehnten kolonialzeitlichen Schenkungen höchst unterschiedlichen Wert besaßen. Die Größe der Besitzungen spielte nunmehr eine untergeordnete Rolle, entscheidend war vielmehr, inwieweit sie eine Ausdehnung der bewässerten Areale ermöglichten. Selbst Riesenbetriebe waren jetzt benachteiligt, wenn sie nur über kaum nutzbare Steppenbergländer verfügten und an den ebenen Flächen der Talböden nur geringen Anteil hatten oder die Wasserzufuhr unregelmäßig und unzureichend war. Die hier lebenden Familien sahen sich im Erbfall meist nicht in der Lage, einen Teil der Nachkommen auszuzahlen und konnten so die rasch voranschreitende Besitzzersplitterung kaum verhindern. Vielfach wurde dabei nur das Bewässerungsland systematisch vermessen und aufgeteilt, während die nicht bewässerbaren Flächen einer gemeinsamen Nutzung aller Berechtigten zugänglich blieben. Ein Beispiel dafür ist mit den *comunidades* im Kleinen Norden schon gegeben worden (vgl. Kap. 3.5).

Mit dem in den 20er Jahren einsetzenden Bevölkerungswachstum bei gleichzeitiger Stagnation des Agrarsektors ist diese Entwicklung weiter vorangeschritten. Wie sehr sich die Besitzverhältnisse dabei verfilzen konnten, wird am Beispiel des Kleinbesitzgebietes der *Isla de Briones* (vgl. Kap. 5.2) noch im einzelnen dokumentiert. Diese und andere Fallstudien widersprechen entschieden der weit verbreiteten Annahme, daß die typischen *minifundio*-Gebiete ausschließlich auf ursprünglich indianische Ansiedlungen zurückgehen. Gewiß lassen sich auch dafür Beispiele finden, in der Regel ist die Fluraufsplitterung aber eine recht junge Erscheinung, die häufig erst um oder sogar nach 1800 einsetzte.

Solche Gruppensiedlungen mit kleinparzellierter Flur sind von Weischet (1970; in Anlehnung an Baraona u.a. 1960), Weischet & Schallhorn (1974) sowie Golte (1976) insbesondere für *rinconadas* (das sind Ausbuchtungen, mit denen Längssenke und Flußtäler gegen höhere Berg- und Hügelländer stoßen) beschrieben worden. Ebenso häufig befinden

Abb. 30: Schematische Darstellung der Besitzverteilung und der traditionellen sozialen Hierarchie auf dem Lande 1965

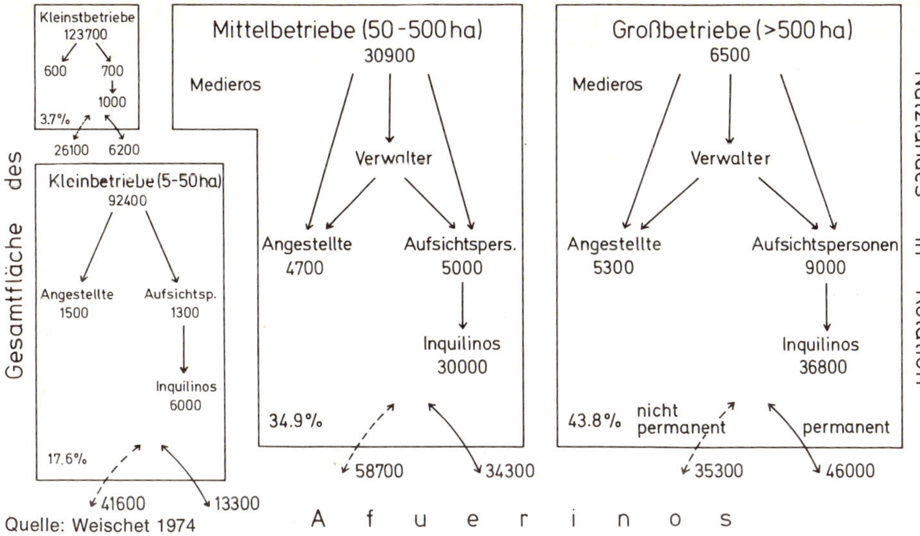

Quelle: Weischet 1974

sie sich jedoch auch an anderen Standorten, und ebenso häufig halten sich die Betriebsflächen großer Güter an *rinconadas* und ähnliche Randgebiete (Rother 1977a). Eher besteht schon ein Zusammenhang zwischen kleinparzellierter Flur und ungünstigen natürlichen Gegebenheiten wie schlechten Böden oder Wassermangel, die bei fehlendem Kapital oder ungenügender Bewirtschaftung zur Landaufteilung zwingen konnten. Daß es sich bei Räumen mit extremer Parzellierung vielfach – so die Hypothese von Weischet & Schallhorn (1974) – um Ausgangspunkte der ibero-chilenischen Kulturlandschaftsentwicklung handelt, steht dem nicht entgegen, haben doch ehemals bevorzugte Standorte, wie die Lage auf relativ schmalen, hochwasserfreien Terrassen oder vor ausmündenden *quebradas*, mit der Ausweitung der Bewässerungskulturen auf die großen Akkumulationsebenen mehr und mehr ihre ursprüngliche Gunst verloren.

Versucht man, die agrarsoziale Situation, wie sie sich vor Beginn der Bodenreform darstellte, zusammenfassend zu charakterisieren, so kann man feststellen (vgl. Abb. 30):

1. Aus Landschenkungen und Belehnungen der spanischen Krone entwickelte sich der bis zur Agrarreform bestehende Großgrundbesitz, sofern es sich um ertragreiche Bewässerungsländereien handelt.
2. Eine mittelbäuerliche Schicht fehlt im zentralen Kernraum Chiles nahezu vollständig, nur in den Kolonisationsgebieten des Südens ist sie stärker vertreten.
3. Klein- und Kleinstbesitz *(minifundios)* gehen einmal auf Rückzugsgebiete der indianischen Bevölkerung zurück, zum anderen entstanden sie aus Landverkäufen, die mit der im 18. Jh. einsetzenden Intensivierung der Landwirtschaft zusammenfallen oder durch eine schnelle Teilung wenig kapitalkräftiger Betriebe in ungünstiger naturgeographischer Situation.
4. Gemeinschaftsbesitzungen *(comunidades)* sind nicht nur in den Indianerreduktionen der *Frontera*, sondern auch in anderen Landesteilen erhalten. Hier gingen sie dann aus kolonialzeitlichen *encomiendas* oder *mercedes* hervor, wenn sich diese weitgehend auf nur extensiv nutzbare Steppenländereien beschränkten.

5.2 Beispiel: Isla de Briones, ein minifundio-Gebiet in Mittelchile

Eine 1977 vom *Instituto de Desarrollo Agropecuario* (INDAP) vorgelegte Studie weist aus, daß es in Chile insgesamt 3662 *minifundio*-Gebiete gibt. Unter einem *minifundio* wird dabei gemäß dem Agrarreformgesetz von 1967 jedes Besitztum verstanden, das die für eine *unidad agrícola familiar* erforderliche Größe nicht erreicht. In diesen vom Klein- und Zwergbesitz geprägten Räumen leben immerhin knapp 152 000 Familien und bewirtschaften eine Fläche von ca. 4 Mill. ha; das sind gut 6% des Bewässerungslandes, 24% des ackerfähigen und 16% des nichtackerfähigen Trockenlandes. Wie schwierig die wirtschaftliche Lage der *minifundistas* heute ist, geht schon daraus hervor, daß die genannte Institution in nur 15% der Fälle gewisse Verbesserungsmöglichkeiten sieht.

Das hier vorgestellte, von Golte (1976) eingehend untersuchte *minifundio*-Gebiet liegt 23 km südöstlich von San Fernando, der Provinzhauptstadt Colchaguas und ist mit nur 140 km auch von der Metropole Santiago nicht allzuweit entfernt. Die Analyse der agrar-sozialen Verhältnisse in diesem Raum vermag nicht nur ein Beispiel für die unzureichende Lebensbasis eines großen Teiles der auf dem Lande lebenden Menschen zu geben, zugleich können daraus auch Folgen und Begleitumstände der Verstädterung aus der Perspektive des ländlichen Raumes beleuchtet werden. Die Agrarreform hat an der beklagenswerten wirtschaftlichen Lage der meisten *minifundistas* nichts geändert, und ihre Zahl hat sich durch weitere Betriebsteilungen im Jahrzehnt zwischen 1965 und 1976 eher noch erhöht (Tab. 25). Obwohl im Gesetz von 1967 ausdrücklich angesprochen, blieb das Problem wohl wegen seiner erheblichen Dimension und weil sich kaum Ansätze für leichte und vor allem schnelle Lösungen anboten, bei allen Veränderungen im Agrarbereich vollkommen ausgeklammert. Vielfach hat sich die Reform für die Kleinbesitzer sogar negativ ausgewirkt, so beispielsweise, wenn dadurch die Möglichkeit zum unerläßlichen Nebenerwerb auf den großen *fundos* drastisch eingeschränkt wurde. Mehr denn je ist daher heute eine Tätigkeit außerhalb der Landwirtschaft (z. B. als Tages- oder Wochenpendler) zum bestimmenden Kennzeichen der verkehrsmäßig nicht allzu ungünstig gelegenen *minifundio*-Gebiete geworden.

Die *Isla de Briones* trägt ihren Namen wegen ihrer Lage in einem Winkel, den die beiden von der *Cordillera Alta* herabkommenden Flüsse Tinguiririca und Claro kurz vor ihrer Vereinigung bilden. Der zwischen den beiden Flüssen liegende Rücken *(Llano)* wird überwiegend als *campo de rulo* (extensive Weidewirtschaft) genutzt, nur dort, wo er in mehreren Terrassen zum Río Tinguiririca abfällt (im *Bajo de Briones*), liegt der gut bewässerbare *campo de regadío* (Abb. 31).

Die Besitzverhältnisse in diesem Raum lassen sich ziemlich genau bis ins 18. Jh. zurückverfolgen (wie im folgenden auch nach Golte 1976). Das heutige *minifundio*-Gebiet war damals noch Teilstück eines ca. 4000 ha großen *fundo*, der das gesamte Land zwischen den beiden genannten Flußläufen umfaßte und im Osten bis in die Hochkordillere reichte. Die Anfänge der späteren Besitzzersplitterung wurden im Jahre 1787 gelegt, als man den *fundo* erstmals unter sechs Erben aufteilte. Eines dieser Erbteile umfaßte den in Abb. 31 kartierten Ausschnitt, d. h. den *Bajo de Briones* und Teile des benachbarten *Llano;* aus einem anderen ist der angrenzende *Fundo Santa Rita* hervorgegangen. Während im erstgenannten Abschnitt mit der weiteren Teilung des Landes unter elf Kindern im Jahre 1822 die Besitzzersplitterung nicht mehr aufzuhalten war, wechselte der Nachbarfundo durch Verkauf mehrmals den Besitzer und blieb als Großbetrieb bestehen. Durch Zukäufe im *minifundio*-Gebiet vergrößerte sich die Gesamtfläche noch weiter.

Abb. 31: Besitzverhältnisse und Einkünfte außerhalb der eigenen Landwirtschaft im minifundio-Gebiet der Isla de Briones 1973

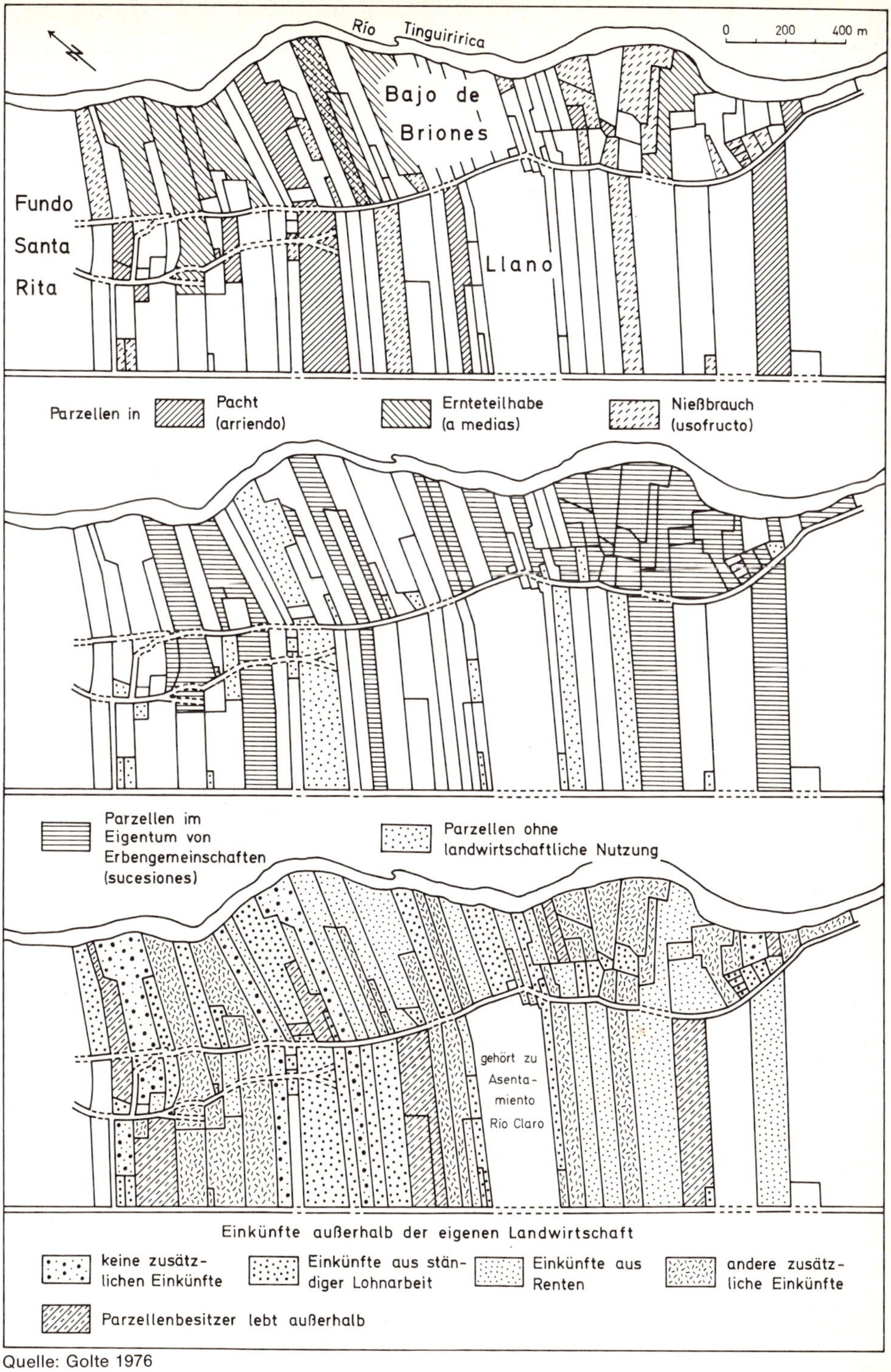

Quelle: Golte 1976

Die Tatsache, daß zwei naturräumlich ganz ähnlich ausgestattete Gebiete, wie hier der *Fundo Santa Rita* und die *Isla de Briones*, eine völlig verschiedene Entwicklung nehmen konnten, macht deutlich, daß es häufig eher „Zufälligkeiten" gewesen sind, die zu den heutigen Besitzverhältnissen geführt haben. Beide Teile dürften aufgrund ihrer Gunstlage im *rincón* ganz sicher schon früh unter Kultur genommen worden sein, trotzdem erfaßten die Ende des 18. Jh. einsetzenden besitzrechtlichen Veränderungen nur einen Abschnitt. Das sollte vor dem verallgemeinernden Schluß warnen, daß alle Ausgangsräume der ibero-chilenischen Kulturlandschaftsentwicklung sich heute durch extreme Landaufteilung zu erkennen geben müssen (Golte 1976).

Die Besitzverhältnisse auf der *Isla de Briones* erwiesen sich bei den späteren Aufteilungen und Verkäufen vor allem deshalb als kompliziert, weil man bis etwa 1930 bei der aus der Kolonialzeit ererbten Gewohnheit blieb, nur den *campo de regadío* genauer zu vermessen und zu parzellieren, das Trockenland dagegen weiterhin gemeinsam zu nutzen. Jedes Mitglied einer Erbengemeinschaft *(sucesión)* konnte demgemäß Vieh auf dem *Llano* weiden lassen und dort Brennholz schlagen.

Waren es zunächst vorwiegend Streitigkeiten mit dem angrenzenden *fundo*, die aus solchen ungeklärten Rechtsverhältnissen resultierten, so kam es nach 1933 auch zu zahlreichen Auseinandersetzungen zwischen den *minifundistas*. Einzelne Mitglieder der *sucesión* begannen damals, ihre Anrechte am *Llano* an Ortsfremde zu verkaufen. Da über die veräußerten Stücke keinerlei Besitztitel existierten, schnitten die Käufer häufig mehr oder weniger willkürlich einzelne Abschnitte aus dem Gemeinschaftsland heraus. Auf der Südseite der nach San Fernando führenden Hauptstraße entstand aus solchen Verkäufen der 30er Jahre sogar wieder eine größere Besitzeinheit, der *Fundo Río Claro* (seit der Agrarreform als *asentamiento* geführt, vgl. Kap. 5.3). Die Kette der Prozesse bis hin zum obersten Gericht endete 1940 mit der Aufteilung des gesamten *Llano* auf die Einzelmitglieder der *comunidad*. Diese haben in den folgenden Jahren zu einem nicht geringen Teil ihre Anteile ebenfalls verkauft, so daß heute etwa die Hälfte der Landbesitzer auf dem *Llano* von außerhalb stammt.

Als Endergebnis dieser nunmehr fast zwei Jahrhunderte andauernden endlosen Reihe von Erbteilungen, von Käufen und Verkäufen bietet sich heute das folgende Bild: Im genauer kartierten Ausschnitt von 139 ha auf dem *Llano* und 93 ha im *Bajo* gehören insgesamt 94 bzw. 90 ha den ansässigen Kleinbesitzern (73 Haushalte mit 385 Personen, entspricht 209 Ew./km²; Abb. 31); der Rest wird durch außerhalb Wohnende bzw. vom *Asentamiento Río Claro* genutzt.

Ein erheblicher Teil der Parzellen befindet sich noch immer im Eigentum von Erbengemeinschaften, deren einzelne Mitglieder zwar einen bestimmten Anspruch haben, jedoch nicht über entsprechende Besitztitel verfügen. Die sich dahinter verbergende, rechtlich gar nicht sichtbare Besitzzersplitterung kann soweit gehen, daß in einer *sucesión* 25 Personen ein nur sechs ha großes Stück Land als Gemeinschaftseigentum halten. Genutzt werden die Parzellen in solchen Fällen meist aber nur von den ortsansässigen Mitgliedern. Da jedoch auch die Fortgezogenen weiterhin ihre Rechte geltend machen können und gern nach der Ernte für kurze Zeit nach Hause zurückkehren, um sich ihren Teil in Form eines Sackes Getreide oder einer Ziege zu holen, verbesserte sich trotz der Abwanderung die Lage der im Ort Verbliebenen nur wenig.

Die hohe Bodenmobilität durch Käufe und Verkäufe und die Abwanderung vieler an Erbengemeinschaften beteiligten Familien macht verständlich, daß ein großer Teil der Parzellen nicht vom Eigentümer selbst bewirtschaftet, sondern verpachtet *(arriendo)*, in Nießbrauch *(usofructo)* oder *a medias*

(Halbpacht; die Ernte wird zwischen Eigentümer und Bearbeiter geteilt) vergeben wird (Abb. 31).
Die auf den einzelnen Bewirtschafter im Durchschnitt entfallende Fläche von 2,5 ha – wobei die Spanne von wenigen Quadratmetern bis zu 15 ha reicht und keineswegs ausschließlich bewässerungsfähiges Land darstellt – kann kaum noch als ausreichende Ackernahrung für die dort lebenden Familien angesprochen werden. Ein Verkauf der angebauten Agrarprodukte – in der Hauptsache Bohnen *(porotos)*, Mais und Kartoffeln – ist daher schon gar nicht möglich. Eher wird gelegentlich ein Stück Vieh veräußert, da die einzelnen Familien häufig zusätzlich Weideflächen in der Kordillere besitzen oder gepachtet haben.
Diese unzureichende agrarische Basis erklärt, daß von den 73 befragten Haushalten nurmehr drei ausschließlich von Einkünften aus der eigenen Landwirtschaft leben. Ihnen stehen 24 Haushalte gegenüber, die ihre meist nur sehr kleinen Parzellen noch nicht einmal zur Eigenversorgung nutzen. Die verbleibenden 46 Kleinbesitzer sind auf mehr oder weniger umfangreichen Zu- oder Nebenerwerb angewiesen. Traditionsgemäß spielen dabei Tätigkeiten, die in engem Verhältnis zur Landwirtschaft stehen, eine wichtige Rolle; z. B. eine ständige oder zeitweilige Beschäftigung auf den angrenzenden *fundos*, eine Arbeit als Viehhirt, in der Köhlerei oder beim Holzsammeln. Die Hälfte der befragten Erwerbstätigen ist aber bereits in den verschiedenartigsten handwerklichen und gewerblichen Berufen und auch im Dienstleistungsbereich tätig.
Einzelne der auswärts Beschäftigten kehren sogar nur am Wochenende auf die *Isla* zurück, ihre Arbeitsstätte liegt in diesen Fällen im 65 km entfernten Rancagua, das nicht nur als Verwaltungs- und Einkaufszentrum größere Bedeutung als die Provinzhauptstadt San Fernando hat, sondern auch Standort eines Automontagewerkes und einiger kleinerer Industriebetriebe und vor allem der Minenverwaltung von El Teniente ist (Rother 1977a).
Die Beschäftigung außerhalb des Heimatortes ist vielfach nur der erste Schritt auf dem Wege zu einer definitiven Abwanderung. Es ist bezeichnend für die Bevölkerungsstruktur dieses *minifundio*-Gebietes, daß einerseits aufgrund des Kinderreichtums sehr große Haushalte noch recht häufig vorkommen, andererseits aber auch Ein- und Zweipersonenhaushalte überdurchschnittlich stark vertreten sind. Da vielfach nur die älteren Mitglieder einer Familie oder Erbengemeinschaft auf dem Lande verbleiben, weist die Bevölkerungspyramide in den wirtschaftlich aktiven Jahrgängen erhebliche Lücken auf.
Die seit Jahrzehnten anhaltende Emigration dürfte zusammen mit der Existenz anderer Einkommensquellen dafür verantwortlich sein, daß die Landwirtschaft auf der *Isla* vollständig stagniert oder sogar im Rückzug begriffen ist, daß also „die ohnehin auf ein Minimum geschrumpfte landwirtschaftliche Basis vielfach auch noch unzureichend genutzt wird“ (Golte 1976). Der Begriff *minifundio* beinhaltet – und dies wird durch das gewählte Beispiel belegt – heute mehr als nur Klein- und Kleinstbesitz mit unzureichender Ackernahrung; die zunehmend komplexer gewordene Wirtschafts- und Sozialstruktur solcher Räume ist zugleich Ausdruck einer weitgehenden Auflösung der traditionellen Agrargesellschaft.

5.3 Veränderungen durch Agrarreformen

Die aus der Kolonialzeit überkommene Agarstruktur durch eine stärkere Streuung des landwirtschaftlichen Grundeigentums zu verändern, war das erklärte Ziel aller Reformen im Agrarbereich. Dadurch sollten die Agrarproduktion erhöht, die Lebensverhältnisse auf dem Lande verbessert und die

Landflucht gesteuert werden (Rother 1973). Am chilenischen Beispiel können sehr unterschiedliche Ansätze zur Lösung der angesprochenen Probleme studiert werden. Im zeitlichen Verlauf reichten die Bemühungen von einer „marginalen Agrarreform“, bei der vorwiegend Kolonisationsprojekte durchgeführt und ertragssteigernde Maßnahmen eingeleitet wurden, über eine „konventionelle Agrarreform“ mit einer gemäßigten Enteignungspolitik bis hin zur „strukturellen Agrarreform“, bei der es zu einer substantiellen Modifizierung des institutionellen Rahmens und der Machtbeziehungen kam (García 1970).

Erste Versuche zu einer Verbesserung der Agrarstruktur wurden lange vor jenem spektakulären Gesetz von 1967, das zum ersten Mal eine weitgehende Enteignung als Mittel der Reform vorsah, in Angriff genommen. So kam es bereits 1928 zur Gründung der *Caja de la Colonización Agrícola*, deren Hauptaufgabe darin bestand, unzureichend bewirtschaftete private Ländereien aufzukaufen und sie – ebenso wie geeignete Fiskalländereien – an Siedler zu übertragen. Immerhin hat die *Caja* während der 34 Jahre ihres Bestehens mehr als 1 Mill. ha Land an 4206 Kolonisten vergeben. Die hohen Kosten einer solchen Agrarkolonisation haben allerdings dazu geführt, daß insgesamt gesehen nur einem geringen Teil der auf Land hoffenden Familien wirklich geholfen werden konnte und sich damit das traditionelle Verteilungsmuster des landwirtschaftlichen Grundeigentums kaum veränderte.

Der als konservativ geltende Präsident Alessandri (1958–64) schuf 1962 die gesetzlichen Grundlagen für die Reformpolitik der kommenden Jahre. Die Durchführung der Reform wurde einer neugegründeten Behörde, der *Corporación de la Reforma Agraria* (CORA), übertragen, die an die Stelle der alten *Caja* trat.

Die im Gesetz von 1962 vorgesehenen Enteignungsmöglichkeiten kamen bis zum Ablauf der Amtszeit von Präsident Alessandri kaum zum Tragen. Erst unter seinem Nachfolger, dem Christdemokraten Frei, wurden die entsprechenden gesetzlichen Regelungen voll angewandt und – nachdem der Eigentumsartikel der chilenischen Verfassung geändert war – 1967 durch noch weitergehende Bestimmungen ergänzt. Aus einer Agrarreform durch Kolonisation war eine Agrarreform durch Enteignung geworden. Hinter der damit eingeleiteten neuen Politik stand die Einsicht, daß die Diskrepanz zwischen schnellem Bevölkerungswachstum und einer nur langsam steigenden Agrarproduktion ohne massive Eingriffe in die bestehenden Besitz- und Einkommensverhältnisse nicht behoben werden könne.

Die chilenische Agrarreform der letzten eineinhalb Jahrzehnte läßt sich nach Rother (1973 u. 1977b) in drei Phasen unterteilen. Jeder Regierungswechsel markiert dabei einen scharfen Einschnitt. Ohne daß das Agrarreformgesetz von 1967 dazu geändert werden mußte, wurden jeweils neue Akzente gesetzt und andere Strategien verfolgt (vgl. dazu auch Ziche 1971, Ammon 1971, Kaufman 1972 und Weischet 1974).

Die Agrarreform unter dem Christdemokraten Eduardo Frei

Schon auf der Basis des alten, noch unter Alessandri verabschiedeten Gesetzes sind in den Jahren 1965–67 erste Enteignungsverfahren eingeleitet worden (immerhin 495 Betriebe mit 1,2 Mill. ha nach Weischet 1974). Grundlage aller späteren Veränderungen im Agrarbereich bildete jedoch das Gesetzeswerk vom 28. 7. 1967, das als das eigentliche Landreformgesetz bekannt wurde. Schon vorher war die Landbevölkerung unter großem propagandistischen Aufwand mit den Zielen der christdemokratischen Politik vertraut gemacht und ihr Zusammenschluß in *sindicatos* gefördert worden (1965 etwa 2000, 1970 140000 Mitglieder). Bedauerlicherweise wurde vor allem später – und ganz besonders unter der Volksfrontregierung – einer derartigen *promoción popular* (Volksaufklärung) mehr Gewicht beigemessen als den agrarwirtschaftlichen Erfordernissen; nicht zuletzt dadurch stieg die Zahl der Streiks von 97 zwischen 1960 und 1964 auf mehr als 2000 von 1964 bis 1968 (Calderón 1977).

Die Enteignungen, die die CORA gegen Entschädigung durchführte, waren von der Größe und dem Bewirtschaftungszustand der *fundos* abhängig. Als Höchstgrenze des landwirtschaftlichen Privateigentums wurden 80 ha Bewässerungsland in der Provinz Santiago festgelegt. Diese Basiseinheit *(riego básico)* änderte sich je nach den ökologischen Bedingungen, in besonders günstigen Fällen wie z. B. im Aconcagua-Tal konnte die reale Maximalgrenze noch unter 80 ha liegen, meist war der Wert jedoch wesentlich höher, zumal wenn keine Bewässerungslandwirtschaft betrieben wurde (z. B. in den Provinzen des Seengebietes ca. 500 ha, im extremen Süden sogar bis 50000 ha). Alle Güter, deren ha-Zahl die erlaubte Grenze überstieg, konnten enteignet werden, wobei dem Eigentümer das Recht zugestanden wurde, eine Basiseinheit als *reserva* zu behalten. Diese Vergünstigung galt aber nur für diejenigen Betriebe, die lediglich wegen „zu großer Fläche" und nicht wegen „schlechter Bewirtschaftung" enteignet wurden. Letztere und insbesondere solche, die der Eigentümer nicht selbst bewirtschaftete, gingen ungeschmälert in die Hände der CORA über und waren auch bei der Festlegung des Entschädigungsmodus benachteiligt. Die Mehrzahl der bis Mitte 1970 eingeleiteten Enteignungen (46%) bezogen sich auf die „schlechte Bewirtschaftung" der Besitztümer, nur 13% waren Verfahren nach Größe, und in 30% der Fälle wurden der CORA Ländereien zum Verkauf angeboten, um die dafür vorgesehenen günstigeren Abwicklungsbedingungen auszuschöpfen. Der Rest entfiel auf Enteignungen wegen verbotener Teilung und auf Betriebe, die sich im Eigentum juristischer Personen befanden (Ziche 1971). Man kann sich leicht vorstellen, daß die Begründung „schlecht bewirtschaftet" einen erheblichen Ermessensspielraum beinhaltete. Es ist daher kaum verwunderlich, daß die CORA in der Regel von diesem Enteignungsgrund ausging und eine Besserstellung oft nur in langwierigen Verhandlungen erreicht werden konnte.

Das der CORA zufallende Land wurde nun nicht wie früher üblich sofort parzelliert und an einzelne Siedler vergeben, vielmehr mußten alle enteigneten Besitztümer vor einer endgültigen Entscheidung über die zukünftige Eigentumsform ein Durchgangsstadium von drei bis fünf Jahren durchlaufen. Diese Übergangsphase sollte gleichzeitig dazu dienen, die von der Reform begünstigten ehemaligen Landarbeiter auf ihre spätere Tätigkeit vorzubereiten und eine gemeinschaftliche Landbewirtschaftung zu erproben. Zu diesem Zweck wurden zunächst sogenannte *asentamientos campesinos* eingerichtet, in denen alle männlichen Personen über 18 Jahre zusammengeschlossen waren, die auf dem betreffenden *fundo* zum Zeitpunkt der Enteignung gewohnt hatten. Die *asentamiento*-Zeit endete mit der *asignación*, einem Rechtsakt, durch den der Grund und Boden mit den Wirtschaftsgebäuden und anderen baulichen Anlagen einer neu gebildeten *cooperativa agrícola asignataria* übertragen wurde. Die *socios* dieser Kooperative konnten nunmehr nach dem Gesetz frei wählen, ob sie das Land weiterhin gemeinschaftlich bearbeiten wollten (bei 0,5 ha Eigenland) oder ob sie Individual- bzw. Mischeigentum bevorzugten. Der überwiegende Teil der *campesinos* entschied sich schon während der christdemokratischen Regierungszeit – wenn auch nicht immer ganz freiwillig – für Gemeinschaftseigentum (87% nach Broughton 1974).

Nach dem hier skizzierten Verfahren sind bis

Tabelle 21: Enteignungen landwirtschaftlicher Betriebe im Rahmen der chilenischen Agrarreform 1965–73

	Besitztümer	Gesamtfläche (in Mill. ha)	Bewässerungsland (in Mill. ha)	Ackerland ohne Bewässerung (in Mill. ha)	ansässige Familien (Schätzung)
Gesamt (Zensus 1964/65)	253 532	30,644	1,091	3,343	400 000
Enteignet bis 3. 11. 1970	1 408	3,565	0,291	0,369	21 000
Enteignet von 4. 11. 70 – 11. 9. 73	4 401	6,401	0,438	1,132	39 000
Insgesamt enteignet	5 809	9,966	0,729	1,501	60 000
Anteil des enteigneten Landes in %	2,3	32,5	66,8	44,9	38

Quelle: Rother 1973, persönliche Information der CORA 1977

Tabelle 22: Stand der chilenischen Agrarreform (31. 7. 1977)

	Besitztümer	Fläche (in Mill. ha)	Durchschnitt (in ha)	Fläche (in Mill. ha *riego básico*)	Durchschnitt (in ha *riego básico*)
Enteignungen 1965–73	5 809	9,966	1 716	0,896	154
Vollständige Rückgabe nach September 1973	1 499	2,117	1 412	0,127	85
Teilweise Rückgabe nach September 1973	2 158	0,688	319	0,109	50
Für eine Neuvergabe zur Verfügung	4 310	7,161	1 661	0,660	153
Übereignung an *cooperativas*	–	1,107	–	0,096	–
Individuelle Übereignung	35 683	1,954	55	0,351	10
Im Übereignungsvorgang	–	0,416	–	0,052	–
Nicht für eine Übereignung vorgesehen (besonders Wälder)	–	2,269	–	0,124	–
Übertragung an andere Institutionen	–	0,623	–	0,013	–
Noch nicht vergebene bzw. verplante Flächen	–	0,792	–	0,028	–

Quelle: Persönliche Information der CORA 1977

Tabelle 23: Anteil verschiedener Naturräume an den Enteignungen im Rahmen der chilenischen Agrarreform (in %)

Naturraum	nach Zahl der Besitztümer	davon unter Frei (in %)	nach Fläche	nach ha *riego básico*
Großer und Kleiner Norden (bis Provinz Coquimbo)	5,0	44	14,1	9,1
Nördliche Zentralzone (bis Provinz Colchagua)	37,0	29	26,3	44,7
Südliche Zentralzone (bis Provinz Arauco und Biobió)	33,3	23	17,2	25,5
Kleiner Süden (bis Provinz Llanquihue)	22,9	15	22,0	15,6
Großer Süden (Provinz Chiloé bis Magallanes)	1,8	10	20,4	5,0

Quelle: Persönliche Information der CORA 1977

Tabelle 24: Vergabe von Besitztiteln im Rahmen der Agrarreform (1965–1977) nach verschiedenen Naturräumen (in 1000 ha *riego básico*)

Naturraum	Enteignung	Rückgabe	in %	Übereignung an *cooperativas*	in %	individuelle Übereignung	in %	noch nicht vergeben	in %
Großer und und Kleiner Norden	81,1	10,2	12	34,8	43	21,5	27	14,6	18
Nördliche Zentralzone	400,7	94,5	24	33,7	8	163,5	41	109,0	27
Südliche Zentralzone	229,4	69,5	30	8,2	4	111,3	48	40,4	18
Kleiner Süden	139,5	57,2	41	11,5	8	33,8	24	37,0	27
Großer Süden	45,1	3,9	9	7,7	17	20,5	45	13,0	29
Gesamt	895,8	235,3	26	95,9	11	350,6	39	214,0	24

Quelle: Persönliche Information der CORA 1977

zum Amtsantritt des sozialistischen Präsidenten Allende (Nov. 1970) insgesamt 1408 Besitzungen mit einer Gesamtfläche von 3,6 Mill. ha enteignet und zu 766 *asentamientos* zusammengefaßt worden (Tab. 21). Davon hatten 109 bereits endgültig Besitztitel erhalten und waren damit zu *cooperativas agrícolas asignatarias* geworden (Broughton 1974, Rother 1973). Die regionalen Schwerpunkte der Reform lagen in dieser Zeit eindeutig in der Zentralzone und in den Oasentälern des Kleinen Nordens (Tab. 23). Das „junge“ Kolonisationsgebiet jenseits der *Frontera* blieb nahezu vollständig unangetastet, vor allem wohl deshalb, weil man durch Eingriffe in diese „intakte“, nach mitteleuropäischem Vorbild aufgebaute Landwirtschaft Einbußen bei der Nahrungsmittelproduktion befürchtete. Daraus wird bereits ersichtlich, daß die Christdemokraten trotz der vergleichsweise hohen Zahl von Enteignungen eine relativ gemäßigte und pragmatische Agrarpolitik betrieben haben und unüberlegte und überstürzte Veränderungen weitgehend vermeiden konnten. Denn alle Einsichtigen waren sich darüber im Klaren, daß die Reform nur gelingen würde, wenn angesichts der geringen Zahl qualifizierter Ausbilder und Betreuer in jedem Jahr nur eine überschaubare Menge von ehemals abhängigen Landarbeitern in die verantwortungsvolle Stellung eines selbständigen Landwirtes entlassen wurde (Rother 1973).

Die Agrarreform unter der Volksfrontregierung Allendes

Die *Unidad Popular* hat die Reform zunächst auf der gleichen gesetzlichen Grundlage fortgeführt, mit dem einzigen Unterschied, daß sie erheblich beschleunigt wurde. Schon in seinem Regierungsprogramm hatte sich Allende verpflichtet, in spätestens drei Jahren alle Großbetriebe zu beseitigen und – allerdings unter gravierender Fehleinschätzung der vorhandenen Möglichkeiten – verkündet, den Agrarsektor in diesem Zeitraum so zu reorganisieren, daß für alle *campesinos* Dauerbeschäftigung und gesichertes Einkommen garantiert wären (Weischet 1974). Das erste Planziel konnte schneller als ursprünglich vorgesehen verwirklicht werden. In knapp drei Jahren wurden 4400 *fundos* mit 6,4 Mill. ha Land enteignet, d.h. mehr als doppelt soviel wie unter der Regierung Frei. Schon Ende 1972 war der Großgrundbesitz in Chile fast vollständig verschwunden, und zum Zeitpunkt des Militärputsches im September 1973 gehörte ein Drittel der landwirtschaftlichen Nutzfläche, mehr als 40% der beackerten Fläche und zwei Drittel des Bewässerungslandes zum „reformierten Sektor" (Tab. 21).
In organisatorischer Hinsicht trat unter Allende insofern eine Neuerung ein, als die *asentamientos* durch *centros de reforma agraria* (CERA) ersetzt wurden. Im Gegensatz zum *asentamiento* bildete dabei nicht mehr ein einzelner enteigneter *fundo* eine Verwaltungseinheit, sondern zwei oder mehr Betriebe wurden zusammengefaßt, teilweise unter Einschluß benachbarter *minifundio*-Gebiete. Diese Maßnahmen zielten darauf ab, größere und damit rentablere Wirtschaftseinheiten zu schaffen und Arbeitskräfte, die nur zeitweise oder gar nicht auf den enteigneten Gütern beschäftigt waren, in den reformierten Bereich einzugliedern. Beim CERA gab es keine Arbeiter mehr, die nicht auch gleichzeitig Mitglieder waren; zusätzlich wurden alle Ehefrauen sowie Kinder und deren Familienangehörige über 16 Jahre aufgenommen. Dieser Personenkreis bildete zusammen die *asamblea general*, die aus ihrer Mitte verschiedene *comités* wählte, die für Versorgung und Gesundheitswesen *(comité de bienestar)*, Rechnungskontrolle *(comité de control)* und den Produktionsablauf *(comité de producción)* zuständig waren. Darüber hinaus organisierten sich die *campesinos* in *equipos de producción*, denen unterschiedliche Arbeitsbereiche wie z.B. Ackerbau, Viehzucht, Sonderkulturen, Bewässerung oder Maschinenpark anvertraut waren. Daß eine solche auf den Prinzipien fast vollständiger demokratischer Selbstbestimmung und extremer innerbetrieblicher Mitbestimmung aufgebaute „Überhazienda" (Weischet 1974) in der Praxis nur schwer funktionieren konnte, ist leicht vorstellbar und anhand vieler Beispiele zu belegen. Die zusätzliche Aufnahme von *minifundistas* und *afuerinos* forderte außerdem den Widerstand der *inquilinos* heraus, die ihre Rechte dadurch eingeschränkt sahen.
Es sind jedoch weniger solche organisatorischen Veränderungen gewesen, die die Reform in ihrer zweiten Phase bestimmten; sehr viel schwerwiegender war, daß die gesetzlichen Regelungen nicht mehr voll respektiert

(z.B. keine Entschädigung, Enteignung von Betrieben unter 80 ha *riego básico*, Einschränkung der *reserva*) und selbst die immer mehr um sich greifenden illegalen Landbesetzungen *(tomas)* von staatlicher Seite geduldet und sogar noch gefördert wurden. Nach Angaben von Bordes (1974) kam es allein 1971 zu 658 *tomas* gegenüber 368 im Jahre 1970 und 121 im Jahre 1969. Insgesamt trat dadurch eine erhebliche Rechtsunsicherheit ein, und die schon geringe Investitionsneigung der Landwirte nahm weiter ab. Teilweise wurden sogar der Maschinenpark oder die Viehbestände so schnell wie möglich verkauft, oder man verzichtete vollkommen auf die nächste Aussaat, da man nicht mehr sicher war, die Ernte auch wirklich einbringen zu können.

Unter der Volksfrontregierung griffen Enteignungswelle und *tomas* in vollem Umfang auch auf den Süden über. Die Landverluste haben hier die ehemaligen Eigentümer besonders hart getroffen, da sie nur in den seltensten Fällen – wie in der Zentralzone vielfach üblich – von einem anderen Hauptberuf lebten. Daß die Mehrzahl der in diesem Raum durchgeführten Enteignungsverfahren rechtlich nicht voll abgesichert war, geht schon allein daraus hervor, daß mehr als zwei Drittel der Flächen nach 1973 wieder an die Vorbesitzer zurückgegeben wurden (Tab. 24).

Mit dieser auf eine schnelle Enteignung des noch bestehenden Großgrundbesitzes ausgerichteten Politik ließ sich naturgemäß das bislang verfolgte Prinzip, die Agrarproduktion so wenig wie möglich zu beeinträchtigen, nicht mehr aufrechterhalten. Zwischen 1970 und 1973 mußte Chile einen einschneidenden Rückgang in der Nahrungsmittelerzeugung hinnehmen und die für andere Entwicklungsvorhaben dringend benötigten Deviseneinnahmen überwiegend zum Import von Agrarprodukten ausgeben (Duman 1974). Da im Mai 1973 etwa die Hälfte der enteigneten Güter nicht bewirtschaftet wurde, erhöhten sich die Ausgaben für Agrarimporte von gut 150 Mill. US-Dollar (1965) auf mehr als 300 Mill. (1973), und selbst damit konnte der Bedarf kaum gedeckt werden. Im Verlauf des Jahres 1973 kam es im ganzen Land und besonders in den Städten zu einer spürbaren Nahrungsmittelverknappung. Vor allen Geschäften bildeten sich lange Schlangen, Schwarzmarkt- und Hamsterkäufe waren an der Tagesordnung, und demonstrierende Hausfrauen zogen mit leeren Kochtöpfen durch die Straßen. Die darin zum Ausdruck kommende wirtschaftliche Misere hat entscheidend dazu beigetragen, daß viele Chilenen bereit waren, ein Eingreifen der Militärs als das „kleinere Übel" in Kauf zu nehmen.

Die Agrarreform unter der Militärregierung Pinochet

Als die Militärjunta im September 1973 die Macht im Staat übernahm, war die Bodenreform soweit fortgeschritten, daß alle Reserven im Bereich des Großgrundeigentums so gut wie erschöpft waren. Weitere Enteignungen waren auf der Basis der bestehenden Gesetze damit nicht mehr durchführbar. 1978 wurde daraus die Konsequenz gezogen und per Gesetzesdekret die Möglichkeit zur Enteignung landwirtschaftlicher Betriebe wieder aufgehoben. Angesichts der weiterhin bestehenden Nahrungsmittelknappheit und der Rechtsunsicherheit auf dem Lande zielte die neue Agrarpolitik in erster Linie auf eine Konsolidierung der Reform ab. Alle rechtmäßigen Enteignungen sind auch von der Militärregierung respektiert worden, auf Antrag der ehemaligen Eigentümer wurden lediglich die illegalen Übernahmen rückgängig gemacht und die gesetzlich vorgeschriebenen Entschädigungszahlungen wieder eingeführt. Das Ausmaß der rechtswidrigen Übergriffe in den vorangegangenen Jahren wird daraus deutlich, daß von den zwischen 1965 und 1973 enteigneten 5809 Besitztümern 1499 vollständig und 2158 teilweise an die Vorbesitzer zurückfielen, d.h. in über 60% der Fälle wurde eine nachträgliche Revision vorgenommen. Da es sich dabei jedoch überwiegend um Betriebe mittlerer Größenordnung (Tab. 22) handelte, verringerte sich die für eine Neuverteilung zur Verfügung stehende Fläche nur um 26%.

Einen deutlich anderen Akzent hat die gegenwärtige Regierung auch bei der Aufteilung der enteigneten Ländereien gesetzt. Während unter Allende eine Vergabe an Einzelpersonen vollständig eingestellt worden war, werden jetzt ausnahmslos Familienbetriebe gebildet. Alle Formen des gemeinschaftlichen Eigentums sind politisch unerwünscht und zwar auch dann, wenn wirtschaftlich gesehen einiges für die Schaffung von größeren Einheiten spricht. Diese Vorstellungen kommen sicher einem großen Teil der Landbewohner entgegen, die schon immer für mehr Privateigentum eintraten und sich nur widerwillig an den *cooperativas* beteiligt hatten. Nur die im September 1973 schon bestehenden Genossenschaften – und das waren wegen der vorgeschriebenen Übergangszeit von drei bis fünf Jahren nicht sehr viele – wurden bislang noch nicht angetastet (Tab. 22). Zu einem späteren Zeitpunkt sollen diese aber, wenn es gewünscht wird, ebenso aufgeteilt werden. Rund 80% aller Kooperativen haben schon entsprechende Ansprüche angemeldet (Rother 1974). Nach der Übereignung der neugeschaffenen Familienbetriebe ist eine nach zwei Freijahren einsetzende und über dreißig Jahre verteilte Abbezahlung des Kaufpreises vorgesehen, wobei die Schulden mit 6% verzinst und an die Geldentwertung angepaßt werden.

Bis Mitte 1977 sind mehr als 35000 neue Besitztitel über fast 2 Mill. ha Land vergeben worden; im Durchschnitt umfassen diese neueingerichteten Betriebe 10 ha *riego básico*. Bei der Auswahl der Siedler wurde in erster Linie auf die Fähigkeit zu selbständiger landwirtschaftlicher Tätigkeit geachtet, zusätzlich wurden Familienstand und Kinderzahl berücksichtigt. Wie Tab. 22 zeigt, wird sich die Zahl der Begünstigten in Zukunft nicht mehr wesentlich erhöhen lassen, denn ein großer Teil der Areale, über deren endgültige Verwendung bislang noch nicht entschieden ist (z.B. Wälder, Gebirgsland), eignet sich kaum für eine Übertragung an Einzelpersonen. Selbst nach optimistischen Schätzungen könnten damit allenfalls noch weitere 8000 Familienbetriebe entstehen. Die von der Regierung zunächst ins Auge gefaßte Zielvorgabe von 90000 neuen *unidades agrícolas familiares* läßt sich also auf keinen Fall erreichen. Hinzu kommt, daß auch jetzt von einer behutsam durchgeführten Politik nicht die Rede sein kann. Die CORA war bis zu ihrer Auflösung im Dezember 1978 mit nichts anderem beschäftigt, als zu vermessen, abzugrenzen, Grenzsteine zu setzen und Eigentumstitel zu vergeben. Zeit für die flankierenden Maßnahmen blieb nicht (Rother 1977b). Die ehemaligen Landarbeiter sehen sich deshalb häufig außerstande, die zugewiesenen Parzellen rentabel zu bewirtschaften, zumal auch in der Agrarpolitik die Protektion durch den Staat mehr und mehr abgebaut wird (vgl. Kap. 5.5). Ein Beleg dafür kann in der Tatsache gesehen werden, daß 27% der neuen Parzellenbesitzer mit der ersten Abzahlungsrate im Rückstand blieben. Wie Rother (1977b) berichtet, haben sogar vereinzelt ehemalige Landarbeiter die ihnen übereigneten Grundstücke dem alten Eigentümer wieder geschlossen zum Kauf angeboten. Derartige Veräußerungen sind allerdings nicht ohne weiteres möglich, da sie einer Genehmigung der Agrarreformbehörde bedürfen.

Um nach 50 Jahren Agrarreform in Chile eine vorsichtige Bilanz zu ziehen, ist festzuhalten, daß mit keinem der Reformansätze die grundlegenden Probleme auf dem Lande gelöst werden konnten. Als Beleg für diese These können vor allem zwei Punkte angeführt werden:

1. Auch bei einer so weitgehenden Enteignungspolitik, wie sie in Chile zuletzt betrieben wurde, sind die Landreserven nur begrenzt, und es können nicht alle Ansprüche auf Zuteilung von Parzellen befriedigt werden. Das gilt selbst für das kooperative Prinzip der Landverteilung, wenn auch nicht in gleichem Maße wie für die individuelle Eigentumsübertragung. So ist z. B. eine Verbesserung der Situation für die zahlreichen *minifundistas* in keiner der Reformphasen eingetreten. Auch die bisherigen Tagelöhner sind durch das Reformwerk eher schlechter gestellt worden. Nur wenn es gelingt, auch auf dem Lande und in kleineren Regionalzentren neue Arbeitsplätze außerhalb der Landwirtschaft zu schaffen, kann man auf längere Sicht die Lebensbedingungen der hier lebenden Menschen verbessern und einer weiteren Landflucht entgegenwirken.
2. Alle Ansätze sind über eine „Bodeneigentumsreform" nicht hinausgekommen bzw. haben diese aus politischen Gründen sogar bewußt in den Vordergrund gestellt. Zu einer wirklichen Agrarreform gehört jedoch weit mehr als eine bloße Umverteilung von Grund und Boden. Als wesentlicher Bestandteil muß eine allerdings weniger spektakuläre und überdies auch noch teure „Bodenbewirtschaftungsreform" hinzukommen. Nur dann wird es möglich sein, Produktionsrückgänge und wirtschaftliche Engpässe zu vermeiden und mittel- und langfristig auch eine Steigerung der Erzeugung zu erreichen. Von diesem Idealziel war Chile selbst während der Amtszeit von Präsident Frei weit entfernt, wenn auch hier das Bemühen, soziale Veränderungen durchzusetzen, ohne die „Schlacht an der Produktionsfront" (Weischet 1974) aus den Augen zu verlieren, am deutlichsten spürbar war.

5.4
Beispiel: Die Auswirkungen der Agrarreform in der mittelchilenischen Längssenke

Derartig einschneidende Veränderungen der Eigentumsverhältnisse, wie sie in Chile zwischen 1967 und 1973 abgelaufen sind, konnten nicht ohne Einfluß auf das agrarlandschaftliche Gefüge in den von der Enteignung besonders betroffenen Gebieten bleiben. Diesem raumwirksamen Aspekt der staatlichen Eingriffe ist Rother (1973) an Beispielen ausgewählter Betriebe in der nördlichen Zentralzone nachgegangen. Wenn auch seine Beobachtungen nur begrenzt verallgemeinerungsfähig sind, da sie sich ausschließlich auf die erste und den Beginn der zweiten Reformphase beziehen und die Ausgangssituation in den meisten der untersuchten Betriebe vergleichsweise günstig war, so sollen seine Ergebnisse dennoch hier etwas ausführlicher wiedergegeben werden, weil Möglichkeiten und Grenzen der Reform an konkreten Einzelfällen sehr viel plastischer in Erscheinung treten als in einer Vielzahl von summarischen Tabellen. Eine genaue quantitative Erfassung der Reformfolgen ist ohnehin zur Zeit noch nicht möglich, da der letzte Agrarzensus erst Anfang 1976 durchgeführt wurde und eine Veröffentlichung von Detailergebnissen nach allen Erfahrungen nicht vor 1980 zu erwarten ist.
Rother faßt die in der nördlichen Zentralzone beobachteten agrarlandschaftlichen Auswirkungen der Reform in fünf Punkten zusammen:

1. Auswirkungen im Eigentumsgefüge

Im zentralchilenischen Längstal wie auch in den Oasentälern des Kleinen Nordens setzte die Enteignungswelle relativ früh ein. Schon während der Amtszeit von Präsident Frei gelangte hier die Mehrzahl der großen Güter in die Hände der CORA, und die Eigentumsstruktur hat sich insbesondere in den oberen

Abb. 32: Beispiele für Agrarreform-Betriebe in der chilenischen Längssenke:

Asentamiento San Miguel bei Talca mit individueller Bewirtschaftung (oben) und Asentamiento Los Gomeros bei Rengo mit individuellem Hackfrucht- und genossenschaftlichem Saatgerste- und Futterbau (unten)

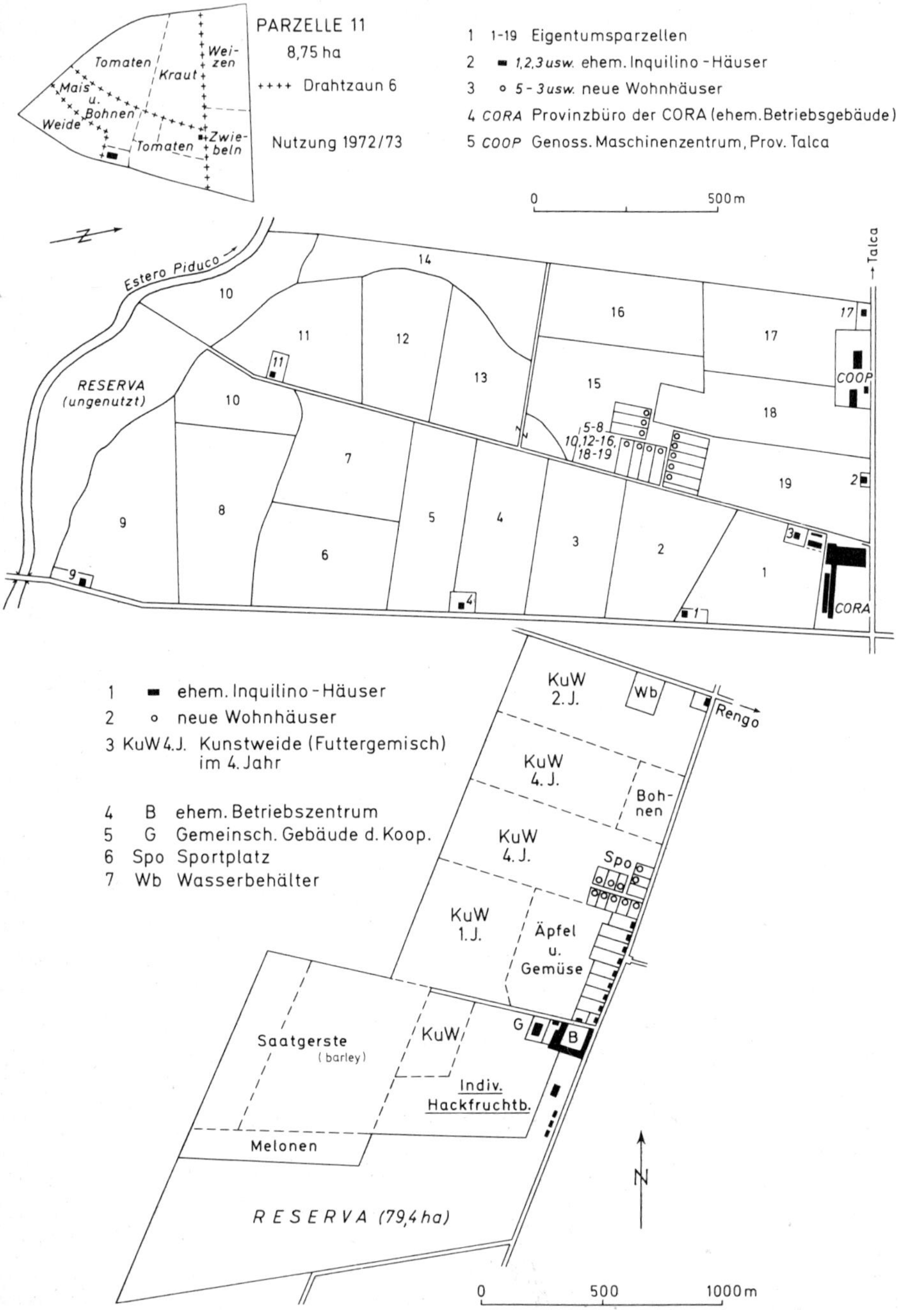

Quelle: Rother 1973

Tabelle 25: Vergleich der Betriebsgrößenstruktur vor und nach der Agrarreform
a) 19 Provinzen (Coquimbo – Llanquihue) 1965 und 1972

	1965		1972	
Betriebsgröße in ha	Anteil an der Gesamtzahl der Betriebe (in %)	Anteil an der Gesamtfläche in ha *riego básico* (in %)	Anteil an der Gesamtzahl der Betriebe (in %)	Anteil an der Gesamtfläche in ha *riego básico* (in %)
bis 5	81,4	9,7	79,3	9,7
bis 20	11,5	12,7	11,8	13,0
bis 40	3,0	9,5	3,3	11,6
bis 60	1,3	7,1	2,0	14,5
bis 80	0,8	5,7	1,6	12,8
≥80	2,0	55,3	0,1	2,9
reformierter Sektor	–	–	1,9	35,5

Quelle: Bordes 1974

b) Südliche Zentralzone (Provinzen Curicó, Talca, Linares, Maule) 1965 und 1976

Betriebsgröße	Anteil an der Gesamtzahl der Betriebe (in %)		Anteil am Nutzland in Rotation (in %)		Anteil am Bewässerungsland (in %)	
	1965	1976	1965	1976	1965	1976
<1 ha	17,7	16,8	0,6	0,6	1,0	1,0
1– 4,9	36,4	34,4	4,6	4,3	5,5	5,7
5– 9,9	13,0	10,8	4,3	4,1	3,4	4,5
10– 19,9	10,1	13,2	5,2	9,2	3,9	12,2
20– 49,9	9,8	11,3	8,0	13,5	5,7	14,1
50– 99,9	5,1	5,7	7,6	13,0	7,1	14,3
100–199,9	3,3	3,5	10,7	15,0	12,4	16,5
200–999,9	3,5	3,5	31,5	28,5	39,3	23,4
≥1000	1,1	0,8	27,5	11,8	21,7	8,3
Anzahl bzw. Fläche in ha	35 580	42 257	583 641	523 674	298 107	301 808

Quelle: Agrarzensus des INE

Betriebsgrößenklassen grundlegend verändert (Tab. 25). In der Regel entstand jeweils aus einem enteigneten *fundo* zunächst das *asentamiento* und später die *cooperativa agrícola asignataria*. Zu Zusammenlegungen, wie sie in späteren Phasen der Reform angestrebt wurden, kam es sehr selten, und auch eine Parzellierung der enteigneten Flächen wurde schon damals möglichst vermieden. Daraus ergibt sich, daß Grenzen und innere Gliederung der alten Besitztümer im Normalfall vollständig erhalten geblieben sind und sich auch das Flurbild kaum verändert hat. Aus den früheren, meist in große Blöcke aufgegliederten Gutsländereien wurden die gemeinschaftlich genutzten Fluren der Kooperativen und aus den Hausgärten der *inquilinos* die 0,5 ha großen Privatparzellen der Genossen. Sofern nicht wegen „schlechter Bewirtschaftung" enteignet wurde, grenzt die *reserva* des alten Eigentümers unmittelbar an die Genossenschaftsflur (Abb. 32). Nur dort wo ausnahmsweise Individual- oder Mischeigentum entstand, sind die großen Schläge der alten Güter in kleine Parzellen aufgegliedert, so beispielsweise im Falle des ehemaligen *Fundo San Miguel* bei Talca in 19 Bauernstellen mit je 8–10 ha (Abb. 32).

Heute dürfte ein solches Bild eher die Regel als die Ausnahme sein, denn auch in der Zentralzone werden inzwischen 85% der zugeteilten Ländereien als Einzelbetriebe und nur noch 15% als *cooperativas* bewirtschaftet.

2. Auswirkungen in der Betriebsweise

Naturgemäß lehnt sich die Betriebsweise eng an die vorgegebene Eigentumsform an. Da die meisten großen Güter vor 1973 zumindest für eine Übergangsphase in Gemeinschaftseigentum überführt wurden, arbeitete die Mehrzahl der Betriebe bis zu diesem Zeitpunkt auf kooperativer Grundlage, und es gab außerhalb der Hausgärten keinerlei individuell bebaute Flächen. Daß gerade eine solche gemeinschaftliche Nutzung einen langwierigen und nicht immer einfachen Lernprozeß voraussetzt und daher viel stärker, als es in den meisten Fällen wirklich geschehen konnte, durch eine sachgerechte Beratertätigkeit unterstützt werden muß, drückte sich in der sehr bald eintretenden und weit verbreiteten Unzufriedenheit mit diesem System aus. So waren die Mitglieder der Genossenschaften meist nicht damit einverstanden, daß alle Arbeiten gleich und meist nur mit dem gesetzlichen Mindestlohn (Riesco 1978) bezahlt wurden und damit vor allem die höher qualifizierten Kräfte benachteiligt waren. Die gewählten Leiter der Kooperativen verfügten häufig nicht über genügend Sachverstand, wie es für die Führung eines landwirtschaftlichen Großbetriebes nötig ist. Wenn dann wirtschaftliche Rückschläge eintraten, kam es nicht selten zum Streit in den Führungsgremien und zur Abwahl des Präsidenten. Überdies haben die nicht immer sehr geschickt auftretenden Berater der CORA gelegentlich noch zu einer Verschärfung der ohnehin schon angespannten Situation beigetragen. Die *campesinos* sahen in ihnen oft nur einen neuen *patrón*, der ihnen Anweisungen erteilte und sie bevormundete. All das macht es verständlich, daß der Ruf nach mehr Eigenland immer lauter wurde und die zugestandenen 0,5 ha übereinstimmend als völlig ungenügend bezeichnet wurden. Da die Agrarreformbehörde verständlicherweise den Forderungen nicht nachkommen konnte, weil ohnehin nicht genug Land zur Verfügung stand, versuchte man hier und dort das Gemeinschaftseigentum nachträglich ganz oder partiell untereinander aufzuteilen und individuell zu nutzen. So wird z.B. in der Genossenschaft *Los Gomeros* bei Rengo (Abb. 32) von jedem Mitglied neben der Hausparzelle ein ha Land „auf eigene Rechnung" bebaut. Obwohl derartige Maßnahmen den Intentionen der Reform zuwiderliefen, sind sie von der CORA stillschweigend geduldet worden, um einen allzu großen Produktionsrückgang zu vermeiden. In Extremfällen haben die Streitigkeiten unter den *socios* sogar dazu geführt, daß nur noch die 0,5 ha Eigenland bewirtschaftet wurden, die Gemeinschaftsländereien aber vollkommen brach liegen blieben. Wirklich zufrieden mit der Reform waren nur die wenigen Bauern, die auf den ihnen zugewiesenen eigenen Parzellen in kurzer Zeit einen bescheidenen wirtschaftlichen Erfolg erreichen konnten. Das gilt beispielsweise für den in Abb. 32 dargestellten, auf einen marktorientierten Gemüseanbau ausgerichteten ehemaligen *Fundo San Miguel*. Hier besteht nur ein lockerer genossenschaftlicher Zusammenschluß, der sich auf den Ankauf von Saatgut und Dünger sowie den Maschineneinsatz beschränkt; in Anbau und Verkauf ihrer Produkte sind die Landwirte vollkommen frei.

Auch die gemischte Betriebsweise hat sich recht gut bewährt, wenn etwa das Ackerland individuell und die Sonderkulturen (z.B. Wein) kooperativ genutzt werden.

Chile bestätigt damit die auch in anderen Ländern gemachte Erfahrung, daß Agrarreformen noch am ehesten gelingen können, wenn sie auf einem selbständig wirtschaftenden Klein- oder Mittelbauerntum aufbauen. Die gegenwärtige Militärregierung hat dar-

Tabelle 26: Landwirtschaftliche Betriebe und Nutzfläche nach Naturräumen 1965 und 1976

Naturraum	Betriebe 1965	Betriebe 1976	Fläche (in 1000 ha) 1965	Fläche (in 1000 ha) 1976	*cultivos anuales* (in 1000 ha) 1965	*cultivos anuales* (in 1000 ha) 1976	*cultivos permanentes* (in 1000 ha) 1965	*cultivos permanentes* (in 1000 ha) 1976	Durchschnittsgröße (in ha) 1965	Durchschnittsgröße (in ha) 1976	Durchschnittsgröße der *cultivos anuales* und *permanentes* (in ha) 1965	Durchschnittsgröße der *cultivos anuales* und *permanentes* (in ha) 1976
Großer und Kleiner Norden	19 317	26 484	5 674,8	5 764,6	54,4	65,9	14,3	14,3	294	218	3,6	3,0
Nördliche Zentralzone	65 799	81 964	3 955,3	4 391,5	324,2	290,8	70,4	83,9	60	54	6,0	4,6
Südliche Zentralzone	83 007	100 106	5 573,5	6 010,0	500,9	474,8	90,7	86,2	67	60	7,1	5,6
Kleiner Süden	68 785	88 168	5 671,2	6 375,2	433,7	362,1	20,4	14,5	82	72	6,6	4,3
Großer Süden	16 624	18 541	9 769,4	15 196,0	22,3	21,8	1,9	2,2	588	820	1,5	1,3
Gesamt	253 532	315 263	30 644,2	37 737,3	1 335,5	1 215,4	197,7	201,1	121	120	6,0	4,5

Quelle: Agrarzensus des INE

aus die naheliegende Konsequenz gezogen und nur noch Individualeigentum vergeben. Mit dieser politisch sicher geschickten und den Wünschen der Begünstigten entgegenkommenden Entscheidung konnte aber nur ein kleiner Teil der auf Land hoffenden Familien zufriedengestellt werden.

3. Auswirkungen in der Bodennutzung

Daß die Agrarreform die angestrebte Intensivierung der Landwirtschaft aufs Ganze gesehen nicht erreicht hat, geht aus den vorläufigen Daten des jüngsten Agrarzensus (1976) hervor (Tab. 26). Danach hat sich die Zahl der landwirtschaftlichen Betriebe durch die Reform aber auch durch andere Aufteilungen seit 1965 um 60 000 erhöht. Die mit jährlichen und Dauerkulturen bestellten Flächen konnten dagegen nicht bzw. nur in geringem Umfang ausgeweitet werden.

Eine Analyse von 79 Agrarreformbetrieben im Aconcagua-Tal (Klingenberg 1974) kann das nur bestätigen. Es wurde errechnet, daß sich hier bei optimaler Organisation (d.h. ohne Einführung neuer Anbaukulturen und bei gleichbleibender Wassermenge) der Verkaufserlös pro ha zwischen 15 und 32% steigern ließe, und zwar im wesentlichen aufgrund einer besseren Auslastung der ständig verfügbaren Arbeitskräfte.

Solche Beispiele schließen nicht aus, daß insbesondere vor 1970 auch positiv zu bewertende Veränderungen in der Bodennutzung zu beobachten waren. Derartige „Musterbetriebe" konnten vor allem dann entstehen, wenn der übernommene *fundo* in gutem Zustand an die Genossenschaft überging. In solchen Fällen wurden z.B. im klimatisch begünstigten Norden der Längssenke Anpflanzungen von Zitrusfrüchten, Äpfeln oder Pfirsichen neu geschaffen oder erweitert, im mittleren Teil des Längstales traten Zuckerrübenfelder anstelle der Dauerweiden oder der Luzerneflächen, und wenn es die stadtnahe Lage und die Verkehrsverhältnisse zuließen, konzentrierte man sich gelegentlich auch auf einen marktorientierten Gemüseanbau. Die Viehhaltung verlor demgegenüber in allen untersuchten Beispielbetrieben zunehmend an Bedeutung. Die großen Ställe der *fundos* wurden von der Genossenschaft meist nicht genutzt, und auch die Silos standen leer. Ansätze einer modernen, marktbezogenen Milch- und Fleischviehhaltung gab es so gut wie gar nicht (Rother 1973). Das ist jedoch weniger der Agrarreform als vielmehr einer verfehlten Preispolitik anzulasten. Die staatlich festgelegten Milch- und Fleischpreise, die oft nicht einmal die Produktionskosten deckten, boten den Landwirten keinerlei Anreize, sich hier verstärkt zu engagieren (Santana 1970). Daß der Viehbestand in Chile insgesamt seit dem Agrarzensus von 1964/65 weiter zugenommen hat (Tab. 31), kann nicht als Gegenbeweis gewertet werden, denn selbstverständlich nahm jeder neue Eigentümer oder *socio* einer Genossenschaft die Gelegenheit wahr, wenigstens nebenbei ein paar Rinder, Ziegen oder Schweine auf wenig gepflegten Buschweiden zu halten.

4. Auswirkungen im agrarsozialen Gefüge

Es wurde schon dargelegt, daß in allen Reformphasen nur einer kleinen Zahl der auf dem Lande lebenden Menschen wirklich geholfen werden konnte. Zwar war es möglich, einen großen Teil der ehemaligen Landarbeiter aus dem traditionellen Abhängigkeitsverhältnis zum Grundherrn zu befreien, eine wirtschaftliche Besserstellung ging damit aber nicht immer einher. Voll eingegliedert in die neuen betrieblichen Formen wurden im allgemeinen die auf den ehemaligen *fundos* ansässigen *inquilinos*, diese bildeten in den *asentamientos* und *cooperativas* die größte Gruppe; manchmal erhielten zusätzlich auch noch Halbpächter *(medieros)* oder die über 18 Jahre alten Söhne der *socios* eine volle Mitgliedschaft. Aus handfesten wirtschaftlichen Interessen sperrten sich die *inquilino*-Familien nicht selten gegen die Aufnahme weiterer *campesinos* (Weischet 1974).

Die *Unidad Popular* strebte mit den von ihr als Übergangsform vorgesehenen *centros de reforma agraria* eine beträchtliche Erhöhung der Mitgliederzahlen an; die praktischen Auswirkungen dieser organisatorischen Veränderung sind aber sehr gering geblieben, denn es mußte selbst den Urhebern derartiger Pläne von vornherein klar sein, daß eine Zuweisung der vorgesehenen 0,5 ha Eigenland auch an Ehefrauen und andere formal gleichgestellte Familienangehörige die Landreserven der CORA noch schneller als ohnehin schon ausgeschöpft hätte.

Vollkommen leer ausgegangen sind meist die nur zeitweise beschäftigten und von außerhalb kommenden Tagelöhner *(afuerinos)*, die entweder über gar keinen Landbesitz verfügten oder als *minifundistas* mit unzureichender Ackernahrung zusätzlich auf den großen Gütern arbeiten mußten. Nicht nur daß sie selten Mitglieder einer Genossenschaft wurden, sie haben darüber hinaus häufig auch noch ihren angestammten Arbeitsplatz eingebüßt, da die *cooperativas* aus Kostengründen bestrebt waren, mit den innerbetrieblichen Kräften auszukommen. Mehr denn je sind sie daher gezwungen, aus Mangel anderer Alternativen in die Städte abzuwandern. Auch die sozialen Unterschiede sind durch die Reform kaum geringer geworden. Die Polarität *latifundio-minifundio* wurde jedenfalls teilweise durch eine neue ersetzt, bei der sich die vollberechtigten Mitglieder einer Genossenschaft (und die von den Enteignungen nicht betroffenen Eigentümer mittelgroßer Betriebe bzw. *reservas*) und die benachteiligten Tagelöhner und Gelegenheitsarbeiter gegenüberstehen (García & Thayer 1971). Daran hat sich auch in den letzten Jahren nichts geändert. Die Gruppe der Begünstigten ist durch die individuelle Landvergabe sogar noch kleiner geworden.

5. Auswirkungen im Siedlungsbild

Physiognomisch kommen die staatlichen Eingriffe im Agrarbereich am deutlichsten im Siedlungsbild zum Ausdruck. Mit der Überführung der großen *fundos* in Genossenschaften waren im allgemeinen verschiedene bauliche Maßnahmen verbunden. Während die zentralen Betriebsgebäude in der Regel unverändert übernommen wurden und die ehemaligen Herrenhäuser, sofern sie nicht als Schulen u.ä. dienen, häufig sehr schnell zerfielen, mußte die Agrarreformbehörde für die neu angesiedelten Familien die schon bestehenden *inquilino*-Häuser ergänzen. Gelegentlich wurden auch die alten, noch aus *adobe* errichteten Unterkünfte abgerissen und durch Neubauten ersetzt. Diese Bautätigkeit der CORA hat im „reformierten Bereich" zu einer Verdichtung der Streu- und kleinen Gruppensiedlungen geführt. Die neuen Häuser der Siedler und die sie umgebenden Gärten reihen sich meist entlang der Hauptwege, hier und da sind sie auch um einen zentralen Platz gruppiert. Wenn auch die einfachen, ca. 60 m^2 großen, aus Holz- oder Kunststoffplatten gefertigten Unterkünfte für die darin lebenden Familien schon einen Fortschritt darstellen, so bedarf es noch gewaltiger Anstrengungen, um die Lebensbedingungen auf dem Lande nachhaltig zu verbessern und eine allmähliche Angleichung an die städtischen Verhältnisse zu erreichen.

Die von Rother erarbeiteten Befunde konnten die nach Ablösung der *Unidad Popular* eingetretenen Wandlungen nicht mehr berücksichtigen. Trotzdem dürften seine Schlußfolgerungen – das legen jedenfalls alle Berichte zum Fortgang der Agrarreform nahe – auch heute noch voll zutreffen. Von einer umfassenden Agrarreform ist Chile nach wie vor weit entfernt; die gegenwärtig vor sich gehenden Veränderungen tragen ebenso wie die Maßnahmen zur Zeit der Volksfrontregierung den Charakter einer bloßen Bodenreform. Die Vergabe des Landes an Einzeleigentümer bewahrt zwar auf kürzere Sicht vor wirtschaftlichen Schwierigkeiten, ohne flankierende Maßnahmen (z.B. Beratungstätigkeit, Ausbau der Infrastruktur) kann aber eine solche Politik allenfalls vorübergehende Entlastungen bringen. Überdies dürfte das Mißverhältnis zwischen der geringen Zahl von Begünstigten und der großen Masse leer ausgegangener Landbewohner auch in Zukunft zu Problemen führen, sofern man nicht eine großzügige Flurbereinigung in den *minifundio*-Gebieten einleitet und sich verstärkt um die Schaffung neuer Arbeitsplätze auf dem Lande bemüht.

5.5
Ausrichtung und Entwicklungsstand der chilenischen Landwirtschaft

Bei einer Beurteilung der Zukunftsaussichten der chilenischen Volkswirtschaft kommt dem Agrarsektor entscheidende Bedeutung zu, denn hier muß die Basis dafür gelegt werden, daß das Land seinen Reichtum an Bodenschätzen zur Fortsetzung des industriellen Aufbaus und für die Durchführung anderer Entwicklungsvorhaben nutzen kann. Die augenblicklich noch andauernde Situation, daß ein großer Teil der wertvollen Deviseneinnahmen zum Import von Nahrungsmitteln ausgegeben wird, die sich ebenso gut im eigenen Lande erzeugen ließen, ist mehr als bedenklich und muß möglichst schnell überwunden werden, will man nicht auch im Vergleich mit anderen Staaten Lateinamerikas immer mehr ins Hintertreffen geraten.

Um die gegenwärtige Situation im Agrarbereich richtig einschätzen zu können, muß von folgenden Fakten ausgegangen werden:

1. In den letzten 40 Jahren konnte die landwirtschaftliche Produktion insgesamt und insbesondere die Nahrungsmittelerzeugung nicht mit dem Bevölkerungswachstum und schon gar nicht mit der noch stärker gestiegenen Nachfrage Schritt halten.

Abb. 33: Angaben zur chilenischen Agrarproduktion 1935–78

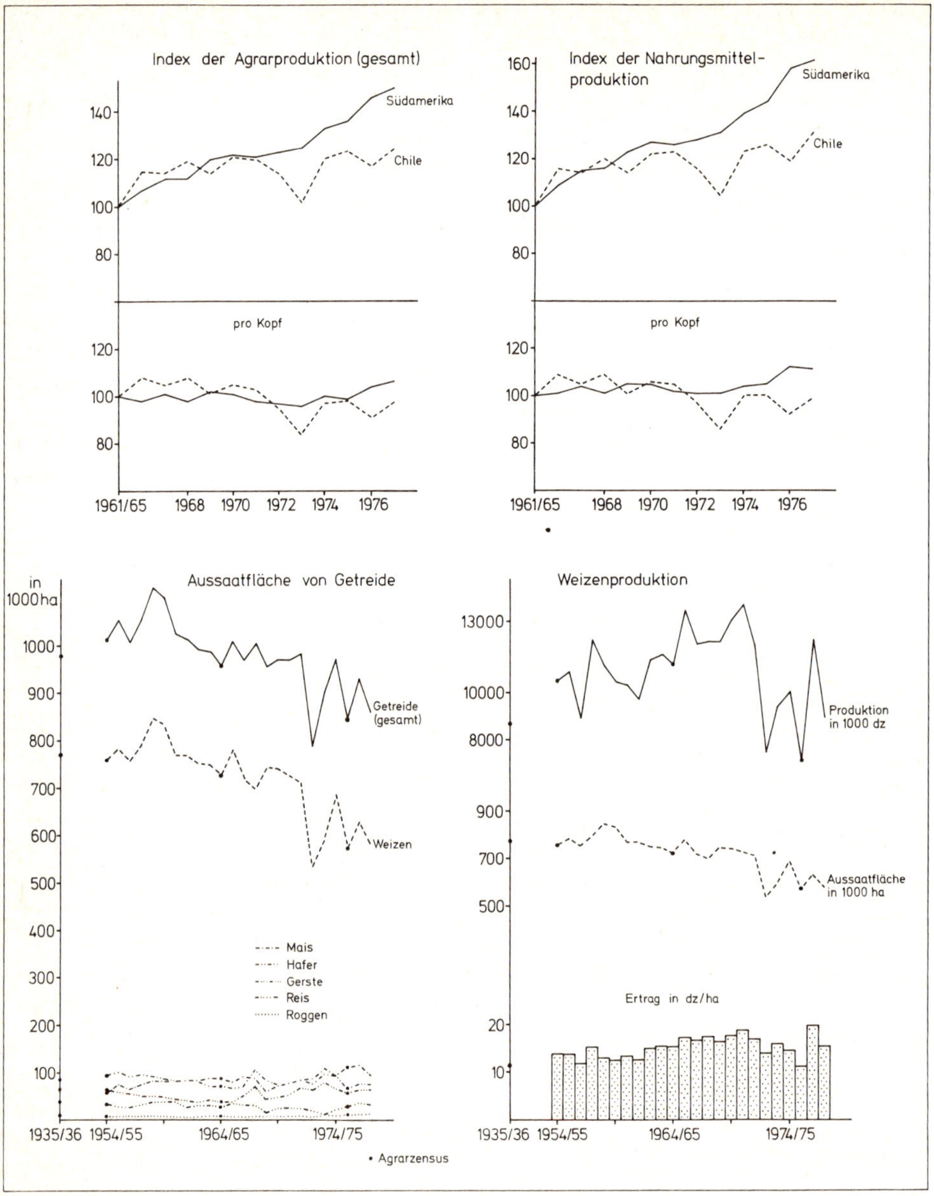

Quelle: FAO Production Yearbook, INE

Nach Angaben der FAO liegt der auf den Kopf der Bevölkerung bezogene Indexwert heute unter dem des Ausgangszeitraumes 1952–56, der wiederum ziemlich genau dem Wert der Periode 1928–32 entspricht (Mamalakis 1976). Für die letzten 15 Jahre ist die Entwicklung in Abb. 33 im einzelnen festgehalten. Der Index stieg zwar in diesem Zeitraum von 100 im Mittel der Jahre 1961–65 auf 125 bzw. 131 im

Jahre 1977, pro Kopf der Bevölkerung bedeutete das jedoch ein leichtes Absinken auf einen Wert von nur 98 bzw. 99. Die Bilanz fällt damit für Chile noch wesentlich ungünstiger aus als für Südamerika insgesamt, das wenigstens keine Verschlechterung der Situation zu verzeichnen hatte.

2. Chile entwickelte sich daher von einem Export- zu einem Importland von Agrarprodukten. Letztmalig wurde in den 30er Jahren für diesen Zweig des Außenhandels ein positiver Saldo errechnet (Tab. 28). Seitdem ist die Bilanz immer negativ mit steigender Tendenz gewesen. Dadurch war ein großer Teil der Kupfererlöse für derartige Einfuhren gebunden, und der wirtschaftliche Spielraum des Staates blieb stark eingeengt. Importiert wurden aber keineswegs nur solche Erzeugnisse, deren Anbau aus klimatischen Gründen in Chile kaum oder gar nicht möglich ist (z. B. Kaffee, Kakao, Tee, Baumwolle), sondern zum überwiegenden Teil Agrarprodukte, die auch im Lande gedeihen und die Chile ehemals – wie etwa den Weizen – sogar in größeren Mengen ausführen konnte.

   Diese ernüchternde Bilanz wiegt um so schwerer, als Chile seinem natürlichen Agrarpotential nach als „reiches Land“ bezeichnet werden kann, dessen gute und ertragreiche Ländereien nicht nur die Ernährung der vergleichsweise geringen Bevölkerung gewährleisten, sondern darüber hinaus auch noch Exportüberschüsse erbringen müßten.

Tabelle 27: Entwicklung der landwirtschaftlichen Nutzfläche in Chile 1875–1965

Jahr	km^2
1875	102 000
1936	226 000
1943	262 000
1955	216 000
1965	227 000

Quelle: Lauer 1961/62, ergänzt nach INE

Um die Frage nach den Gründen für diese verhängnisvolle Entwicklung zu beantworten, ist eine tiefergehende Einsicht in die Struktur und Ausrichtung der chilenischen Landwirtschaft nötig, als sie die angeführten Globalzahlen vermitteln können.

Die landwirtschaftliche Nutzfläche hat sich nach der *Conquista* zunächst nur sehr langsam, im vorigen Jahrhundert mit dem Ausbau der Bewässerungsanlagen in der Zentralzone und der Erschließung des Südens schnell ausgeweitet. Pinto (1962) gibt an, daß sich die kultivierten Flächen allein zwischen 1842 und 1875 verdreifacht haben. In den 20er Jahren ist diese räumliche Expansion der Agrarwirtschaft zu Ende gegangen, eine wesentliche Erweiterung der genutzten Areale war seitdem nur in einigen wenigen Gebieten möglich. Mit exakten Zahlen läßt sich diese Entwicklung nur schwer belegen, da der Begriff „landwirtschaftliche Nutzfläche“ in den meisten Erhebungen sehr weit gefaßt und wenig präzise definiert ist. Im letzten vollständig veröffentlichen Agrarzensus von 1964/65 wird unter der *superficie agrícola* nicht nur das wirklich bearbeitete oder vorübergehend brach liegende Land verstanden *(tierras de cultivo o de labranza)*, sondern auch Dauerweiden, Nutzwälder und potentiell nutzbare Ländereien. Die Zahlen in Tab. 27 können daher nur als Annäherungswerte interpretiert werden.

Aber auch wenn man die unsicheren Zahlenangaben zu den Dauerweiden, den nutzbaren Wäldern oder gar den potentiell produktiven Flächen ausschaltet und sich nur auf das in Rotation befindliche Nutzland bezieht, ergibt sich kein wesentlich anderes Bild. Bei dieser Berechnung können dadurch Fehler entstehen, daß sich „beweidete Brache“, die zu den in Rotation befindlichen Arealen zählt, und „Dauerweiden“, die nicht dazu gerechnet werden, nicht scharf trennen lassen. Bei dem hohen Anteil der Brache (1964/65 immerhin mehr als 40%) können aus unterschiedlichen Zuordnungen sehr leicht grö-

Tabelle 28: Der Außenhandel Chiles mit Agrarprodukten 1936–77 (in Mill. US-Dollar)

Jahr	Export	Import	Bilanz
1936	29	18	+ 11
1950	37	69	− 32
1955	36	113	− 77
1960	30	117	− 87
1965	38	158	− 120
1971	45	210	− 165
1972	36	279	− 243
1973	30	313	− 283
1974	73	688	− 615
1975	147	341	− 194
1976	109	323	− 214
1977	163	315	− 152

Quelle: CIDA 1966 , CORFO 1966 FAO Trade Yearbook

Tabelle 29: Aufteilung der in Rotation befindlichen landwirtschaftlichen Nutzfläche 1935/36–1975/76 (in 1000 ha)

Jahr	in Rotation befindliche Fläche	jährliche Kulturen	Dauer-kulturen	bewässerte Fläche
1935/36	5564	1361	192	1213
1954/55	5543	1301	180	1098
1964/65	4434	1336	198	1091
1975/76	ca. 5828	1215	201	ca. 1260

Quelle: Agrarzensus des INE, durch Schätzungen (ca.) der FAO für 1975/76 ergänzt

Tabelle 30: Aussaatfläche (in 1000 ha) und Ertrag (dz/ha) wichtiger Agrarprodukte 1910–1975/76

	1910	1929/30		1935/36		1954/55		1964/65		1975/76	
	Fläche	Fläche	Ertrag	Fläche	Ertrag	Fläche	Ertrag	Fläche	Ertrag	Fläche	Ertrag
Weizen	330,3	697,9	13,1	775,6	11,2	758,0	13,9	727,1	15,3	571,7	12,4
Mais	21,0	37,9	15,7	41,9	12,5	59,8	15,4	87,6	29,7	109,3	25,8
Hafer	19,2	120,4	12,5	86,9	11,3	94,3	13,8	70,3	11,7	64,9	12,1
Gerste	54,1	61,6	16,2	66,0	16,2	60,9	16,1	38,3	19,3	55,5	15,4
Kartoffeln	21,6	42,6	94,3	42,8	80,2	68,3	87,6	91,1	77,2	85,5	78,8
Raps	–	–	–	–	–	–	–	57,6	12,5	59,6	17,6
Zucker-rüben	–	–	–	–	–	1,4	216,6	18,0	379,0	63,8	356,8

Quelle: Pinto 1970 , Agrarzensus des INE (1975/76 vorläufige Daten)

Tabelle 31: Tierhaltung und Schlachtungen in Chile 1930–1976 (in 1000)

	Tierhaltung					Schlachtungen	
Jahr	Rinder	Pferde	Schafe	Ziegen	Schweine	Rinder	Schweine
1930	2388	441	6263	789	331	441	214
1955	2512	477	5787	956	705	374	376
1965	2870	478	6690	933	1022	540	523
1976	3389	450	5674	584	895	810	414

Quelle: Agrarzensus des INE, ergänzt nach Schätzungen der FAO ßere Flächenverschiebungen resultieren. Daraus erklärt sich, daß 1954/55 etwa 5,5 Mill. ha, 1964/65 dagegen nur noch 4,5 Mill ha als in Rotation befindliche Nutzfläche ausgewiesen wurden.

Wesentlich genauer faßbar und daher auch aussagekräftiger sind die im betreffenden Zensusjahr wirklich bestellten Areale. Dafür ergibt sich unter Einbeziehung der ersten, noch vorläufigen Ergebnisse des Zensus von 1976 das folgende Bild, das die seit Jahrzehnten anhaltende Stagnation der Agrarwirtschaft eindeutig belegt (Tab. 29).

Nach den bisherigen Ausführungen läßt sich ein erstes Fazit ziehen. Eine nennenswerte räumliche Ausdehnung der Agrarfläche hat in Chile seit Mitte der 30er Jahre nicht mehr stattgefunden und dürfte auch in Zukunft nur in sehr begrenztem Umfang und unter hohem Aufwand möglich sein. Die bisher erschlossenen Ländereien bieten aber noch beträchtliche Möglichkeiten zu einer Intensivierung allein dadurch, daß der hohe Anteil der Brache reduziert und die Naturweiden wenigstens teilweise in Ackerland oder Kunstweiden umgewandelt werden. Die darin liegenden Chancen sind zwar – wie man den einschlägigen Veröffentlichungen der staatlichen Planungsbehörden entnehmen kann – in Chile sehr wohl erkannt worden, ohne daß jedoch größere Anstrengungen in diese Richtung unternommen wurden.

Aber auch die Veränderungen innerhalb der mit Dauerkulturen und jährlichen Kulturen bestandenen Areale waren gering und nachhaltige Ertragssteigerungen sind bisher nicht gelungen.

Der überwiegende Teil (ca. 75%) der jährlichen Kulturen entfällt auf die verschiedenen Getreidesorten, der Rest auf *chacras* wie Kartoffeln oder Bohnen sowie auf Industriepflanzen wie Zuckerrüben oder Raps. Unter den Getreidearten kommt seit jeher dem Weizen die größte Bedeutung zu. Es wurde schon berichtet, daß sich Chile seit Ende des 17. Jh. zu einem bedeutenden Weizenexportland entwickelte. Während zunächst Peru Hauptabnehmer war, wurden später in Kalifornien, Australien und nicht zuletzt auch in Europa neue Absatzmärkte erschlossen. Sepúlveda (1956) bezeichnet deshalb die Zeit zwischen 1865 und 1926 als die Epoche des *gran comercio del trigo*. In einigen Jahren wurden damals über 200000 t exportiert. Aber schon um die Jahrhundertwende mußte gelegentlich zum Ausgleich schlechter Ernten Weizen eingeführt werden, und seit etwa 1930 besteht ein permanentes Defizit, das durch Importe gedeckt werden muß.

Diese Entwicklung wird verständlich, wenn man bedenkt, daß sich die mit Weizen bestellte Fläche seit dem Agrarzensus von 1935/36 kaum verändert hat und sich ab etwa 1960 sogar eine leichte Abnahme bemerkbar macht. Der Weizen konnte zwar in beschränktem Umfange durch andere Getreidesorten (insbesondere durch den seit 1960 eingeführten Hybridmais) ersetzt werden; der Rückgang der Anbaufläche wurde dadurch aber nur unzureichend ausgeglichen (Tab. 30; Abb. 33). Eine mit dem Bevölkerungswachstum Schritt haltende Getreideproduktion wäre also nur durch eine erhebliche Steigerung der ha-Erträge möglich gewesen. Die begrenzten, in den 60er Jahren erzielten Fortschritte reichten dazu jedoch nicht aus.

Die mittleren Weizenerträge schwanken in der Gegenwart um 15 dz/ha und erreichen nur in Spitzenjahren knapp 20 dz. Für europäische Maßstäbe ist das nach wie vor nicht sehr viel (z.B. 1975: Bundesrepublik Deutschland 44,7 dz, Frankreich: 38,9 dz); man muß allerdings dabei berücksichtigen, daß der Weizen in Chile unter sehr verschiedenartigen klimatischen Bedingungen und sowohl mit als auch ohne Bewässerung angebaut wird. So wurden z. B. 1972/73 bei einem Landesdurchschnitt von 14,0 dz/ha in der Provinz Llanquihue 26,6 dz und in Concepción (Trockenfeldbau im Küstenbergland) 5,6 dz erzielt.

Auch bei den anderen Anbaufrüchten ist die Situation nicht wesentlich günstiger (z.B. Kartoffeln 1975: Chile 103 dz/ha; Bundesrepublik Deutschland 261); einigermaßen befriedigende Erträge werden nur bei dem erst in jüngster Zeit eingeführten und besonders geförderten Zuckerrübenanbau erzielt (1975: 381 dz/ha; Bundesrepublik Deutschland 428).

Etwa 15% der bestellten Ländereien werden von Dauerkulturen eingenommen. Dabei muß an erster Stelle der traditionsreiche Weinbau genannt werden, der seine Schwerpunkte – was die bewässerten Flächen anbetrifft – in den Provinzen Santiago und Talca hat. Darüber hinaus wird in der südlichen Zentralzone (Provinzen Ñuble und Concepción) ein umfangreicher Anbau ohne Bewässerung betrieben. Seitdem im Jahre 1932 eine Neuanlage von Rebkulturen durch gesetzliche Bestimmungen außerordentlich erschwert wurde, ist die Gesamtfläche mit ca. 100000 ha (1976: 105932 ha) mehr oder weniger konstant geblieben; dagegen konnte die Erntemenge und damit die Weinproduktion durch die Verwendung ertragreicher Sorten erheblich gesteigert werden; sie schwankt heute um 5 Mill. hl. (1975: 4,7; zum Vergleich Bundesrepublik Deutschland 8,3). Der größte Teil des erzeugten Weines wird im eigenen Lande getrunken und daher nicht in Flaschen abgefüllt. Nur die qualitätsmäßig hervorragenden Spitzensorten der großen Güter wie *Concha y Toro, Undurraga* oder *Macul* gehen auch in den Export. Aufgrund der hohen Transportkostenbelastung sind die chilenischen Weine in Europa nicht konkurrenzfähig; als Hauptkäuferländer treten verschiedene lateinamerikanische Staaten (insbesondere Brasilien und Venezuela) sowie die USA und Japan auf.

Als eine wichtige Besonderheit bei der Traubenverwendung muß noch der vorwiegend im Kleinen Norden hergestellte *pisco*, ein Traubentrester, erwähnt werden. Der *pisco sour*, eine Mischung aus *pisco*, Zitronensaft und Eiweiß, ist in Chile ebenso wie in Peru ein gern getrunkener und weit verbreiteter Aperitif.

Die klimatischen Voraussetzungen für die Erzeugung hochwertiger Früchte sind in Chile außergewöhnlich günstig. Hier liegen auf längere Sicht auch gute Chancen, die Ausfuhr von Agrarprodukten mengen- und vor allem wertmäßig entscheidend zu steigern. Die zwischen 1965 und 1974 erheblich angestiegenen Produktionsziffern insbesondere von Pfirsichen und Äpfeln zeigen, daß man diese Möglichkeit erkannt hat und sie wenigstens zum Teil bereits nutzt (Fruchternte 1965: 293000 t; 1974: 512000 t).

Weniger günstig ist die Lage bei der Versorgung des Landes mit tierischen Erzeugnissen. Während sich die Bevölkerung zwischen 1930 und 1970 mehr als verdoppelte, nahm der Bestand an Rindern nur um 25% zu, und die Zahl der Schafe änderte sich fast gar nicht. Lediglich die Schweinehaltung ist heute sehr viel weiter verbreitet als früher (Tab. 31). Das bedeutet, daß bei den meisten Fleischprodukten die eigene Erzeugung schon seit längerem nicht mehr zur Deckung des Bedarfs ausreicht und durch Importe ergänzt werden muß. Um das Defizit nicht zu groß werden zu lassen, wurde zeitweise der Verkauf von Rindfleisch stark eingeschränkt. Dadurch sollte der Verbraucher gleichzeitig zu einer Änderung seiner Konsumgewohnheiten veranlaßt werden und insbesondere mehr Fisch und Geflügel verzehren.

Auch bei den Milchprodukten ist man – trotz aller Fortschritte – in erheblichem Umfang auf Einfuhren angewiesen. So wurde Anfang der 70er Jahre in den großen Städten des Nordens häufig Butter aus der Bundesrepublik Deutschland angeboten, und das Milchpulver kam zum größten Teil aus den Vereinigten Staaten. Ähnlich wie bei der Nahrungsmittelversorgung müßte auch hier das vorhandene Potential ausreichen, um diese Lücken auszugleichen, wenn die Leistung pro Vieheinheit gesteigert werden könnte (1977: Chile 1342 l; Bundesrepublik Deutschland 4180 l). In der südchilenischen *Región de los Lagos*, auf die immerhin ein Drittel des gesamten Rindviehbestandes und 40% der gehaltenen Milchkühe entfallen, scheitert das beispielsweise daran, daß die Naturweiden meist die einzige Futtergrundlage bilden, der Graswuchs in den Wintermonaten aber nicht ausreicht, um eine gute Milchleistung zu erzielen. Die milchverarbeitenden Betriebe leiden daher unter einer erheblichen jahreszeitlichen Fluktuation der Anlieferungen. Die Unterschiede zwischen maximalen und minimalen Werten können größer als 200% sein (Golte 1973).

Bei der Vermarktung des Schlachtviehs schlagen in erster Linie die abseits der Hauptverkehrsstrecken nach wie vor unzureichenden Transportmöglichkeiten negativ zu Buche, ganz davon abgesehen, daß die z. T. auf dürren Steppenbergländern weidenden Tiere kaum oder doch nur nach sehr viel längerer Zeit das in Europa übliche Schlachtgewicht erreichen. Das zugegebenermaßen extreme Beispiel der im äußersten Süden gelegenen Provinz Aisén (Rinderbestand 1976 immerhin 170000) mag diese Situation verdeutlichen. Bis zum Jahre 1970, als in Puerto Chacabuco in der Nähe von Puerto Aisén eine moderne Kühlhausschlachterei eröffnet wurde, mußte das Vieh vor der Schlachtung eine mehr als 1500 km lange „Reise" überstehen. Zunächst wurden die Tiere *en pie* nach Puerto Aisén getrieben oder auf dem Wasserwege dorthin geschafft. Von Puerto Aisén gelangten sie in einem Spezialschiff nach Puerto Montt, um dort entweder auf dem Viehmarkt versteigert oder per Bahn in die Zentralzone verschickt zu werden. Allein die 1000 km lange Bahnfahrt von Puerto Montt nach Santiago ist für die Rinder mit einem Gewichtsverlust von 15% und mehr verbunden.

Als bisheriges Ergebnis unserer Betrachtungen läßt sich festhalten: Von wenigen Ausnahmen (z.B. Fruchtkulturen) abgesehen, sind die Möglichkeiten zu einer Intensivierung der Landwirtschaft im vergangenen Vierteljahrhundert nicht oder nur in geringem Maße genutzt worden, ebenso haben sich keine wesentlichen Verschiebungen innerhalb der bebauten Areale oder in der Zusammensetzung des Viehbestandes ergeben. Bei nahezu konstanter Gesamtnutzfläche und einer nur unwesentlich gesteigerten Viehhaltung mußte das zu einer wachsenden Deckungslücke führen. Wurden 1936 pro Kopf der Bevölkerung noch 1,8 dz Weizen und 21,6 kg Rindfleisch erzeugt, so waren es 1976 nur noch 1,2 dz bzw. 16,7 kg.

Um die Ernährungslage der chilenischen Bevölkerung grundlegend verbessern zu können, hätte es daher einer erheblichen Steigerung der Einfuhren bedurft, die jedoch aus Devisenmangel in diesem Umfang nicht möglich war. Cunill (1970) gibt an, daß 1935 in Chile pro Kopf der Bevölkerung 2577 kal verbraucht wurden, Ende der 60er Jahre waren es nur noch 2330 und für 1970 errechnete die FAO einen Verbrauch von 2460 kal (zum Vergleich: Bundesrepublik Deutschland 3230, Indien 2060). Dieser Durchschnittswert entspricht zwar gerade dem Mindestbedarf, er kann aber nicht darüber hinwegtäuschen, daß die Versorgung der ärmeren Bevölkerung nach wie vor unzureichend ist; so ermittelte 1967 eine Arbeitsgruppe der *Universidad Católica* (Santiago) für zwei Barakkensiedlungen Osornos nur einen durchschnittlichen Verbrauch von ca. 1200 kal.

Als ein wichtiger Grund für die Stagnation der chilenischen Agrarwirtschaft wurden schon die nach wie vor bestehenden Transportprobleme genannt, die nicht nur einen erheblichen Kostenfaktor darstellen, sondern zusätzlich noch das Risiko in sich bergen, etwa bei starken Regenfällen die Ernte überhaupt nicht abtransportieren zu können. Ein moderner marktorientierter Anbau ist deshalb nur in gut erschlossenen und das heißt vor allem in stadtnahen Räumen möglich.

Daß auch die Betriebsgrößenstruktur einen erheblichen Einfluß auf die Leistungen einer Landwirtschaft haben kann, wurde im Kapitel zur Agrarreform (Kap. 5.3) schon angesprochen. Lange Zeit waren die vom Eigentümer häufig gar nicht selbst bewirtschafteten Großbetriebe an einer nachhaltigen Steigerung der Produktion kaum interessiert, da sie weniger eine Maximierung der Gewinne als vielmehr einen „angemessenen" Ertrag bei möglichst geringem Einsatz von Kapital und Arbeitskräften anstrebten. Aber auch die Klein- und Kleinstbetriebe produzieren in der Regel nicht sonderlich intensiv. Aufgrund der kleinen Flächen und bei den gegebenen verkehrstechnischen Schwierigkeiten lohnt ein marktbezogener Anbau meist nicht, und es herrscht reine Subsistenzwirtschaft vor. Gelegentlich haben die sehr verwickelten Besitzverhältnisse in den *minifundio*-Gebieten sogar dazu geführt, daß trotz eines erheblichen Bevölkerungsdruckes zahlreiche Parzellen überhaupt nicht bewirtschaftet werden (vgl. das Beispiel in Kap. 5.2).

Es war daher mit ein Hauptziel der Agrarreform, durch eine Veränderung der Eigentumsverhältnisse zu einer Steigerung der Agrarproduktion beizutragen. Während unter der Präsidentschaft des Christdemokraten Frei die Reform trotz zunehmender Enteignungen noch recht behutsam durchgeführt wurde und so keinen nennenswerten Einfluß auf Anbauflächen und Erträge hatte, machten sich ab 1971 mit der überstürzten Enteignungswelle und der zunehmenden rechtlichen Verunsicherung auf dem Lande starke Produktionseinbußen bemerkbar, von denen sich das Land bis heute nicht erholt hat (Abb. 33).

Aber es war auch damals nicht nur die Reform, die die Investitionsneigung der Landwirte erheblich verminderte. Eine in erster Linie an den Bedürfnissen der städtischen Bevölkerung orientierte Preispolitik hat zu dem negativen Ergebnis ihren Teil beigetragen. Auch ökonomisch „vernünftig" kalkulierende Landwirte wurden dadurch zu einer möglichst extensiven Wirtschaftsweise veranlaßt.

Preisrichtlinien und Preiskontrollen für Agrarprodukte haben in Chile eine lange Tradition. Die Entwicklung begann mit der Festsetzung eines Mindestpreises für Weizen während der Weltwirtschaftskrise, als die Agrarpreise innerhalb kurzer Zeit (1933/34) um 27% fielen. 1940 wurden die staatlichen Eingriffe im Rahmen der Inflationsbekämpfung erheblich ausgeweitet und maximale Verkaufspreise eingeführt. Dadurch war es den Landwirten unmöglich, die stark gestiegenen Zölle für Importgüter an die Verbraucher weiterzugeben. Als Ausgleich vergab der Staat zwar Vorzugskredite mit Zinsen, die oft unter der Inflationsrate lagen, diese Vergünstigungen wurden jedoch nur von einem kleinen Teil der Landwirte genutzt – und das waren in erster Linie die Eigentümer der großen Güter. 1964 entfielen z. B. 90% des Kreditvolumens auf weniger als ein Zehntel der Betriebe.

Dieses Preissystem blieb mit einer kurzen Unterbrechung (1959/62) bis zum Umsturz des Jahres 1973 in Kraft. Das hatte zur Folge, daß die Preise für Agrarprodukte nur sehr langsam und in unregelmäßigen Abständen angehoben wurden. Gleichzeitig erhöhten sich aber auf der Kostenseite die Ausgaben für Personal und Sozialleistungen (Arbeitgeberanteil bis zu 40% des Lohnes) erheblich. Wenn auch eine Einsparung von Arbeitskräften durch die *ley de inamovilidad* (gesetzliche Erschwerung der Entlassung) nur begrenzt möglich und eine Erweiterung des Maschinenparks wegen der Zollpolitik sehr teuer war, so wurde dennoch bevorzugt dieser Weg zur Kostensenkung gewählt und dafür auf ertragsteigernde Maßnahmen verzichtet.

Die auf niedrige Verbraucherpreise ausgerichtete Agrarpolitik hatte den entscheidenden Nachteil, daß die Spanne zwischen Verkaufserlösen und Aufwand immer geringer wurde und damit keinerlei Anreize zu einer Verbesserung der Produktionsbedingungen bestanden. So veranlaßte beispielsweise der von 105 (1955) auf nur 82 (1960) gefallene (inflationsbereinigte) Preisindex für tierische Produkte (1965=100) viele Großbetriebe in der Zentralzone, ihren Rinderstapel erheblich zu vermindern und 1973 war – um ein weiteres Beispiel zu nennen – der Milchpreis so niedrig, daß die Anlieferung an die staatlichen Aufkaufstellen ein reines Verlustgeschäft bedeutete (vgl. Kap. 5.6).

Welche Konsequenzen sind aus dieser Situation zu ziehen? Nach einer Zeit des hektischen Umbruchs Ende der 60er und Anfang der 70er Jahre muß ein erstes Ziel der zukünftigen Agrarpolitik darauf gerichtet sein, eine in ruhigeren Bahnen verlaufende Weiterentwicklung der chilenischen Landwirtschaft zu gewährleisten. Die gegenwärtige Militärregierung ist dabei insofern im Vorteil, als sie nicht in dem Maße wie die vom Volk gewählten Präsidenten Rücksicht auf städtische Wählergruppen nehmen muß, denn eine solche Rücksichtnahme oder gar Begünstigung hat der Agrarwirtschaft in der Vergangenheit meist Nachteile gebracht. Auch eine weitergehende Veränderung der Eigentumsverhältnisse ist zum gegenwärtigen Zeitpunkt nicht vordringlich, denn heute gibt es in Chile keine ausgesprochenen Großbetriebe mehr. Alle Bemühungen sollten vielmehr darauf ausgerichtet sein, die Bodenbesitzreform in eine wirkliche Agrarreform überzuleiten. Das würde nicht nur beinhalten, endlich die lange aufgeschobene Flurbereinigung in den Kleinbesitzgebieten in Angriff zu nehmen, sondern auch die Beratertätigkeit im reformierten Sektor erheblich zu verstärken und diese mehr an praktischen Bedürfnissen und weniger an politisch-theoretischen Zielvorstellungen zu orientieren, um dadurch die neugeschaffenen Familienbetriebe zu einer eigenverantwortlichen, modernen Landwirtschaft hinzuführen. Empirische Untersuchungen haben ergeben, daß gerade hier noch ein erheblicher Nachholbedarf besteht. Es sei in diesem Zusammenhang nochmals auf die Angaben von Klingenberg (1974) verwiesen, der für das Aconcagua-Tal ermittelte, daß allein durch die bessere Auslastung der verfügbaren Arbeitskräfte eine Steigerung der Verkaufserlöse zwischen 15 und 20% möglich wäre.

Wenn auch eine Abkehr von der bisherigen Preispolitik mit ihren nachteiligen Folgen für die auf dem Lande lebende und arbeitende Bevölkerung eine unumgängliche Voraussetzung für vermehrte Investitionen und damit auch für Produktionssteigerungen ist, so muß doch gefragt werden, ob eine völlige Preisfreigabe und Anpassung an das Weltmarktniveau, wie sie die gegenwärtige Regierung anstrebt und wie sie selbst in Europa nicht durchsetzbar ist, für ein Land wie Chile eine sinnvolle Alternative darstellt. Drei schwerwiegende Probleme sind damit verbunden:

1. Die ärmeren Bevölkerungsschichten werden überproportional belastet, da ein Preisanstieg für Grundnahrungsmittel sie sehr viel mehr als wohlhabende Familien trifft und sie die höheren Kosten häufig nur durch Konsumverzicht ausgleichen können. Ein Teil der in den letzten Jahren erreichten Einsparungen bei den Agrarimporten ist nicht zuletzt darauf zurückzuführen; so nahm beispielsweise der Weizenverbrauch pro Kopf der Bevölkerung (d. h. aus eigener Produktion und aus Einfuhren) von 175 kg pro Jahr (1965–70) auf 165 kg (1975/76) ab (Calderón 1977).
2. Die hohen Weltmarktpreise für wichtige landwirtschaftliche Betriebsmittel (wozu noch die nicht unerheblichen Transportkosten kommen) werden auch weiterhin eine verhältnismäßig extensive Produktionsweise begünstigen. So fiel z.B. der Düngemittelverbrauch 1975/76 wegen der innerhalb kurzer Zeit um 300% gestiegenen Preise mit 94 000 t unter den Mittelwert der Jahre 1961–66 (95 000 t;

1970/71 noch 148000 t). Allenfalls ist in Zukunft ein verstärkter Maschineneinsatz und damit eine sicher nicht wünschenswerte weitere Einsparung von Arbeitskräften denkbar, denn der ebenfalls eingeleitete Abbau der Zölle würde sich hier am ehesten positiv auswirken.

3. Nimmt man die Weltmarktpreise als Maßstab, werden einzelne Anbaufrüchte aufgrund schwieriger Produktionsbedingungen in Chile überhaupt nicht mehr erzeugt werden können. Als bestes Beispiel dafür kann der Zuckerrübenanbau gelten, der seit der Errichtung einer ersten Zuckerraffinerie in Los Angeles (1954) und weiteren in Llanquihue, Linares, Chillán, Curicó und Rapaco stark propagiert wurde (Tab. 30). Parallel zur allmählichen Preisangleichung an das internationale Niveau ging die mit Zuckerrüben bestellte Fläche von 63800 ha (1975/76) auf nur 16400 ha (1978/79) zurück, und die Produktion, die 1976 mit knapp 300000 t fast den Bedarf des Landes deckte, verminderte sich auf etwa 100000 t, so daß das Werk Llanquihue geschlossen werden mußte.

Insgesamt gesehen hat die Agrarpolitik der Militärregierung zwar dazu geführt, daß nach dem Krisenjahr 1973 wieder „normale“ Verhältnisse einkehrten, eine nachhaltige Verbesserung der Situation ist bislang allerdings nicht zu erkennen. Positiv beeinflußt wurde lediglich die Erzeugung solcher Produkte, die nach Qualität und Preis auf dem Weltmarkt konkurrieren können, und das sind in erster Linie Frischobst und Obstkonserven. In dieser Sparte konnten in den letzten Jahren beträchtliche Ausfuhrsteigerungen erzielt werden (1970: 13 Mill. US-Dollar, 1978: 100), die mit dazu beitrugen, daß die angestrebte Exportdiversifizierung weitgehend erreicht wurde (Tab. 33). In anderen Bereichen des Agrarsektors sind solche Erfolge – wie der Rückgang der Anbaufläche für alle wichtigen Getreidearten (Abb. 33) und die Verdopplung der Weizen-, Fleisch- und Milchimporte innerhalb eines Jahres (1977/78) zeigen – ohne zusätzliche Anreize nicht zu erwarten. Damit soll nicht für eine erneute Preiskontrolle eingetreten werden, die in der Vergangenheit zu einer völligen Verzerrung der Kosten-Preis-Relation geführt hat. Unterstützungsmaßnahmen sollten besser bei der Vermarktung der Erzeugnisse und bei der Beschaffung der für Ertragssteigerungen notwendigen Betriebsmittel (z.B. Dünger, Saatgut) einsetzen. Es ist einfach utopisch, in der gegenwärtigen Situation von einer für den Weltmarkt produzierenden und daran orientierten Landwirtschaft auszugehen, dafür ist das Produktionsdefizit zur Zeit noch viel zu groß. Erstes Ziel muß es vielmehr sein, die Eigenversorgung des Landes wiederherzustellen und dadurch Devisen einzusparen, selbst wenn das im Sinne einer völlig liberalen Wirtschaftspolitik „unökonomisch“ sein sollte. Derartige Rechnungen sind in Ländern mit einer schwachen Währung ohnehin nur von begrenzter Aussagekraft. Denn noch immer ist ein eingesparter Dollar von größerem Wert als 39 nicht ausgegebene *pesos*, die 1979 offiziell für einen US-Dollar gezahlt wurden.

5.6 Beispiel: Agrarkolonisation im Kleinen und Großen Süden: Möglichkeiten und Grenzen einer Intensivierung und räumlichen Ausweitung der Landwirtschaft

Wenn im vorigen Kapitel von einer mehr als einem Vierteljahrhundert andauernden Stagnation des Agrarsektors gesprochen wurde, so sollte damit nicht gesagt werden, daß es innerhalb dieses Zeitraumes und erst recht in vorangegangenen Epochen keinerlei Veränderungen in der chilenischen Landwirtschaft gegeben hat; es sollte lediglich herausgestellt werden, daß insgesamt gesehen die Produk-

tionsleistung nicht mit dem Bevölkerungswachstum Schritt halten konnte. An einzelnen Fallstudien läßt sich anschaulich nachweisen, daß die chilenischen Landwirte durchaus auf veränderte Bedingungen – seien es die Verkehrsverhältnisse, die Marktsituation oder die Preispolitik – reagiert und ihr Produktionsziel oder ihre Bewirtschaftungsintensität darauf ausgerichtet haben.
Der „jungbesiedelte" Süden Chiles wurde vor allem deshalb als Beispiel gewählt, weil sich hier innerhalb eines gut überschaubaren Zeitraums ein mehrfacher Strukturwandel in der Landwirtschaft vollzogen hat.

Während der Kolonialzeit und in den ersten Jahrzehnten nach der Unabhängigkeit blieben die weiten Wald- und Steppengebiete südlich der Indianergrenze *(Frontera)* fast vollständig unbesiedelt. Die Kolonisation dieses Raumes begann erst 1848 mit der Ansiedlung deutscher Auswanderer im Seengebiet und setzte sich mit der um 1860 eingeleiteten Erschließung des nördlich angrenzenden Landesteiles fort. Im äußersten Süden, in der Provinz Magallanes, gab die Einführung der ersten Schafherden von den Falklandinseln (1878) einen entscheidenden Impuls für die agrarische Inwertsetzung, und in der zwischen 44° und 49° gelegenen, besonders schwer zugänglichen Provinz Aisén ließen sich sogar erst nach der Jahrhundertwende die ersten Siedler nieder.

Aus diesem seit Mitte des vorigen Jahrhunderts langsam erschlossenen Süden Chiles werden im folgenden zwei Beispiele vorgestellt, das südchilenische Seengebiet (Golte 1973) als ältester und die Provinz Aisén (Bähr & Golte 1976) als jüngster Kolonisationsraum jenseits der *Frontera*.

Ziel der folgenden Ausführungen kann es nicht sein, eine detaillierte und umfassende Übersicht der verschiedenen Kolonisationsprozesse zu geben. Das Schwergewicht der Darstellung wird vielmehr darauf gelegt werden, am Beispiel der Erschließungsbemühungen in der Seenregion ein einfaches, modellhaftes Ablaufschema der Kolonisation peripherer Räume vorzustellen und anschließend an einem ähnlich randlich gelegenen Gebiet, der Provinz Aisén, den modifizierenden Einfluß zusätzlicher, von außen herangetragener Entwicklungsfaktoren zu analysieren.

Die südchilenische *Región de los Lagos* verdankt ihren Namen einer auf die pleistozäne Vorlandvergletscherung zurückgehenden Seenkette, deren größter und bekanntester der 780 km² große Llanquihue-See ist. Das Gebiet weist die bekannte, für weite Teile Chiles charakteristische Dreigliederung auf: im Westen das bis zu 1000 m hohe Küstenbergland, daran östlich anschließend die 50 bis 300 m hoch gelegene, leicht hügelige Längssenke und schließlich zur argentinischen Grenze hin die *Cordillera Alta*, deren 1200 bis 1500 m hoher Sockel von tertiären bzw. quartären Basalt- und Andesitvulkanen wie dem Villarica oder Osorno überragt wird. Ausdruck des hochozeanischen, niederschlagsreichen Klimas (Abb. 3) ist das sehr üppige natürliche Waldkleid dieser Region. Die luvseitigen Hänge von Küsten- und Hochkordillere sind noch heute großenteils von artenreichen, vorwiegend immergrünen Regenwäldern überzogen, während die einst in der Längssenke vorherrschenden Lorbeer-Sommerwälder weitgehend dem Kulturland gewichen sind.

Eine erste oberflächliche Durchdringung dieses Raumes fand schon lange vor der Mitte des vorigen Jahrhunderts einsetzenden planmäßigen Erschließung statt. Bereits vor 1600 hatten spanische Konquistadoren die Meeresbucht von Reloncaví und die Insel Chiloé erreicht und im eroberten Gebiet mehrere Städte zur Sicherung ihrer Herrschaft gegründet (vgl. Kap. 2.1). Da die indianische Bevölkerung dieses Raumes, die Araukaner, der Eroberung von Anfang an heftigen Widerstand entgegensetzten, mußten sich die Spanier zunächst wieder zurückziehen, und es dauerte ungefähr 150 Jahre, bis sie ihre Siedlungstätigkeit wieder verstärkten und damit die endgültige Befriedung der Seenregion einleiteten (Lauer 1961).

Die Zeit zwischen dem Beginn dieser *Reconquista* und der planmäßigen Ansiedlung der ersten deutschen Kolonisten, der Abschnitt zwischen 1750 und 1850, kann als Vorphase der Agrarkolonisation bezeichnet werden. Die Siedler ließen sich damals vor allem im Gefolge von Missionen im Seengebiet nieder und betrieben auf großen Flächen eine Wald-Vieh-Wirtschaft oder bauten auf gerodetem Land Weizen an. Mit dem Bekanntwerden der Kolonisationspläne verstärkte sich diese spontane Landnahme und artete zum Teil in eine regelrechte Bodenspekulation aus. Dabei wurden die Indios sehr häufig auf betrügerische Weise um ihre Ländereien gebracht, wobei der Alkohol eine nicht unerhebliche Rolle spielte. Im nördlichen Teil der Längssenke bildete sich bereits damals ein vom Großgrundbesitz geprägtes Gebiet heraus, dem vor allem in der Umgebung der Missionsstationen der Kleinbesitz der aus ihren Siedlungsräumen verdrängten indianischen Bevölkerung gegenüberstand.

Mit der Ansiedlung deutscher Auswanderer begann um 1850 eine ältere Kolonisationsphase, die durch weitgehende Isolierung des neugeschaffenen Siedlungsraumes vom zentralen Kern Chiles gekennzeichnet ist. Golte (1973) hat sie als ältere Rodungskolonisation bezeichnet. Für eine Ansiedlung von Kolonisten kamen besonders die südlichen Teile der Längssenke um den Llanquihue-See sowie Teile der Küstenkordillere und des Andenvorlandes in Betracht, die um diese Zeit noch völlig unbesiedelt und von undurchdringlichen Urwäldern bedeckt waren.

Die Idee, sich bei der Erschließung des Seengebietes ausländischer Kolonisten zu bedienen, reicht bis in die Kolonialzeit zurück. Konkrete Pläne zeichneten sich jedoch erst im Anschluß an die zu Beginn der 40er Jahre von dem im Dienste der chilenischen Regierung stehenden Bernhard Eunom Philippi durchgeführten Erkundungen und Bereisungen der Seenregion ab. Philippi wurde später zum Kolonisationsagenten ernannt und begab sich nach Deutschland, um hier Siedler anzuwerben. Golte (1973) schätzt, daß zwischen 1848 und 1875 etwa 6000 Einwanderer aus Deutschland nach Südchile kamen; etwa zwei Drittel waren entgegen ursprünglichen Plänen Protestanten, eindeutig dominierten handwerkliche und kaufmännische Berufsgruppen.

Die wirtschafts- und sozialgeographischen Auswirkungen dieser planmäßigen Staatskolonisation lassen sich in vier Punkten zusammenfassen.

1. Der besiedelte und erschlossene Raum wurde wesentlich erweitert und der Urwald zurückgedrängt. Im Gebiet um den Llanquihue-See, das seit 1852 von Puerto Montt aus erschlossen wurde, deutet bereits die systematische Fluraufteilung auf eine planmäßige Ansiedlung von Kolonisten hin. Die gereihten Breitstreifen in Besitzeinheiten grenzen bis auf wenige Ausnahmen mit der Schmalseite an den See (Abb. 34).
2. Im Mittel waren die damals vergebenen *chacras* oder *fundos* zwischen 75 und 200 ha groß. Damit bildete sich im Gebiet um den Llanquihue-See eine mittelbäuerliche Betriebsstruktur heraus, die sich klar von der durch das Nebeneinander von Großgrund- und Kleinbesitz geprägten mediterranen Zentralzone abhebt.
3. Die durch die schlechten Verkehrsbedingungen verstärkt ausgeprägte räumliche Isolierung der Siedler hatte eine weitgehende Abkapselung der Deutschstämmigen von den Ibero-Chilenen und damit die Herausbildung einer „geschlossenen Gesellschaft“ zur Folge, was in der Aufrechterhaltung der deutschen Sprache und in der Gründung zahlreicher deutscher Schulen und Vereine zum Ausdruck kam.
4. Die isolierte Lage des Siedlungsraumes hatte auf der anderen Seite den unbestrit-

Abb. 34: Ursprüngliche Besitzaufteilung am Llanquihue-See

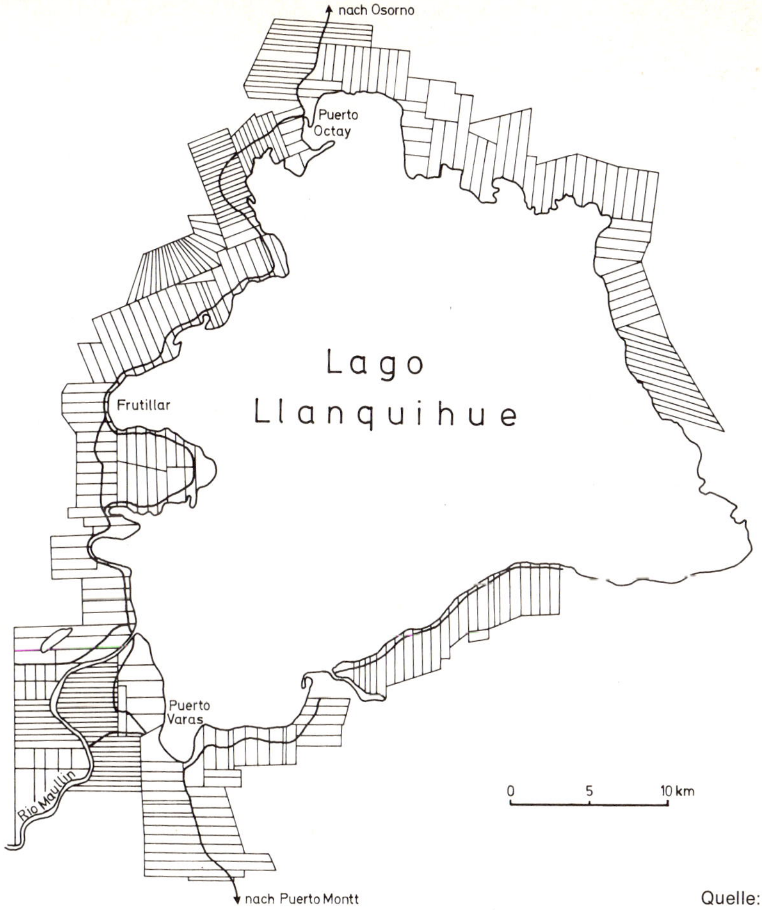

Quelle: Golte 1973

tenen Vorteil, daß sie die freie Entfaltung der Einwanderer begünstigte. Die wirtschaftliche Blüte jener Zeit wurde allerdings weniger von der noch immer auf eine extensive Viehzucht eingestellten Landwirtschaft als vielmehr vom gewerblich-industriellen Sektor getragen (Kap. 4.6).

Mit dem Anschluß an die chilenische Längsbahn im Jahre 1912 ging die Landnahme der älteren Agrarkolonisation zu Ende. Die Übergangsphase zu der nun folgenden jüngeren Kolonisation war wiederum durch eine außerordentlich hohe Bodenmobilität gekennzeichnet, da man sich durch den Bahnbau eine schnelle Wertsteigerung der Grundstücke erhoffte.

Die Agrarwirtschaft wurde durch die neuen Absatzmöglichkeiten in Mittelchile stark stimuliert; Gewerbe und Industrie nahmen jedoch an Bedeutung ab, vor allem weil sie sich gegen die Konkurrenz des rasch aufblühenden Industriegebietes um Santiago nur schlecht behaupten konnten. Kennzeichnend für die Entwicklung der Landwirtschaft in jener Zeit war jedoch weniger eine qualitative Veränderung als vielmehr eine quantitative Ausweitung. In dieser jüngeren Rodungskolonisation wurde der größte Teil der Längssenke in die bis heute charakteristische Parklandschaft umgeformt. Vom ehemaligen Wald sind nur noch einzelne mehr oder weniger dicht stehende Bäume erhalten, die als Reserve für Bau- oder Brennholz oder als Unterstellmöglichkeit für das Vieh dienen. Um möglichst schnell und regelmäßig zu Bargeld zu kommen, verlagerten die Kolonisten das wirtschaftliche Schwergewicht von der Viehzucht auf den Weizenanbau. Insgesamt blieb jedoch der extensive Charakter der Feld-Gras-Wirtschaft erhalten.

Bereits mit dem Anschluß an die Nord-Süd-Bahn kam es im Seengebiet durch die Zuwanderung von Ibero-Chilenen zu einer gewissen Auflösung des geschlossenen deutschen Siedlungsraumes und damit zum Ende der deutschen Kolonisation im engeren Sinne (Golte 1973). Endgültig ging die jüngere Rodungskolonisation um das Jahr 1950 zu Ende, da bis zu diesem Zeitpunkt das siedlungsfähige Land größtenteils erschlossen war.

Die nun folgende vierte Entwicklungsetappe ist nicht mehr durch die äußere Erweiterung des Siedlungsraumes gekennzeichnet, sondern durch eine intensivere Nutzung der Betriebsfläche. Sie kann als Phase des inneren Ausbaus bezeichnet werden. Die Umstellung in der Wirtschaftsweise drückt sich darin aus, daß die Feld-Gras-Wechselwirtschaft von einer Dauergrünlandwirtschaft und einer davon getrennten, allerdings weniger bedeutsamen Ackernutzung abgelöst wurde.

Im Übergang zur Umtriebsweise, wie sie in ähnlicher Form auch in völlig anderen Klimabereichen studiert werden kann, zeigt sich die Intensivierung der Viehwirtschaft besonders deutlich (vgl. dazu auch Riesco (1978) für die *Frontera*). Das Dauergrünland wird dabei in eine große Zahl kleiner, eingezäunter Flächen unterteilt, die nach einem bestimmten Zyklus beweidet werden. Jeder Kamp oder *potrero* hat so nach dem Weidegang wieder Zeit, sich zu erholen.

Wegen der hohen Invesititionskosten steckt dieser innere Ausbau der Betriebe bei vielen Landwirten noch ganz in den Anfängen und kam nach der Verabschiedung des Agrarreformgesetzes von 1967 fast vollständig zum Erliegen. Überdies war bei den festliegenden, sehr niedrigen Verkaufspreisen (insbesondere für Milch) und gleichzeitig hohen Kosten für alle Betriebsmittel eine weitere Verbesserung der Weiden ökonomisch nicht sinnvoll; die Berechnungen von Beck (1974) ergaben sogar, daß viele Betriebe noch zu aufwendig wirtschafteten. Es muß bedenklich stimmen, war aber bezeichnend für die Situation der chilenischen Landwirtschaft in jener Zeit, daß sich durch eine Rückkehr zur reinen Naturweidenutzung bei gleichzeitiger Verminderung des Viehbestandes höhere Gewinne erzielen ließen als durch eine Fortsetzung des inneren Ausbaus.

Die zuletzt beschriebene Kolonisationsphase wird bereits von einem weltweit verbreiteten, von außen herangetragenen Entwicklungsfaktor überlagert: der zunehmenden Landflucht und Verstädterung. Vergleicht man das Wachstum der ländlichen und städtischen

Abb. 35: Entwicklung der ländlichen und städtischen Bevölkerung im Seengebiet (Provinzen Valdivia, Osorno, Llanquihue)

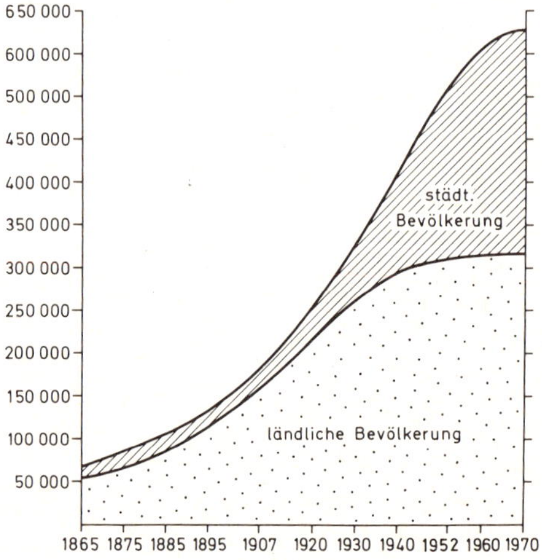

Quelle: Golte 1973

Bevölkerung im Seengebiet (Abb. 35), so zeigt sich, daß die fortschreitende Rodungskolonisation noch bis 1940 eine stärkere Zunahme der ländlichen Bevölkerung ermöglichte, was sich seitdem mehr und mehr in das Gegenteil verkehrte. Die durch die Mechanisierung der Landwirtschaft eingeleitete Abwanderung wurde durch staatliche Maßnahmen (z. B. Sozialgesetzgebung, Agrarreform) weiter beschleunigt. Damit treten heute in einem Gebiet, das sich noch bis vor kurzem im Stadium der Kolonisation befand, die gleichen Probleme auf, wie sie für andere Räume Chiles schon seit längerem charakteristisch sind, so beispielsweise das unkontrollierte Wachstum der Städte in Form von Barackensiedlungen (vgl. Kap. 4.6).

Dieser regelhafte Ablauf des Kolonisationsprozesses soll nun am Beispiel der im Großen Süden Chiles gelegenen Provinz Aisén überprüft werden (Abb. 36).

Abb. 36: Kolonisationsgebiete in Aisén

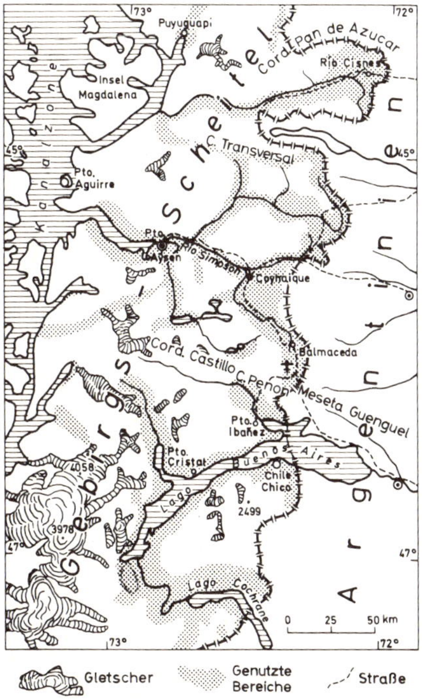

Quelle: Bähr & Golte 1976

In diesem, vom übrigen Chile auf dem Landweg nicht erreichbaren sehr jungen Kolonisationsraum, wurde bis heute nicht alles siedlungsfähige Land erschlossen, und es bieten sich daher hier für die chilenische Regierung gewisse Möglichkeiten, die agrarisch genutzten Flächen des Landes auszuweiten, um von den von Jahr zu Jahr gestiegenen Nahrungsmittelimporten unabhängiger zu werden.

Das einschneidenste Hindernis für eine flächenhafte Besiedlung dieses Raumes muß in der Tatsache gesehen werden, daß der Hauptsiedlungsraum Chiles, das *Valle Longitudinal* im Golf von Reloncaví unter den Meeresspiegel abtaucht, so daß der gesamte Große Süden einzig von der Hauptkette der Anden und ihrem östlichen Vorland gebildet wird. Aufgrund eines Schiedsspruches des englischen Königs aus dem Jahre 1902 lehnt sich hier die Staatsgrenze zwischen Argentinien und Chile eng an die Wasserscheide an, die jedoch nicht vollständig mit der Hauptgipfellinie der Anden identisch ist, sondern in drei von steilen Gebirgszügen getrennten Vorlandfeldern am Río Cisnes, am Río Simpson und am Lago Buenos Aires auf die ostpatagonische Steppe übergreift.

Die geomorphologische West-Ost-Gliederung wird durch die klimatischen Verhältnisse noch unterstrichen. Auf geringer horizontaler Distanz vollzieht sich am Andenrand durch die abschirmende Wirkung der Hochkordillere ein markanter Wechsel des Klimas und der Vegetation. Von zahlreichen Standorten aus läßt sich mit einem Blick der Übergang vom dichten, feuchten Nebelwald der Kordillere bis hin zur baumlosen Steppe erfassen.

Aufgrund seiner peripheren Lage und mangelhaften Verkehrserschließung ist die Ausgangssituation der Kolonisation voll mit derjenigen des Seengebietes vergleichbar. Auch die physischen Voraussetzungen, insbesondere die ursprüngliche Bedeckung beider Räume mit regennassen, üppigen Urwäldern, sind einander recht ähnlich. Es ist daher zu erwarten, daß der Kolonisationsprozeß in Aisén nach den gleichen Gesetzmäßigkeiten abgelaufen ist, wie sie für das Seengebiet herausgestellt wurden. Das trifft für die erste Entwicklungsetappe auch tatsächlich zu.

Die Vorphase der Agrarkolonisation begann in Aisén erst nach der Jahrhundertwende und reichte etwa bis 1930. Sie stand wenigstens zum Teil in Zusammenhang mit der seit 1903 am argentinischen Andenrand einsetzenden staatlich gelenkten Kolonisation (Eriksen 1970), durch die einzelne vorher von Chile eingewanderte Siedler gezwungen wurden, das Land wieder zu verlassen. Es lag nahe, daß sie versuchten, jenseits der nunmehr festgelegten Grenze neues Siedlungsland in Besitz zu nehmen.

Die Lage Aiséns nahe der Polargrenze des Getreideanbaus veranlaßte die Kolonisten, sich in erster Linie einer extensiven Viehwirtschaft zuzuwenden. Daran hat sich bis heute nichts geändert; Wolle und Mastvieh sind nach wie vor die wichtigsten in Aisén erzeugten Agrarprodukte.

Kennzeichnend für diese Periode der spontanen Landnahme sind die ständigen Auseinandersetzungen zwischen Siedlern, die sich ohne Besitztitel hier niedergelassen hatten, und großen Gesellschaften, denen vom Staat das Nutzungsrecht über riesige Ländereien unter bestimmten Auflagen abgetreten worden war. Neben dem Bau von Straßen und der Errichtung von Schiffsverbindungen sollten die Gesellschaften auf ihrem Gebiet eine bestimmte Anzahl ausländischer Kolonisten ansiedeln. Der Staat glaubte, auf diese Weise – ähnlich wie zuvor in Magallanes – eine Erschließung des Raumes zu erreichen, ohne sich aktiv in den Kolonisationsprozeß einzuschalten. So entstanden zwischen 1903 und 1924 drei kapitalkräftige Gesellschaften, die zunächst für 20 Jahre die größten Teile der genannten Vorlandfelder als Weidegebiet nutzen konnten.

Die Politik der Regierung, dadurch eine Ansiedlung von Kolonisten zu erreichen, erwies sich jedoch als ein Fehlschlag. Keine der Gesellschaften ist den in ihren Verträgen enthaltenen Auflagen vollständig nachgekommen. Ausländische Siedler kamen überhaupt nicht ins Land, und nur im Tal des Río Simpson wurden einige Chilenen angesiedelt.

Erst zu Beginn der 30er Jahre unter der Präsidentschaft von Carlos Ibáñez sah sich der Staat gezwungen, in die Besiedlung des Raumes lenkend einzugreifen und damit die erste, mehr oder weniger unkontrolliert verlaufende Kolonisationsphase zu beenden. Jetzt begann die bis heute noch nicht abgeschlossene, zweite Erschließungsetappe, die in unserem allgemeinen Ablaufschema der älteren Kolonisationsphase mit ausgeprägter räumlicher Isolierung des Siedlungsgebietes entspricht.

Durch neue Gesetze konnte es die Regierung erreichen, daß den meisten Okkupanten ihr Besitz nunmehr auch rechtmäßig übertragen wurde und daß die Gesellschaften große Teile ihres bisher bewirtschafteten Landes zurückgeben mußten, das damit für die Ansiedlung von Kolonisten bereitgestellt werden konnte. Nur in wenigen Fällen entstanden jedoch in dieser Zeit geschlossene und einheitlich geplante Siedlungskolonien, wie z. B. am Llanquihue-See.

Im Zuge der chilenischen Agrarreform fielen in den letzten Jahren nochmals größere Ländereien an den Staat zurück. Insgesamt sind hier 65 Betriebe mit knapp 300 000 ha enteignet worden. Nach 1973 wurden davon 36 000 ha an die Vorbesitzer (37 Betriebe) zurückgegeben. Über den Rest ist bis auf die vor dem Machtwechsel vorgenommene kooperative Zuweisung von 42 000 ha noch nicht verfügt worden. Für die von der Militärregierung angestrebte Vergabe an Einzelbesitzer eignen sich die Flächen kaum, da sie ausschließlich entlegene und nicht ackerfähige Gebiete umfassen.

Die beschriebene, ungefähr mit dem Jahre 1930 einsetzende Entwicklungsetappe in Aisén läßt sich mit der zweiten, staatlich gelenkten Kolonisationsphase des Seengebietes parallelisieren. Weisen somit die Anfänge der Kolonisation in beiden Räumen weitgehende Übereinstimmung auf, so sind die dritte und vierte der für das Seengebiet charakterischen Entwicklungsphasen in Aisén nicht mehr ausgebildet. Stattdessen beginnt sich der weltweite Prozeß von Landflucht und Verstädterung auch in einem Raum auszuwirken, dessen siedlungsfähiges Land noch keineswegs voll erschlossen ist oder gar intensiv genutzt wird. Insgesamt gesehen war die Wanderungsbilanz der Provinz zwischen 1960 und 1970 erstmals negativ (Abb. 7). An Einwohnerzahl zugenommen haben in diesem Zeitraum nur noch die wenigen städtischen Siedlungen, die ländliche Bevölkerung nahm dagegen sogar absolut gesehen leicht ab.

Einige wichtige Gründe für diese verhängnisvolle Entwicklung sollen im folgenden beispielhaft aufgezeigt werden. In Abb. 37 wird eine kleine Kolonistenstelle in der Nähe des Lago Frío im Südwesten von Coyhaique vorgestellt. Die gesamte Fläche umfaßt 100 ha, davon sind allerdings nur 5 ha vollständig „sauber“. Der Rest ist mehr oder weniger weitgehend gerodet und gibt Zeugnis einer ausgedehnten Waldvernichtung durch Feuer. Das Bild stehengebliebener und umherliegender, vom Brand geschwärzter Baumstämme vermittelt den Eindruck der noch in Gang befindlichen Rodung.

Entsprechend der Höhenlage von 650 m ist der Anbau nur unter großem Risiko möglich und nimmt keine größeren Flächen ein. Hafer und Kartoffeln dienen lediglich der Selbstversorgung. Regelmäßige Bareinnahmen zieht der Besitzer nur aus seinem Viehstapel von 200 Schafen und 10 Kühen.

Abb. 37: Gehöft eines Kolonisten am Lago Frío (Provinz Aisén)

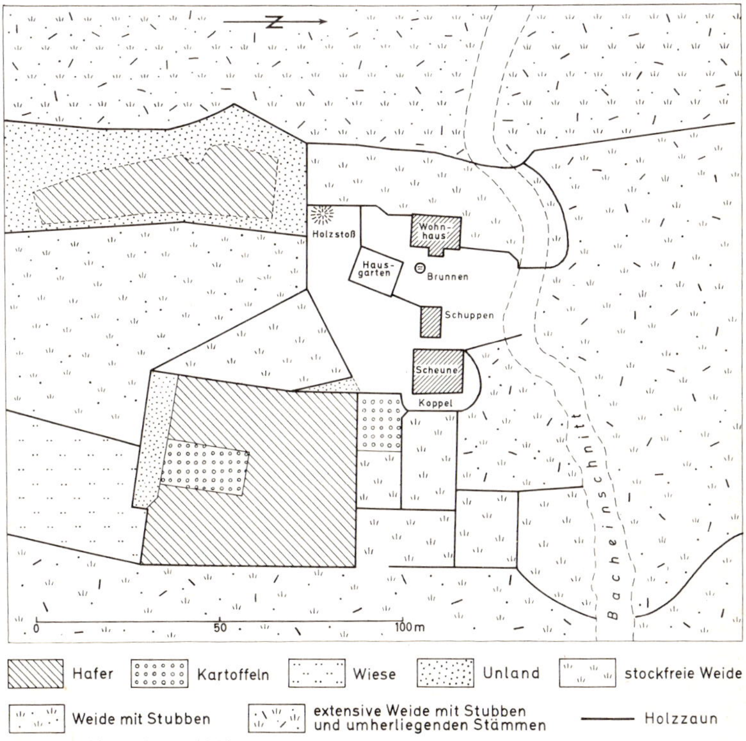

Quelle: Bähr & Golte 1976

Der Mangel an Kapital verzögerte und erschwerte den Aufbau des Betriebes erheblich. Als der heutige Besitzer 1965 dorthin kam, mußte er seinen ganzen Viehbesitz veräußern, um sich sein Haus bauen zu können. Er lebte in den ersten Jahren ausschließlich vom Verpachten des Landes und konnte erst allmählich wieder etwas Vieh aufkaufen. Auch in Zukunft wird er aufgrund der ständig gewachsenen Preisschere zwischen landwirtschaftlichen Produkten und industriellen Erzeugnissen keine größeren Investitionen vornehmen können, und an der extensiven Nutzung der Betriebsfläche dürfte sich damit kaum etwas ändern.

Daß man bei staatlich festgesetzten Preisen für landwirtschaftliche Produkte, die oft niedriger als die Aufwandskosten sind, kaum jemand zu Produktionsausweitungen stimulieren kann, zeigt sich auch am Beispiel der erst 1969 gegründeten Molkerei von Coyhaique. Der extrem niedrige Aufkaufpreis für Milch führte 1973 dazu, daß die Anlieferungen von den kleinen Landwirten aus der Umgebung fast völlig eingestellt wurden und deshalb selbst in der inmitten eines Viehzuchtgebietes gelegenen Stadt Versorgungsschwierigkeiten bei Milch und Butter auftraten.

Inwieweit sich die neuerdings eingeleitete Freigabe der Preise für landwirtschaftliche Produkte positiv auf den Fortgang der Kolonisation in Aisén auswirken wird, bleibt zunächst noch abzuwarten.

Mit diesen wenigen Beispielen sollten einige der Schwierigkeiten angedeutet werden, die einer weiteren Entwicklung der Agrarkolonisation im Wege stehen. Die unzureichende Verkehrserschließung im Inneren und nach außen, die mangelnde Kaufkraft in der Provinz selbst, die hohen Transportkosten und die staatlich festgelegten niedrigen Preise für Agrarprodukte haben bei von Natur aus sehr schwierigen Bedingungen dazu geführt, daß sowohl die Erschließung neuen Siedlungslandes als auch der innere Ausbau der vorhandenen Betriebe ins Stocken geraten sind. Als Folge dieser Situation ist das Bevölkerungswachstum seit 1960 einseitig zu Lasten des städtischen Anteils gegangen. Das überproportionale Wachstum der Städte und vor allem der größten Stadt Coyhaique, wo heute bereits ein Drittel der Provinzbevölkerung lebt, muß besonders deshalb als eine verhängnisvolle Fehlentwicklung bezeichnet werden, weil es nicht auf einer Freisetzung von Arbeitskräften in der Landwirtschaft durch zunehmende Intensivierung und Mechanisierung und dem gleichzeitigen Aufbau einer verarbeitenden Industrie beruht. Ein Blick auf die Beschäftigungsstatistik macht deutlich, daß der Bevölkerungszuwachs der Provinz einzig und allein auf den aufgeblähten tertiären Sektor zurückgeht. So waren beispielsweise in der *comuna* Coyhaique, die die Stadt und den agrarischen Kernraum der Provinz umfaßt, 1970 nur 31% der Bevölkerung in der Landwirtschaft tätig, 14% in den meist kleinen Handwerks- und Industriebetrieben und der Rest von knapp 50% im Dienstleistungsbereich.

Daß der Staat durch die unangemessene Vergrößerung seines Verwaltungsapparates die Bevölkerungskonzentration auf nur wenige Städte noch beschleunigt, zeigt eine Analyse der Herkunftsorte für die zwischen 1965 und 1970 nach Coyhaique Zugewanderten. Nur 23% der Migranten kamen in dieser Periode aus der Provinz selbst. An der Spitze lag auch nicht das südchilenische Seengebiet, das in den 50er Jahren, als sich die Agrarkolonisation noch in voller Entwicklung befand, die größte Zahl der Siedler stellte, sondern mit 24% die 1500 km entfernte Provinz Santiago und damit die Landeshauptstadt.

Aus einer Analyse der wanderungsdifferenzierenden Merkmale wie Alter, Beruf und Ausbildung läßt sich schließen, daß die von der *Zona Metropolitana* ausgehenden Wanderungsströme zu einem großen Teil von relativ gut ausgebildeten Staatsbediensteten getragen werden, die nach Abschluß ihres Studiums oder ihrer Berufsausbildung im Alter zwischen 20 und 30 Jahren eine geeignete Stelle in den größeren Provinzstädten finden oder nach dort versetzt werden. Der ungewöhnlich starke Zentralismus der chilenischen Verwaltung bringt es mit sich, daß vor allem die gehobenen und leitenden Positionen vielfach von Santiago aus vergeben werden.

Die innere Gesetzmäßigkeit der Kolonisation ist damit in Aisén schon sehr früh vom äußeren Entwicklungsfaktor einer fortschreitenden Verstädterung überlagert bzw. abgelöst worden. Das modellhafte Ablaufschema einer Erschließung peripherer Räume ist daher nur in seinen ersten beiden Phasen zu erkennen. Einer Vorphase der Agrarkolonisation mit spontaner, ungeregelter Landnahme folgte auch hier, wie im südchilenischen Seengebiet, eine ältere Kolonisationsphase, in der der Staat erstmals ordnend in den Siedlungsprozeß eingriff. Die für diese Entwicklungsetappe als charakteristisch herausgestellte, weitgehende räumliche Isolierung konnte jedoch in Aisén bis heute nicht überwunden werden: Unzugänglichkeit und Verkehrsferne sind nach wie vor die entscheidenden Strukturmerkmale dieses Raumes. Noch vor Beginn der dritten Entwicklungsphase, als deren wichtigste Merkmale die Integration des Siedlungsraumes in das Staatswesen und die Erschließung allen siedlungsfähigen Landes angesehen werden können, sind die Kolonisationsbemühungen in Aisén zum Stillstand gekommen, und ein überproportionales Wachstum der wenigen größeren Städte mit all seinen Begleiterscheinungen beginnt sich auch in diesem peripher gelegenen Landesteil abzuzeichnen.

6 Entwicklung von Bergbau und Industrie

6.1 Der Salpeter – Chiles wichtigste Geldquelle bis zur Weltwirtschaftskrise

Die ersten nach Chile vordringenden spanischen Konquistadoren waren enttäuscht darüber, daß sie hier kein neues Silber- und Goldland wie Peru oder Bolivien fanden. Während der ganzen Kolonialzeit hat der Bergbau in Chile keine größere wirtschaftliche Bedeutung gehabt, sieht man von der geringfügigen Goldwäscherei einmal ab. Die wirklichen Reichtümer des Landes lagen damals noch unentdeckt unter dem Wüstenboden und in den Gebirgsketten der Kordilleren. Das änderte sich erst, als Mitte des vorigen Jahrhunderts die Ausbeutung ergiebiger Silbervorkommen am Südrand der Atacama zu einer Art „Silberrausch" führte, der beispielsweise die Stadt Copiapó reich und weltberühmt machte (Schmithüsen 1953). Von hier aus drangen die Erzsucher später weiter nach Norden vor und stießen dabei auf unzählige kleinere Silber- und Kupferschürfstellen. Der „Silberboom" kulminierte um 1870, als man südlich von Calama eine neue reiche Lagerstätte (Caracoles) fand. Neben dem Silber war schon damals das in Ganglagerstätten (mit hohem Mineralgehalt) abgebaute Kupfer Chiles bedeutendstes Ausfuhrgut (1861–70: 44% der Weltkupferproduktion). Aber mit der Erschöpfung der wichtigsten Vorkommen ging der Abbau beider Erze bis zur Jahrhundertwende wieder rasch zurück. Die auf den Export bergbaulicher Primärprodukte eingestellte chilenische Wirtschaft war dadurch jedoch zu keiner grundlegenden Neuorientierung gezwungen, denn auf den „Silber-Kupfer-Boom" folgte fast nahtlos der „Salpeterboom".

Das Grundmaterial für die Salpetergewinnung, der am Ostfuß des nordchilenischen Küstenberglandes anstehende *caliche* (vgl. Kap. 2.4), war zwar schon in inkaischer Zeit bekannt (Bermúdez 1963), eine sporadische Nutzung der Vorkommen setzte aber erst am Ende der Kolonialzeit ein. In diesem ersten, bis etwa 1830 dauernden Entwicklungsabschnitt war die gesamte Salpeterexploitation auf eine Verwendung des gewonnenen Natriumnitrates als Grundstoff zur Pulvererzeugung ausgerichtet.

Die ersten acht *oficinas salitreras* entstanden zwischen 1810 und 1812 im Raume Zapiga und Negreiros (Abb. 38). In ihren als *paradas* bezeichneten primitiven Verarbeitungsanlagen wurde der *caliche* über offenem Feuer ausgelaugt und die so erhaltene Lösung später wieder eingedampft. Da die *Pampa del Tamarugal* stellenweise mit einem oberflächennahen Grundwasserkissen ausgestattet ist, ließ sich das benötigte Wasser mit Hilfe von bis zu 30 m tiefen Brunnenanlagen gewinnen (Bermúdez 1963). Holz sowie Nahrungsmittel für die Salpeterarbeiter und Futter für die Transporttiere mußten jedoch aus weiter Entfernung herbeigeschafft werden. Die wachsende Nachfrage nach Viehfutter trug mit dazu bei, daß sich die Oasen der nordchilenischen Wüste damals mehr und mehr auf den Anbau von *alfalfa* (Luzerne) umstellten, das sie an die Salpeteroficinas verkauften.

Eine zweite Entwicklungsphase der Salpeterindustrie setzte zwischen 1830 und 1840 ein. Sie läßt sich durch den in südliche Richtung fortschreitenden Abbau (Abb. 38) sowie eine Verbesserung der Aufbereitungstechniken kennzeichnen. Anlaß zu dieser Ausweitung war die Tatsache, daß man in Europa in zunehmendem Maße von der Möglichkeit Gebrauch machte, die chilenischen Nitrate als Düngemittel zu verwenden.

Die wichtigsten Stationen einer räumlichen Ausdehnung der Felder waren der Beginn des Abbaus im Sektor La Noria (Hinterland von Iquique, 1835), die Entdeckung der Lagerstätten bei Aguas Blancas (südwestlich von Antofagasta) im Jahre 1860, derjenigen von Toco (nordwestlich von Antofagasta) 10 Jahre später und schließlich 1876 die Erschließung des Abbaugebietes im Hinterland von Taltal.

Parallel zu der Ausbeutung neuer Felder entstanden entlang der Küste eine ganze Reihe von Verladeplätzen *(caletas)*; genannt seien nur Pisagua und Mejillones (1831), Tocopilla (1843), Antofagasta (1868) und Taltal (1877). Neben diesen heute noch bestehenden Siedlungen gab es Mitte des 19. Jh. allein in der Provinz Tarapacá fünf weitere Verladestellen, die inzwischen völlig verlassen oder bedeutungslos sind (Bermúdez 1963).

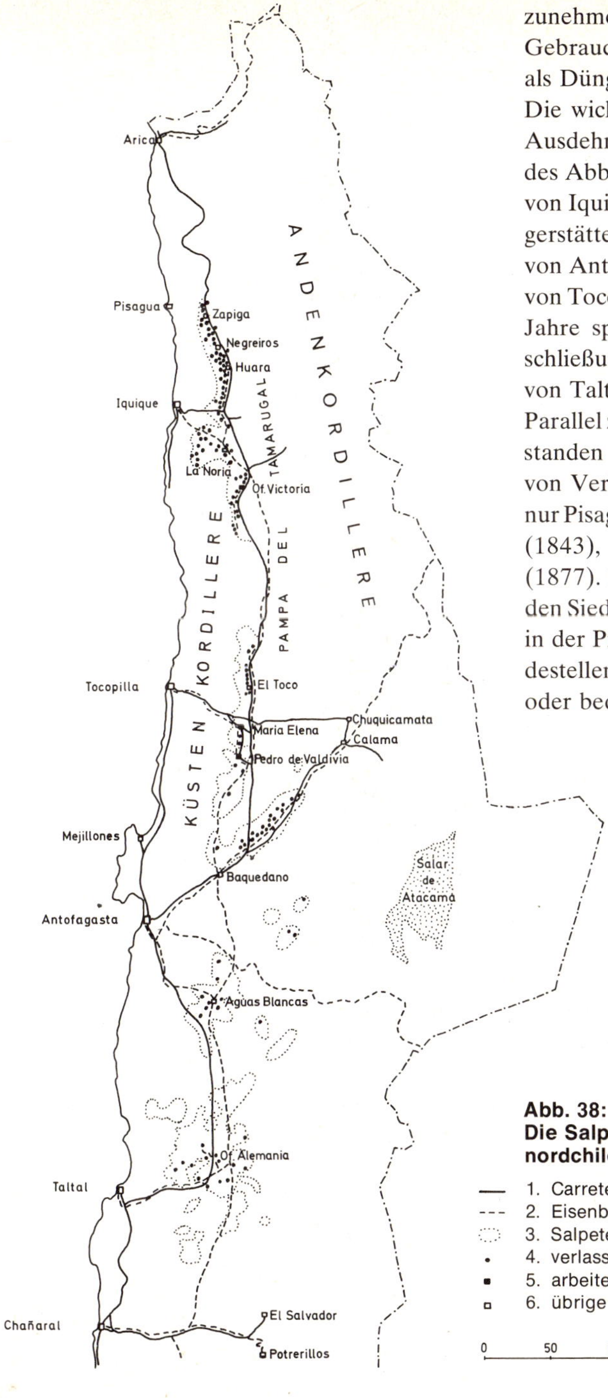

Abb. 38:
Die Salpeterzone in der nordchilenischen Wüste

1. Carretera Panamericana und andere Teerstraßen
2. Eisenbahnlinien
3. Salpeterfelder (nach Weischet 1970)
4. verlassene Salpeteroficinas (1930 noch arbeitend)
5. arbeitende Salpeteroficinas (1979)
6. übrige Siedlungen

0 50 100 km

Quelle: Bähr1976 c

Schritt für Schritt wurden in diesem Zeitabschnitt auch die Aufbereitungstechniken in den *oficinas* verbessert: 1853 entwickelte Pedro Gamboni ein Verfahren, bei dem die Auslaugung nicht mehr über offenem Feuer, sondern unter Verwendung von Wasserdampf erfolgte, 1866 wurde in Tarapacá zum ersten Male Jod als Nebenprodukt gewonnen, und seit 1876 ermöglichte das von Santiago Humberstone eingeführte *shanks*-System, auch *caliche* mit einem Salpeteranteil von weniger als 30% wirtschaftlich auszubeuten. Nach dieser ständig verbesserten Methode – der Mindestsalpetergehalt des Grundmaterials konnte später auf 13% gesenkt werden – arbeiteten noch bis Ende der 20er Jahre sämtliche chilenischen Salpeter-oficinas.

Dieser Entwicklungsphase der äußeren Erweiterung der Salpeterzone folgte nach dem Pazifischen Krieg ein Zeitabschnitt, der durch eine Intensivierung des Abbaus gekennzeichnet war. Der 1879 zwischen Chile und seinen Nachbarn Peru und Bolivien ausgebrochene Krieg hatte sich gerade an Interessenkonflikten wegen der Salpetervorkommen entzündet, denn in der peruanischen Abbauzone (Tarapacá) kontrollierten die Chilenen schon vor Ausbruch der Feindseligkeiten etwa ein Fünftel der Produktion, und in den damals zu Boliven bzw. Peru gehörenden Provinzen Antofagasta bzw. Tarapacá waren die Chilenen auch bevölkerungsmäßig in der Überzahl (Bermúdez 1963).

Nach dem Krieg waren es aber nicht so sehr Chilenen, die den Aufbau neuer *oficinas* übernahmen; vielmehr geriet die Salpeterproduktion mehr und mehr unter ausländische Kontrolle und leitete damit die *denacionalización* des chilenischen Exportsektors ein. In dieser Zeit floß vor allem britisches Kapital nach Chile, darüber hinaus haben aber auch viele Chilenen bereitwillig ihre Anteile an die Salpeterindustrie verkauft und sich stattdessen bevorzugt im Handel engagiert oder das gewonnene Geld in Landbesitz angelegt (Landes 1973). Der Salpeterboom ermöglichte es der chilenischen Regierung, auf eine Besteuerung von Besitz und Einkommen weitgehend zu verzichten (Einkommensteuer erst ab 1924) und sich mit den aus dem Außenhandel resultierenden Einnahmen zu begnügen (1895: 79% der Staatseinnahmen). Diese wiederum wurden in erster Linie für Infrastrukturmaßnahmen und den Ausbau der staatlichen Verwaltung und anderer öffentlicher Einrichtungen ausgegeben (Mamalakis 1976).

Die sehr liberale Wirtschaftspolitik der damaligen Zeit hat dazu beigetragen, daß das Land die Möglichkeit verpaßte, die Gewinne aus den Salpeterexporten zum allmählichen Aufbau einer verarbeitenden Industrie zu nutzen. Der Versuch von Präsident Balmaceda (1895–91), den Bergbau wieder in chilenische Hände zu überführen bzw. die Kontrolle der ausländischen Unternehmer zu verstärken, scheiterte, da gerade die einflußreichen Bevölkerungskreise nicht bereit waren, den „leichten Weg zum Wohlstand" gegen eine auch persönliche Opfer erfordernde Zukunftsvorsorge einzutauschen.

Die Zeit vom Pazifischen Krieg bis zum 1. Weltkrieg ist durch einen starken Anstieg der Salpeterproduktion gekennzeichnet (Tab. 32). Das bereits 1876 entwickelte *shanks*-System kam erst jetzt verstärkt zur Anwendung, und der Transport des fertigen Produktes zu den Verladeplätzen an der Küste wurde durch den Bau von Eisenbahnlinien wesentlich erleichtert. Eine erste Stichbahn entstand 1871 zwischen Iquique und La Noria. Diese Umstellung beim Abtransport hatte für die Entwicklung der Küstenorte einschneidende Folgen. Da der Steilabfall der Küstenkordillere zum Meer nur unter großen Schwierigkeiten beim Bahnbau überwunden werden konnte, wurden nicht sämtliche bisher bestehenden Verladeplätze durch eine Eisenbahnlinie mit ihrem Hinterland verbunden. Deshalb verloren viele der kleinen *caletas* bereits damals jegliche Bedeutung und wurden wieder aufgegeben.

Der Aufschwung der Produktion soll durch einige wenige Zahlenangaben belegt werden: 1880 exportierte Chile 223 974 t Salpeter, 1913 mehr als das Zehnfache (2 738 339 t). Insgesamt arbeiteten im gleichen Jahre (1913) 170 *oficinas*, die zusammen 45 431 Arbeiter (1900: noch 19 672) beschäftigten (Hernández 1930). Aber nicht nur die Entwicklung der Ausfuhren ging in dieser Zeit steil aufwärts, auch die auf dem Weltmarkt erzielten Preise stiegen ständig an, so z. B. zwischen 1910 und 1918 um fast das Doppelte. In der zweiten Hälfte des vorigen Jahrhunderts hat der Chilesalpeter zu 70% den Gesamtbedarf an Stickstoffdünger in der Welt gedeckt, gegenüber nur noch 30% zu Beginn der zwanziger Jahre, knapp 5% im Jahre 1950 und heute weniger als 1% (Henglein 1958a).

Die kommende Salpeterkrise und damit die vierte Entwicklungsphase begann sich bereits 1913 abzuzeichnen, als in Deutschland die synthetische Stickstoffherstellung gelang (Haber-Bosch-Verfahren). Durch die Entwicklung neuer Aufbereitungstechniken (Guggenheim-Verfahren), die 1927 bzw. 1931 in den mit US-amerikanischem Kapital gegründeten Großanlagen von Maria Elena und Pedro de Valdivia (Abb. 38) zur Anwendung kamen, wurde der endgültige Niedergang noch einige Jahre hinausgeschoben. In dieser letzten Blütezeit des chilenischen Salpeterabbaus wurden nochmals neue Rekordzahlen erreicht, so 1925 eine Beschäftigtenzahl von 60 785 und 1929 ein Export von knapp 3 Mill. t.

Die Weltwirtschaftskrise war schließlich der äußere Anlaß für einen drastischen Rückgang der Exporte (1933: 437 655 t). Von diesem Schlag hat sich die chilenische Salpeterindustrie nie wieder vollständig erholen können, obwohl der Staat seit 1930 – zunächst über die *Compañía de Salitre de Chile* und später durch die *Compañía de Ventas de Salitre y Yodo de Chile* – den Unternehmen zahlreiche Erleichterungen und Unterstützungen gewährte und sich vor allem um eine zentrale Organisation des Exportes bemühte. Im Laufe der Zeit mußten mehr als 100, jetzt unrentabel arbeitende *oficinas* ihren Betrieb einstellen. Bis 1959 hatte sich ihre Zahl auf 25 verringert, und von 1966 an widmeten sich nur noch vier Betriebe dem Salpeterabbau. Dazu gehörten die ehemals US-amerikanischen, nach modernsten Gesichtspunkten arbeitenden Großunternehmen Maria Elena (Kapazität 200 000 t) und Pedro de Valdivia (600 000 t), das 1945 gegründete Werk Victoria im Hinterland von Iquique (140 000 t) und das als einziges noch nach dem alten *shanks*-Verfahren arbeitende Oficina Alemania bei Taltal (36 000 t). 1971 waren in den genannten Betrieben noch 8000 Arbeiter und Angestellte beschäftigt. Eine letzte Schrumpfung des Abbaus begann 1977, als die unrentabel und mit völlig veralteten Anlagen arbeitende Oficina Alemania endgültig geschlossen wurde und man vom Werk Victoria knapp 20% der Beschäftigten abzog, um sie auf die beiden anderen Großbetriebe zu verteilen.

Nach dem während der Weltwirtschaftskrise erreichten Tiefstand pendelte sich die chilenische Salpetererzeugung seit Mitte der drei-

Tabelle 32: Entwicklung der chilenischen Salpeterproduktion 1830–1976 (in t)

1830	860
1850	30 000
1870	100 000
1880	223 000
1890	670 000
1900	1 643 000
1910	2 440 800
1920	2 777 000
1928	3 165 000
1933	433 100
1934/35	1 135 200
1940/41	1 384 800
1950/51	1 659 700
1960/61	932 700
1970/71	809 700
1976	619 000

Quelle: Bähr 1976 c, ergänzt

ßiger Jahre bei gut 1 Mill. t Jahresproduktion ein und fiel erst im letzten Jahrzehnt erneut ab (Tab. 32, Abb. 40), so daß die Kapazitäten der Unternehmen sowohl für die Salpetererzeugung wie auch für das wichtigste Nebenprodukt (Jod) bei weitem nicht mehr ausgelastet sind. Das Arbeitsplatzangebot in der Salpeterindustrie reduzierte sich nicht nur durch die Stillegung ganzer Betriebe, sondern auch durch eine zunehmende Mechanisierung von Abbau und Aufbereitung. Nur dadurch war es möglich, auf dem Weltmarkt einigermaßen konkurrenzfähig zu bleiben. So nahm die Beschäftigtenzahl zwischen 1943 und 1963 um fast 50% (19994 auf 10072) ab, während sich die Produktion im gleichen Zeitraum nicht wesentlich veränderte (1,17 bzw. 1,14 Mill. t).

Erst während der Regierungszeit des Präsidenten Allende wurde wieder eine größere Zahl von Neueinstellungen vorgenommen, die jedoch (ähnlich wie in den großen Kupferminen) nicht den produzierenden Sektor, sondern ausschließlich den schon immer überbesetzten Verwaltungsapparat verstärkten. Rein rechnerisch entwickelte sich der Salpeterexport für den chilenischen Staat dadurch sogar zu einem Verlustgeschäft. Da das Land aber in hohem Maße auf Deviseneinnahmen angewiesen war, wurden diese Verluste in Kauf genommen, solange sich wenigstens auf der „Dollarseite" noch ein Plus ergab.

Wie in anderen Bereichen der bislang staatlich kontrollierten Wirtschaft hat die gegenwärtige Militärregierung eine erhebliche Reduzierung des Personalbestandes eingeleitet. Die Zahl der in der Salpeterindustrie Beschäftigten dürfte heute wieder bei weniger als 10000 und damit noch unter dem für Mitte der 60er Jahre verzeichneten Stand liegen. Das hat zusammen mit den seit der Ölkrise angestiegenen Preisen für Salpeter dazu beigetragen, daß die Rentabilität der Betriebe heute wieder besser gesichert ist als noch vor wenigen Jahren. Trotz leicht gefallener Fördermengen (Jahresmittel 1971–73: 715000 t; 1974–76: 690000 t) erhöhten sich die Exporterlöse (für Salpeter und Jod) im gleichen Zeitraum von 31,1 Mill. US-Dollar pro Jahr auf 52,4 Mill.

Die heute noch arbeitenden Salpeteroficinas zeichnen sich durch eine Dreiteilung des Gesamtkomplexes in den Abbaubereich, die Verarbeitungsanlagen sowie die Wohnsiedlungen der Beschäftigten aus (Bähr 1976c; Abb. 39).

Da der *caliche* linsen- bzw. zungenförmig in das taube Gestein *(costra)* eingelagert ist, gehört zu jedem Betrieb ein riesiges Abbaufeld, das mit jeweils neuverlegten Eisenbahnschienen erschlossen wird. Mit Spezialbaggern wird die *costra* zur Seite geräumt und der *caliche* in Waggons zu den Aufbereitungsstätten transportiert. In den nach dem Guggenheim-Verfahren arbeitenden Betrieben kann *caliche* bis zu einem Salpetergehalt von nur 6% verarbeitet werden.

Das Rohmaterial wird zunächst in Gesteinsmühlen stufenweise zerkleinert und anschließend in großen offenen Becken ausgelaugt. Die erhaltene Lösung wird konzentriert, die Salze werden ausgefällt und in Zentrifugen getrocknet. In einem letzten Arbeitsgang wird der brikettierte Kristallschlamm unter hohen Temperaturen eingeschmolzen, aus Düsen ausgespritzt und damit gekörnt (Henglein 1958a, Schmithüsen 1953). Das fertige Produkt geht zum Hafen Tocopilla, dem heute wichtigsten Salpeterausfuhrhafen Chiles. Dort wird es in großen Silos gelagert und kann bei Bedarf schnell und vollautomatisch auf die Schiffe gepumpt werden.

Neben dem Abbaubereich, der eigentlichen *mina*, und den Verarbeitungsanlagen bilden die Wohnsiedlungen der Arbeiter und Angestellten den dritten großen Komplex einer Salpeteroficina. Sie zeichnen sich durch eine schematische, etwas monotone Anlage aus. In sozialer und hygienischer Hinsicht liegt die Ausstattung der Wohnungen allerdings er-

Abb. 39: Die Salpeteroficina Maria Elena

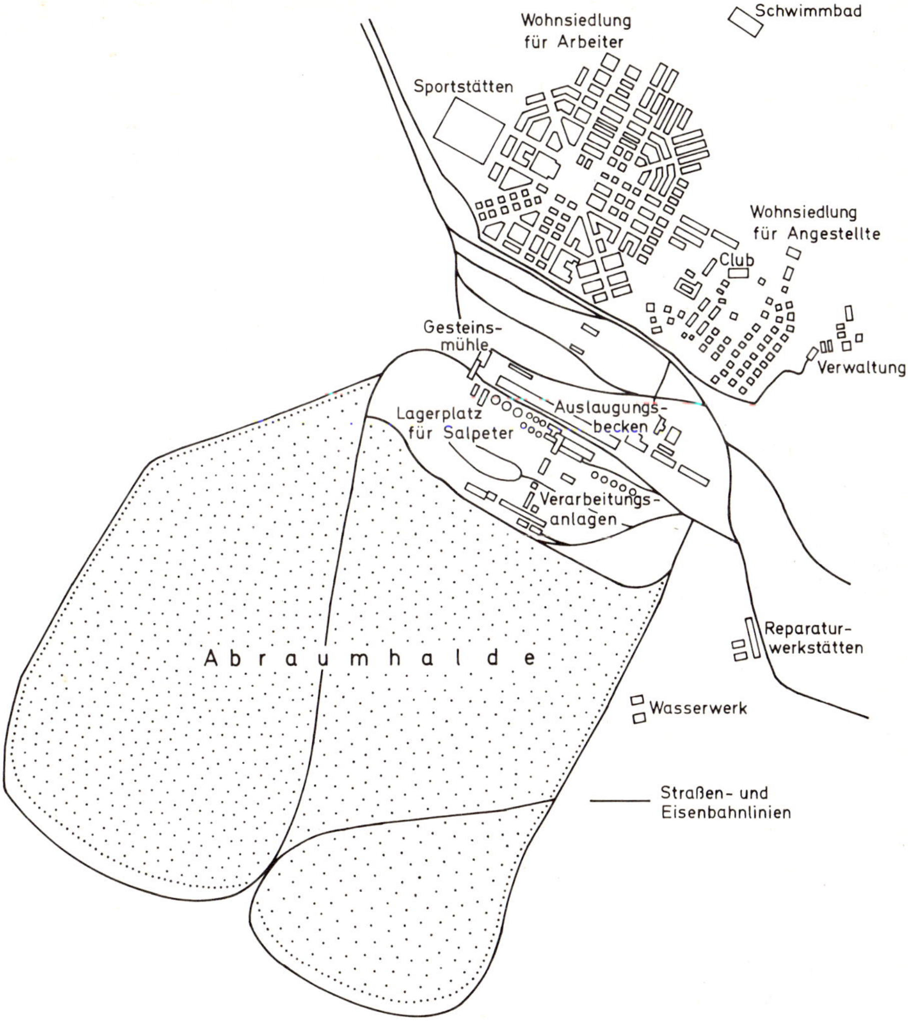

Quelle: Bähr 1976 c

heblich über dem Landesniveau. Alle Häuser verfügen hier beispielsweise über Bad und WC. Um den Beschäftigten das Leben und die Arbeit inmitten der Wüste unter extremen Temperaturbedingungen möglichst angenehm zu machen, hat die Minenverwaltung zusätzlich Schwimmbäder, Spiel- und Sportplätze, Clubräume und Kinos eingerichtet. Abseits der drei noch arbeitenden *oficinas* ist die Salpeterzone heute fast vollständig entvölkert. Übrig geblieben sind Ruinenstädte inmitten durchwühlter Erde oder Siedlungen, in denen nur noch einige wenige, alte Menschen leben. Zusammen mit den noch bestehenden Betrieben können sie dem Durchreisenden jedoch eine plastische Vorstellung von der einstmaligen Bedeutung dieses Industriezweiges vermitteln.

6.2 Das Kupfer – gegenwärtiger Hauptdevisenbringer Chiles

Auch nach dem Niedergang des Salpeterabbaus blieb Chile ein Land, das in extremer Weise vom Export eines einzigen Produktes lebte. Wieder war rechtzeitig ein anderer Zweig des Bergbaus zur Stelle, der in der Folgezeit für reiche Deviseneinnahmen sorgte und die Rolle des Salpeters als „Geldquelle" übernahm. Wie schon einmal im vorigen Jahrhundert rückte das Kupfer nach der Weltwirtschaftskrise an die Spitze der chilenischen Ausfuhrliste (Tab. 33) und wurde zum strategischen Schlüsselsektor der wirtschaftlichen Entwicklung (Stanzick 1971). Nach den Vereinigten Staaten und der Sowjetunion ist Chile heute (mit einem Anteil von 13%) der drittwichtigste Kupfererzeuger der Erde (Tab. 34). Da USA und UdSSR gleichzeitig auch die weltgrößten Kupferverbraucher sind, steht Chile bei den Exporten sogar an erster Stelle. Während die Salpeterausfuhren wertmäßig selten sehr viel mehr als 60% der chilenischen Außenhandelserlöse ausmachten, erreichte das Kupfer zu Beginn der 70er Jahre einen Anteil von mehr als 80% (Tab. 33). Damit führten schon geringfügige Preisrückgänge auf dem Weltmarkt zu erheblichen Einnahmeeinbußen des Staates und zu einer negativen Handelsbilanz. Jede vorausschauende Planung war auf dieser Basis von vornherein unmöglich. Dringend nötige Entwicklungsvorhaben konnten häufig nur dann eingeleitet werden, wenn die Kupferpreise stiegen, fielen dagegen die Preise, mußten alle Projekte unterbrochen oder aufgeschoben bzw. konnten nur durch eine hohe Auslandsverschuldung (1978: 6,6 Md. US-Dollar gegenüber 1970: 2,4 Md.) zu Ende geführt werden.
Verfolgt man die Produktionszahlen der letzten 20 Jahre für das „rote Gold" Chiles, so ist ein stetiger, von allen Preisschwankungen wenig beeinflußter Aufwärtstrend unverkennbar (Abb. 40). In dieser Hinsicht unterscheidet sich das Kupfer von anderen bergbaulichen Erzeugnissen, wo aus Gründen mangelnder Nachfrage (Salpeter), Erschöpfung der Vorkommen (Erdöl), geringer Qualität (Kohle) oder hoher Transportkosten (Eisen) ein Rückgang der Produktion, zumindest aber starke Schwankungen je nach Preis- und Nachfragesituation zu verzeichnen sind. Diese Sonderstellung des Kupfers ist darauf zurückzuführen, daß der Abbau in den vollmechanisierten Großminen außerordentlich kostengünstig durchgeführt werden kann. Für 1977 wurde errechnet, daß dort die Produktionskosten im Mittel 47,6 cent/libra betrugen; trotz eines im Vergleich zu den Vorjahren außerordentlich niedrigen Verkaufspreises von 59,3 cent/libra ergab das noch immer beträchtliche Gewinne. Bei den kleineren Abbaustätten sieht diese Bilanz allerdings sehr viel weniger günstig aus (s. u.).
Chiles heutige Bedeutung als wichtigster Kupferexporteur der Welt geht auf die Anfänge unseres Jahrhunderts zurück. Damals wurde es technisch möglich, die riesigen Im-

Abb. 40: Produktionsentwicklung im chilenischen Bergbau 1955–77

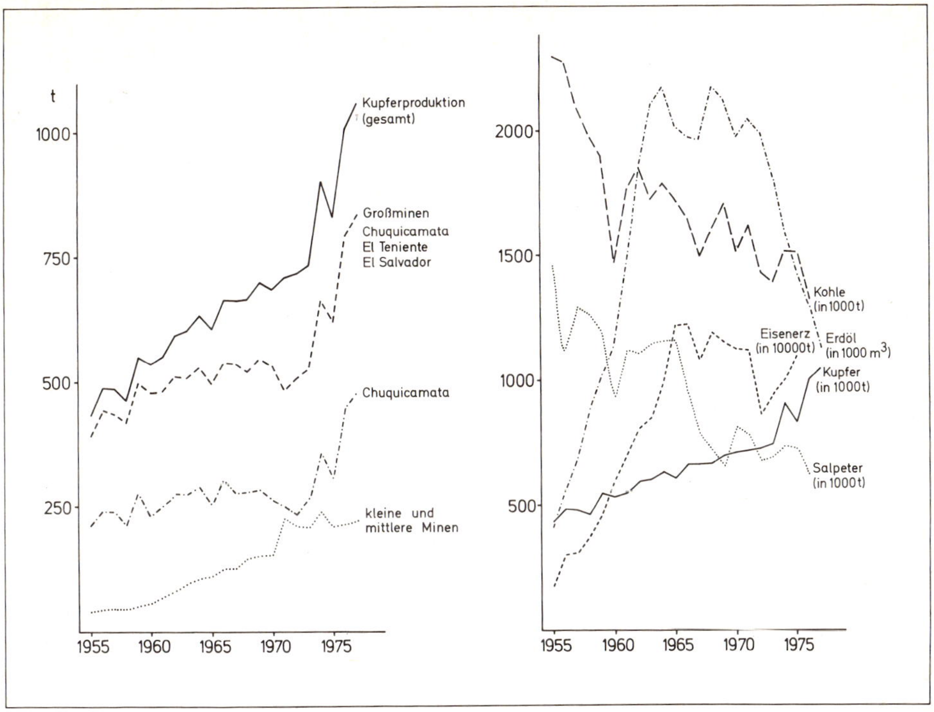

Quelle: Ministerio de Minería, Comisión Chilena del Cobre

Tabelle 33: Struktur der chilenischen Exporte 1962–76 (in Mill. US-Dollar)

	1962	1970	1973	1977
Gesamt	489	1096	1302	2190
Kupfer	313	855	1085	1187
% Kupfer	64,0	78,0	83,3	54,2
Kupferpreis (in cent/libra)	29,3	64,1	80,8	59,3
Andere Bergbauprodukte	113	109	106	216
Fischmehl	7	15	12	87
Papier/Zellulose	6	32	32	129
Traditionelle Produkte gesamt	439	1011	1235	1619
Landwirtschaftliche Produkte	33	32	25	159
Industrieprodukte	17	53	42	412
Nicht traditionelle Produkte gesamt	50	85	67	571
% nicht traditionelle Produkte	10,2	7,8	5,1	261

Quelle: Banco Central de Chile

Tabelle 34: Weltkupferproduktion 1967 und 1977

Land	1967 in 1000 t	1967 in %	1977 in 1000 t	1977 in %	Produktions-steigerung 1967–77 (in %)
USA	866	17	1364	17	57,5
UdSSR	800	16	1100	14	37,5
Chile	660	13	1056	13	60,0
Kanada	556	11	781	10	40,5
Sambia	663	13	656	8	- 1,1
Zaire	321	6	482	6	50,2
Peru	193	4	341	4	76,7
Übrige Länder	1001	20	2249	28	124,7
Gesamt	5060	100	8029	100	58,7

Quelle: Metallstatistik

Tabelle 35: Zusammensetzung der chilenischen Kupferproduktion 1977

	Produktion in 1000 t	%
Gesamtproduktion	1056,2	100
Gran Minería	892,7	85
Chuquicamata	477,8	45
El Teniente	275,7	26
El Salvador	80,7	8
Andina	58,5	5
Mediana und Pequeña Minería	163,5	15
Mantos Blancos	28,5	3
Disputada	36,1	3
Andere	98,9	9
Gesamtproduktion	1056,2	100
Elektrolytkupfer	531,6	50
Blister u. ä.	356,8	34
Konzentrate	167,8	16
Gesamtexport	1005,2	100
Bundesrepublik Deutschland	181,1	18
Übriges Europa	318,9	32
Brasilien	156,6	16
USA	143,6	14
Japan	110,3	11
Rest	94,7	9

Quelle: Comisión Chilena del Cobre

prägnationslagerstätten in der Hochkordillere ökonomisch auszubeuten. Die drei größten, heute noch bestehenden chilenischen Abbaustätten, Chuquicamata im Hinterland von Antofagasta, El Teniente in der Zentralzone bei Rancagua und Potrerillos-El Salvador östlich von Chañaral, sind sämtlich kurz vor oder nach dem 1. Weltkrieg erschlossen worden (vgl. Beilagenkarte). Den Anfang machte die etwa 2400 m hoch gelegene Grube von El Teniente, heute der größte chilenische Tiefbau auf Kupfer. Das Vorkommen ist zwar bereits seit 1760 bekannt, und erste Abbauversuche wurden schon 1819 unternommen, wegen des zu geringen Kupferanteils der Erze wurde die Mine jedoch wieder stillgelegt, und erst 1906 errichtete die später zur *Kennecott Copper Corp.* gehörende *Braden Copper Co.* in Sewell (2150 m) eine Anlage zur Herstellung von Kupferkonzentraten, die 1912, als der Anschluß an die Längseisenbahn fertiggestellt war, erheblich ausgeweitet wurde. Seit 1922 bestehen in dem nur 6,5 km entfernten (Luftlinie), jedoch wesentlich tiefer gelegenen Caletones (1556 m) Schmelzöfen zur Erzeugung von Kupferbarren (Blister) mit einem Reinheitsgehalt von über 99% (Henglein 1958b). Die jährlich erzeugte Kupfermenge betrug hier um 1970 ca. 180000 t; bei einem Kupfergehalt des Erzes von ca. 1,7% mußten dazu immerhin täglich 96000 t Gestein verarbeitet werden. Seit Beginn der 70er Jahre ist ein großzügiges Erweiterungsprogramm angelaufen, das die gesamte Infrastruktur des Minenkomplexes grundlegend veränderte. Ein neues Förderungs- und Transportsystem (unter anderem eine neuerbaute 55 km lange und auf 7,5 km untertunnelte Autostraße und eine Vollspureisenbahn nach Rancagua) ermöglichte 1971 die Umsiedlung des gesamten Personals (mit Familien ca. 16–18000 Personen) aus Sewell und Caletones nach Rancagua (Porteous 1972). Die geplante Kapazitätsausweitung auf 62000 t Erz pro Tag und 280000 t Reinkupfer pro Jahr ist zur Zeit noch im Gange.

Nur wenig später als in El Teniente begann der Abbau auch in Chuquicamata, dem heute größten Kupfertagebau der Erde. Die von Guggenheim 1912 gegründete *Chile Exploration Co.* baute in den folgenden Jahren Verarbeitungsanlagen mit einer Jahreskapazität von 50000 t Reinkupfer auf, die 1915 in Betrieb genommen werden konnten. Seit 1923 gehörte das Unternehmen als Tochtergesellschaft zur US-amerikanischen *Anaconda Cooper Co.*, die die Kapazität der Großmine noch mehrfach ausweitete (1927: 185000 t; 1942: 270000 t). Das letzte 1965 angelaufene Ausbauprogramm sorgte dafür, daß heute etwa 500000 t Elektrolytkupfer im Jahr erzeugt werden können, das sind mehr als 45% der gesamten chilenischen Produktion. Über die mit dem Abbau in mehr als 3000 m Höhe inmitten der Wüste verbundenen Probleme wird in Kap. 6.3 noch ausführlicher berichtet.

Zu den „großen Drei" des chilenischen Kupferbergbaus gehört außerdem noch die gleichfalls in der wüstenhaften Hochkordillere gelegene Mine von Potrerillos-El Salvador. Auch diese Lagerstätte wurde durch einen US-amerikanischen Konzern erschlossen, und zwar seit 1916 durch die *Andes Copper Mining Co.,* ebenfalls eine Tochter der *Anaconda*. Im Jahre 1927 konnte der Gruben-, Aufbereitungs- und Hüttenbetrieb in Potrerillos aufgenommen werden. Der Kupfergehalt der Erze betrug zunächst etwa 1,5%, sank jedoch später auf weniger als 1% ab. Kurz vor der Erschöpfung dieses Erzlagers und der Einstellung der Förderung (1960) wurde ganz in der Nähe (nur 37 Straßenkilometer entfernt) ein neues reiches Vorkommen mit einem Kupfergehalt von ca. 1,3% entdeckt. In dieser El Salvador (der Retter) genannten Mine begann der Abbau 1959. Die räumliche Nähe zur Grube von Potrerillos ermöglichte eine Weiternutzung der alten Verarbeitungsanlagen. In El Salvador wird daher aus dem Kupfererz zunächst ein Konzentrat hergestellt, das in Rohrleitungen zum Hütten- und Raffineriekomplex von Potrerillos gelangt (Schmitz 1970). Seit 1964 wird hier auch Elektrolytkupfer hergestellt, vorher erfolgte die Weiterverarbeitung des Blisters in New Jersey (USA). Die Kapazität der Anlage liegt bei knapp 100000 t Reinkupfer pro Jahr.

Die drei genannten Riesenbetriebe erzeugen zusammen 80% des chilenischen Kupfers. Sie bilden die *Gran Minería del Cobre*, zu der alle Unternehmen mit einer Kapazität von mehr als 75000 t Reinkupfer pro Jahr gezählt werden. Neuerdings werden in der chilenischen Statistik auch die noch im Aufbau befindliche Grube Andina (Produktion seit 1970, 3600 m, Provinz Aconcagua) und der in unmittelbarer Nähe von Chuquicamata gelegene Tagebau von Exótica (Produktion seit 1971, ab 1975 wegen zu hoher Kosten wieder stillgelegt) zu dieser Gruppe gerechnet, obwohl die jeweilige Erzeugung noch unter dem genannten Schwellenwert liegt (1971–74: Andina 58000 t, Exótica 32300 t).

Neben den drei „Riesen", die zusammen etwa 25000 Arbeiter und Angestellte beschäftigen, wird das Bild des chilenischen Kupferbergbaus durch eine Vielzahl von mittleren und kleinen Unternehmen geprägt, die insgesamt nochmals je nach Marktlage 10000–20000 Arbeitsplätze bieten, gerade weil sie in weit stärkerem Maße auf die menschliche Arbeitskraft angewiesen sind. Ihre Produktionsziffern nehmen sich selbst zusammengenommen gegenüber den Betrieben der *Gran Minería* sehr bescheiden aus (Tab. 35). Auch im Bereich dieser *Mediana* und *Pequeña Minería del Cobre* reicht die Spanne von modernen, vollmechanisierten

Unternehmen (dazu zählen z. B. die in unmittelbarer Nähe der Hauptstadt gelegene Mine Disputada (seit 1916) und die Abbaustätte von Mantos Blancos (seit 1955) östlich von Antofagasta) bis zum nur mit Spitzhacke arbeitenden Einmannbetrieb *(pirquenero)*, wie er besonders in den Provinzen Atacama und Coquimbo noch recht häufig anzutreffen ist. Von der Arbeit dieser Erzsucher lebt jedoch indirekt ein großer Teil der Bevölkerung in den genannten Provinzen des Kleinen Nordens.

Je geringer der Mechanisierungsgrad der Kleinbetriebe ist, desto größer ist ihre Krisenanfälligkeit. Zahlreiche, an der unteren Rentabilitätsgrenze arbeitende Unternehmen müssen zu Zeiten fallender Weltmarktpreise den Abbau wenigstens vorübergehend einstellen. Bedingt durch das zwischen 1975 und 1978 sehr niedrige Preisniveau ging die Produktionsleistung der kleinen Betriebe trotz direkter staatlicher Subventionen gegenüber dem Spitzenjahr von 1974 auf die Hälfte zurück, und die Zahl der Arbeitsplätze schrumpfte sogar noch weit stärker von 22000 *(Mediana und Pequeña Minería del Cobre)* auf nurmehr 8000.

Die 1960 gegründete *Empresa Nacional de Minería* (ENAMI) bietet den kleinen Minen bei der Vermarktung ihrer Produkte eine gewisse Hilfestellung. Die ENAMI unterhält insgesamt 21 Aufkaufstellen (1971) in den verschiedenen Teilen des Landes, der Schwerpunkt ihrer Aktivitäten liegt jedoch im Übergangsgebiet zwischen Großem und Kleinem Norden. In den Agenturen der Gesellschaft werden die Erze zahlreicher Kleinbetriebe (1970: 4590, aber 74% der Anlieferungen entfielen nach Tironi (1974) auf nur 4% der Minen) gesammelt, bevor sie zu den acht Aufbereitungsanlagen zur Kupferanreicherung oder im Falle hochprozentiger Erze direkt zu den Hütten von Paipote (bei Copiapó, seit 1951) oder Las Ventanas (bei Valparaiso, seit 1964) transportiert werden.

Der chilenische Staat hat insbesondere die Entwicklung der *Gran Minería del Cobre* durch seine Steuerpolitik und seine Interventionen erheblich beeinflußt. Girvan (1972 und 1976) unterscheidet nach dem Verhältnis zwischen Staat und den großen Gesellschaften sechs verschiedene Phasen (Tab. 36).

In einem ersten, von 1904–33 reichenden Zeitabschnitt kamen die wichtigsten Kupferlagerstätten in die Hände von US-amerikanischen Gesellschaften, und es wurde die Grundlage für eine moderne Kupfergroßindustrie gelegt. Die Besteuerung war in dieser Periode des *laissez-faire* äußerst niedrig und damit Chiles Anteil an den Gewinnen der Unternehmen sehr gering. Diese Politik der Nichteinmischung lag nicht nur in der Philosophie der damaligen Zeit begründet, man war auch aus Kapitalmangel bzw. wegen der fehlenden Bereitschaft, das Kapital langfristig im Lande anzulegen, und aus betriebstechnischen und organisatorischen Gründen völlig auf die internationalen Großkonzerne angewiesen. In Nordamerika hatte der Kupferbergbau Ende des vorigen Jahrhunderts eine technologische Revolution erlebt. Durch das Aufkommen der Elektrizitätsindustrie nahm die Nachfrage nach Kupfer sprunghaft zu; Großproduktion und neue Veredlungsverfahren machten jetzt auch den Abbau geringprozentiger Erze lohnend und möglich. Zu Beginn dieses Jahrhunderts verfügten nur die US-amerikanischen Unternehmen über die sichere technologische Basis, die zur Erschließung der riesigen chilenischen Lagerstätten mit geringem Metallgehalt nötig war, und konnten sich größere Invesititionen ohne kurzfristige Gewinnerwartungen leisten. Nach der Salpeterindustrie gingen so auch die großen Kupferminen in ausländische Hände über, und der chilenische Bergbau war damit fast vollständig „denationalisiert".

Salpeter- und Weltwirtschaftskrise bewirkten in den 30er Jahren den Zusammenbruch des exportgelenkten Wirtschaftswachstums.

Tabelle 36: Die chilenische Kupferpolitik zwischen 1904 und 1974

Phase	Jahre	Eigentumsverhältnisse	Besteuerung	Staatliche Interventionen
1	1904–33	Denationalisierung, ausländische Besitze	gering 1904: 6% auf die Gewinne 1925: weitere 6%	keine
2	1934–54	keine Änderung	wachsend 1934: weitere 6% 1939: weitere 15% 1942: weitere 50% auf Gewinne, die auf Preiserhöhungen zurückgehen 1952: Steuersatz: 50%	wachsend 1934–55: spezieller Devisenkurs auf lokale Kosten 1952–55: Zentralbank übernimmt Preisgestaltung und Absatz
3	1955–64	keine Änderung	reduziert als Anreiz für Investitionen 1955: 50% Basissteuer, zuzüglich variabler Satz, abhängig von Produktion (bis 25%) 1961: zuzüglich 8% und 6%	reduziert 1955: Abschaffung des speziellen Devisenkurses und des Einflusses der Zentralbank, dafür Importkontrollen, Gründung der *Corp. del Cobre* (CODELCO)
4	1965–70	Staatsanteil 51%	reduziert, Anreizprinzip beibehalten; Basissteuersatz 52,5%; für *joint ventures* günstigere Sätze	wachsend 1965: Wiedereinführung der staatlichen Preisgestaltung seit 1969: Staat Aktienmehrheit in allen drei Großminen
5	1971–73	volle Enteignung ohne oder mit nur geringfügiger Entschädigung		völlige Staatskontrolle
6	ab 1974	Staat bleibt Eigentümer, aber Entschädigungszahlungen; Erschließung neuer Lagerstätten für ausländische Gesellschaften möglich		allgemeine Entspannung

Quelle: Girvan 1972 und 1976, Mikesell 1971

Erst jetzt begann sich der Staat stärker für die „ausländischen Enklaven“ zu interessieren und bemühte sich, seinen Anteil am Gewinn der großen Gesellschaften zu steigern. Die Einnahmen aus dem Kupferexport sollten dem Land beim Aufbau einer eigenen (importsubstituierenden) Industrie helfen (vgl. Kap. 6.4). Eine ganze Reihe von Steuererhöhungen ergaben letztlich eine Besteuerung der Nettogewinne von mehr als 65%. In Wirklichkeit war der Nutzen des Fiskus sogar noch wesentlich größer, denn die Unternehmen mußten einen Teil ihrer lokalen Kosten in Dollar bezahlen, die zu einem speziellen Kupferwechselkurs, der teilweise beträchtlich unter dem freien Devisenmarkt lag, abgerechnet wurden. 1952 wurden auch die lange Zeit aufgrund von Abkommen zwischen den Gesellschaften und den Vereinigten Staaten festgelegten (und während des 2. Weltkrieges und des Koreakrieges eingefrorenen) Verkaufspreise geändert. Die chilenische Zentralbank übernahm nun ihrerseits das erzeugte Kupfer zu einem unter dem Weltmarktniveau liegenden Preis. Das alles führte dazu, daß der Staat 1953 mit über 80% an den Verdiensten aus dem Kupfergeschäft beteiligt war. Daß die Gesellschaften trotz dieser hohen steuerlichen Belastungen noch immer ein gutes Geschäft machten, läßt sich an ihrem zwischen 1945 und 1954 erzielten Gewinn von 284 Mill. US-Dollar (17% der Bruttoeinnahmen) ablesen; allerdings wurden in diesem Zeitabschnitt bei weitem nicht mehr die Zahlen der *laissez-faire*-Periode erreicht (1925–34: 32% der Bruttoeinnahmen nach Girvan 1972).

Als die Vereinigten Staaten nach der Koreakrise kaum noch auf Kupferimporte angewiesen waren, verschlechterte sich die Absatzsituation für die chilenischen Großminen erheblich; so fiel z.B. ihre Produktion von 490 000 t, dem Höchststand im Jahre 1944, und 425 000 t im Jahre 1948 auf nur noch 323 000 t (1954). Um den Gesellschaften einen Anreiz für Produktionsausweitungen zu geben, kam es 1955 zum sogenannten *nuevo trato* (neuer Umgang). Der Steuersatz wurde zwar auf 75% heraufgesetzt, durch bestimmte, genau festgelegte Steigerungen der Produktion ließ sich jedoch die Belastung schrittweise auf ein Minimum von 50% verringern, während umgekehrt ein Abnehmen der Kupfererzeugung eine erhöhte Steuer (bis zu 80%) bedeutete (Vera 1961, Reynolds 1965). Laut Gesetz mußten zwar alle Steuern, Produktionskosten und andere Verbindlichkeiten in Dollar bei der Zentralbank eingezahlt werden, aber der Wechselkurs orientierte sich wieder am freien Devisenmarkt, und den Gesellschaften blieb der Absatz des Kupfers selbst überlassen. Vor allem im ersten Jahr nach diesem neuen Vertrag konnte eine beachtliche Produktionssteigerung erreicht werden (allerdings ohne die vorher nicht ausgelasteten Kapazitäten ausweiten zu müssen), die zudem noch mit hohen Preisen zusammenfiel. Der anschließende Preisverfall und die hinter den Erwartungen zurückbleibenden Neuinvestitionen der ausländischen Unternehmer ließen die Forderung nach einer stärkeren Eigenkontrolle der *riquezas básicas* immer lauter werden (Mikesell 1971), obwohl langfristig gesehen die Staatseinnahmen aus dem Kupferbergbau stetig angestiegen waren. Nach Mamalakis (1971) betrugen sie (in konstanten Preisen von 1961) zwischen 1930–39 im Jahresdurchschnitt 8,1 Mill. US-Dollar, 1940–54: 37,0 Mill. und 1955–64: 92,9 Mill. (jeweils ohne Zusatzsteuer). Noch schneller wuchs freilich die Ausgabenseite des Staatshaushaltes, so daß der Anteil der Kupfersteuer am gesamten Steueraufkommen von 37,1% (1952–56) auf 20,5% (1966–70) zurückfiel (Ffrench-Davis 1974).

Gemäß seinem Wahlversprechen einer „Revolution in Freiheit" leitete Eduardo Frei 1964 die „Chilenisierung" der *Gran Minería del Cobre* ein. Durch die dabei verfolgte „Politik der Übereinkünfte" gelang es ihm, die US-amerikanischen Gesellschaften zu neuen Investitionen zu bewegen, eine größere Beteiligung des Staates an den Gewinnen sicherzustellen und die endgültige Nationalisierung vorzubereiten. Im Rahmen dieses Programmes übernahm der Staat 1966–68 25% der Aktien der neu gegründeten Minen Andina *(joint venture* mit *Cerro Corp.)*, Exótica (mit *Anaconda*) und Sagasca (mit *Cont. Copper and Steel Ind.)* sowie auf ein entsprechendes Angebot der *Kennecott* 51% von El Teniente (Mikesell 1971). 1969 folgte die *nacionalización pactada*, durch die der Staat auch in Chuquicamata und Potrerillos-El Salvador ein Aktienpaket von 51% erwarb und zusätzlich eine Vereinbarung über die schrittweise Übernahme der restlichen 49%

getroffen wurde. Die *Anaconda Co.*, die sich noch 1964 trotz eines günstigen und mit Steuererleichterungen verbundenen Angebotes einer Staatsbeteiligung an ihren beiden Großminen widersetzt hatte, um ihren Einfluß auf die Unternehmensleitung nicht zu gefährden, bot jetzt der Regierung sogar von sich aus eine vollständige Übernahme an. Die Gesellschaft hatte inzwischen eingesehen, daß sich eine Nationalisierung auch durch noch so großzügige Erweiterungsprogramme nicht vermeiden lassen würde und wollte (angesichts der bevorstehenden Wahlen, deren Ausgang höchst ungewiß schien) die Gunst der Stunde nutzen, um für ihre chilenischen Zweigbetriebe noch einen guten Preis zu erzielen (Girvan 1976). Im nachhinein erwies sich diese Kalkulation jedoch als verfehlt, denn während die *Kennecott Co.* für die 51%-Beteiligung des Staates schon 1967 den vereinbarten Kaufpreis von 81,6 Mill. US-Dollar erhielt, kamen die über 12 Jahre gestreckten Auszahlungen an die Anaconda (175 Mill.) kaum noch in Gang und unterblieben nach der 1971 beschlossenen Enteignung völlig (Girvan 1976).

Mit seiner vorsichtigen und pragmatischen Kupferpolitik, die im Lande allerdings wegen der hohen Kosten, die für den Kauf der Aktien aufzubringen waren, nicht auf ungeteilten Beifall stieß, hat Frei einen vollständigen und überstürzten Rückzug amerikanischer Kaufleute und Techniker sorgsam vermieden, und es war gewährleistet, daß die bisher von Ausländern wahrgenommenen Aufgaben allmählich und nicht unvorbereitet auf chilenische Kräfte übertragen werden konnten. Der um die Mitte der 60er Jahre einsetzende merkliche Produktionsanstieg bestätigte die Richtigkeit eines solchen Vorgehens. Da zur gleichen Zeit der Weltmarktpreis sehr hoch lag, war der Kupferexport für den Staat, der über Steuern, Vorzugsdividenden etc. zwischen 83 und 88% der Gewinne erhielt, ein einträgliches Geschäft (Weischet 1974).

Diese „Politik der Übereinkünfte und der Partnerschaft" ist von Allende nicht fortgeführt worden. Sehr schnell nach seinem Amtsantritt, begann er damit, seine Forderung nach Verstaatlichung der Großminen ohne Entschädigungszahlungen in die Tat umzusetzen. Am 11. 7. 1971 beschloß der Kongreß (allerdings einstimmig!) eine Verfassungsänderung, die die vollständige Enteignung der *Gran Minería del Cobre* (einschließlich Andina und Exótica) ermöglichte. Die Epoche der Fremdbestimmung *(dominación)* dieses für das Land lebenswichtigen Wirtschaftszweiges ging damit zu Ende. Nach dem Gesetz hätten an die früheren Eigentümer Entschädigungen geleistet werden müssen; zu deren Berechnung wurden aber die hohen Gewinne vergangener Jahre in Abzug gebracht, so daß Chile letztlich von den enteigneten Gesellschaften noch fast 400 Mill. US-Dollar als Rückzahlung forderte (Girvan 1976).

Gerade weil Chile in außergewöhnlich starkem Maße vom Export des Kupfers abhängt, war es für die Wirtschaftspolitik der Regierung Allendes von entscheidender Bedeutung, ob dieser abrupte Übergang von Privat- zu Staatsunternehmen ohne größere Schwierigkeiten verlief. Die für die gesamtchilenische Kupfererzeugung genannten Zahlen (Abb. 40), die auch für die Jahre nach 1970 einen Produktionsanstieg anzeigen, täuschen eine nicht existierende Prosperität vor und verdecken wichtige, mit der Nationalisierung verbundene Probleme (Stanzick 1971). Bei näherer Betrachtung wird deutlich, daß in allen verstaatlichten Unternehmen die Produktion zumindest vorübergehend zurückging. Daß sich aufs Ganze gesehen noch ein Plus ergab, lag einzig und allein daran, daß im gleichen Zeitraum neue Gruben (Andina, Exótica) eröffnet wurden, die den Verlust der anderen wieder ausglichen. Weit schwerwiegender als die Produktionseinbußen, die sich insgesamt gesehen angesichts der einschneidenden Umwälzungen durchaus in Grenzen hielten, war jedoch die Tatsache, daß alle Ausbauprogramme ins Stocken gerieten oder sogar ganz unterblieben und Chile gleichzeitig (im Falle der *Kennecott*) die bei ausländischen Kapitalgebern vom früheren Eigentümer aufgenommenen Kredite abzahlen mußte. Zu diesen Schwierigkeiten haben die Vorbesitzer sicher ihren Teil beigetragen, die in ihrer Investitions- und Unternehmensstrategie die endgültige Aufgabe ihrer Beteiligungen schon seit einigen Jahren antizipiert zu haben schienen (Stanzick 1971) und nach der Verstaatlichung sofort jeglichen Nachschub von Ersatzteilen stoppten und ihre Ingenieure abzogen. Völlig schuldlos waren aber auch die chilenischen Kupferarbeiter nicht. Diese seit jeher besonders privilegierte Gruppe sah einen Teil ihrer Vergünstigungen in Gefahr und versuchte, die Regierung durch häufige Protestdemonstrationen, kürzere Arbeitsniederlegungen und auch länger andauernde Streiks (z.B. 1973 mehr als zwei Monate in El Teniente) unter Druck zu setzen. Gerade in einer Zeit hoher Kupferpreise (1973) konnte Chile so zeitweise seine Lieferverpflichtungen nicht erfüllen und mußte auf dem Weltmarkt Kupfer aufkaufen, um die abgeschlossenen Verträge nicht zu brechen. Daß durch eine überproportionale Aufstokkung des Personalbestandes – wobei weniger nach fachlichen, sondern häufig nur nach politischen Gesichtspunkten entschieden wurde – die Kupferproduktion kaum noch rentabel war, sei nur am Rande erwähnt. Als erste Grube arbeitete seit Mai 1971 die Mine von El Teniente mit Verlusten, als die Produktionskosten die Erlöse völlig aufzehrten (Stanzick 1971). Ob es sich bei den aufgezeigten Problemen wirklich nur um bereits einkalkulierte Übergangserscheinungen handelte, wird sich nie eindeutig entscheiden lassen; dazu war die Zeit zur Durchsetzung derartig einschneidender Veränderungen nicht lang genug.

Die 1965 eingeleitete und mit der Nationalisierung zum Abschluß gebrachte Kontrolle der „Basisreichtümer“ durch den chilenischen Staat hat auch die Militärjunta unter General Pinochet nicht rückgängig gemacht. Man mag darüber streiten, ob die nach 1973 an die früheren Eigentümer geleisteten Entschädigungen berechtigt waren oder nicht, zu verstehen sind solche Zahlungen nicht zuletzt deshalb, weil Chile bei der Erschließung weiterer Bodenschätze nach wie vor auf ausländisches Kapital angewiesen ist. Eine erneute Beteiligung ausländischer Gesellschaften an den bestehenden Unternehmen der *Gran Minería del Cobre* kommt zwar nicht in Betracht, bei der Eröffnung neuer Minen ist aber eine Hilfestellung aus dem Ausland durchaus erwünscht. 1977 wurden immerhin Investitionsprojekte in Höhe von 1 Mrd. US-Dollar genehmigt.

Auch die gegenwärtige Militärregierung lernte sehr bald die Probleme kennen, die aus der völligen Abhängigkeit der chilenischen Wirtschaft von den Kupferexporten erwachsen. Belasteten zur Zeit Allendes die Folgewirkungen der übereilten Nationalisierung den Staatshaushalt, so war es jetzt der im Gefolge der Ölkrise eingetretene Preisverfall des Kupfers auf dem Weltmarkt. Berücksichtigt man zusätzlich noch den Kaufkraftverlust des Dollar, so hat sich der Kupferpreis zwischen 1965 und 1978 mehr als halbiert. Dadurch mußten viele staatliche Bau- und Entwicklungsprojekte ausgesetzt werden. Die hohe Arbeitslosigkeit von zur Zeit etwa 15% muß nicht zuletzt vor diesem Hintergrund gesehen werden. Erst Ende 1978 erholte sich der Kupferpreis wieder, und die Außenhandelserlöse nahmen kräftig zu.

Es ist verständlich, daß Staaten mit einer sehr einseitig ausgerichteten Exportwirtschaft im Dialog zwischen Industrie- und Entwicklungsländern die Forderung erheben, ihre Einnahmen aus den Auslandsverkäufen zu stabilisieren und langfristig auch an die gestiegenen Preise für Industrieprodukte und Erdölerzeugnisse anzupassen. Wie das erreicht werden kann, darüber gehen die Meinungen zur Zeit noch weit auseinander. Ähnlich wie die erdölexportierenden Staaten in der OPEC, so haben sich auch die Hauptkupferexporteure schon seit längerem in der CIPEC *(Conseil Intergouvernemental des Pays Exportateur de Cuivre)* zusammengeschlossen, ohne daß es ihnen bisher gelungen ist, die Preissituation nachhaltig zu beeinflussen. Eine freiwillige Exportdrosselung um 10% im Jahre 1975 (Abb. 40) hatte keinerlei Auswirkungen. Obwohl sich auch beim Kupfer die Vorräte auf wenige Länder beschränken, ist die Stellung der CIPEC in keiner Weise mit der der OPEC vergleichbar. Das liegt insbesondere daran, daß die beiden größten Kupferproduzenten und -verbraucher (USA, UdSSR) an diesem Zusammenschluß nicht mitwirken und daß die CIPEC-Mitgliedstaaten (neben Chile noch Sambia, Zaire, Peru und Indonesien sowie als assoziierte Mitglieder Australien und Papua-Neuguinea), auf die 70% der Weltexporte entfallen, mit Ausnahme von Australien ausgesprochen „arme" Länder sind, die größere Produktionseinschränkungen nicht sehr lange durchhalten und damit nur begrenzten Druck auf die Industrienationen ausüben können. Zudem war der Zeitpunkt der bisher eingeleiteten Maßnahmen falsch gewählt, denn bei fallender Nachfrage nach Kupfer und großen Lagerbeständen in allen Verbraucherländern konnte naturgemäß von einem nur geringfügigen Rückgang des Angebots kaum eine nachhaltige Wirkung auf das Preisgefüge ausgehen.

6.3 Beispiel: Chuquicamata, der größte Kupfertagebau der Erde

Unter den Großminen des Kupferbergbaus nimmt Chuquicamata in mehrfacher Hinsicht eine Sonderstellung ein. Wenn im vorigen Kapitel davon gesprochen wurde, daß Chile heute in erster Linie vom Kupfer lebt, so trägt „Chuqui" als größte chilenische Abbaustätte dazu den Löwenanteil bei. 1978 kamen immerhin 48% der chilenischen Kupfererzeugung allein aus dieser Mine. Chuquicamata ist aber nicht nur die größte, sondern auch die bei weitem „reichste" chilenische Kupfergrube. Obwohl das „rote Gold" hier bereits seit über 60 Jahren abgebaut wird, ist ein Ende der Produktion noch nicht in Sicht, ganz im Gegenteil, die Kapazität der Anlagen wurde gerade in den letzten Jahren nochmals kräftig ausgeweitet (Abb. 40). Die sicheren Vorräte (mit einem Kupfergehalt über 1%) sind mit knapp 20 Mill. t Reinkupfer größer als in anderen bekannten Lagerstätten Chiles, so daß die Förderung auf dem gegenwärtigen Niveau noch weit bis ins 21. Jh. aufrecht erhalten werden kann. Hinzu kommt, daß auch in der nah gelegenen Mine Exótica (heute auch als *Mina Sur* bezeichnet), in der zwischen 1971 und 1974 schon einmal mit dem Abbau begonnen wurde, die Produktion bei einem etwas günstigeren Preisniveau wieder aufgenommen werden kann (1979 geplant). Die räumliche Nähe dieser Grube zu „Chuqui" (3 km südlich) macht es möglich, die Erze in den dortigen Aufbereitungsanlagen zu Elektrolytkupfer weiter zu verarbeiten. Und noch in einem dritten Punkt unterscheidet sich Chuquicamata von den anderen großen Minen Chiles. Nur hier können die Erze im Tagebau und daher besonders kostengünstig gewonnen werden. 1971 lagen die Produktionskosten pro libra Barrenkupfer immerhin um mehr als 40% niedriger als im Untertagebau von El Teniente, der zweitgrößten chilenischen Abbaustätte. Chuquicamata bietet sich daher in besonderer Weise an, Entwicklung und Probleme der chilenischen Kupfererzeugung nochmals exemplarisch darzustellen (vgl. Bähr 1973).

Die Mine Chuquicamata liegt am westlichen Abfall der Hochkordillere in 3000 m Höhe inmitten einer völlig vegetationslosen Wüste.

Abb. 41: Die Wohnsiedlung der Kupfergroßmine Chuquicamata

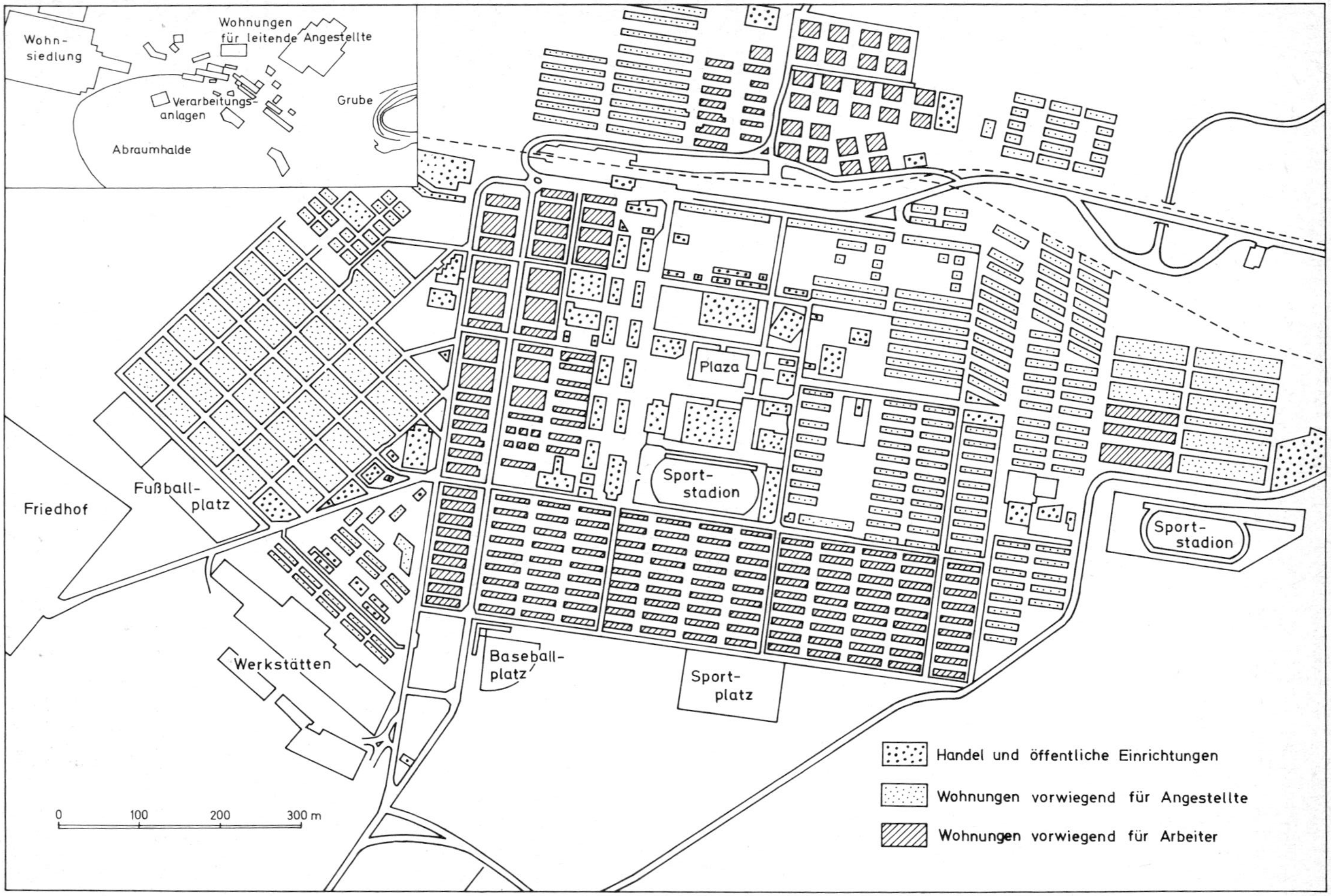

Quelle: Bähr 1973 und 1975, Porteous 1974

Um die Abbaustätte herum gruppieren sich neben den Verarbeitungsanlagen die Wohnsiedlungen für Arbeiter und Angestellte mit Geschäften, Schulen, Kinos usw. (Abb. 41). Insgesamt leben hier etwa 22000 Menschen (1970). Teilweise wohnen die Beschäftigten auch im 15 km südlich gelegenen Calama, einer Oasenstadt von 46000 Einwohnern am Río Loa. Calama gehört heute zum unmittelbaren Einflußbereich der Großmine, und die Bewässerungslandwirtschaft spielt im Wirtschaftsleben der Stadt nur noch eine untergeordnete Rolle. Als nächst größere Orte sind von Chuquicamata aus die Häfen Tocopilla (150 km westlich) und Antofagasta (230 km südwestlich) zu erreichen. Mit beiden Orten ist die Mine durch gut ausgebaute Teerstraßen, mit Antofagasta auch durch eine Eisenbahnlinie verbunden.

Bereits vor der Jahrhundertwende existierten im Bereich des heutigen Großtagebaus zahlreiche kleinere Schürfstellen, die allerdings nach Erschöpfung der reichen Erzadern wieder verfielen. Die gewaltigen Kupfervorkommen von Chuquicamata wurden für den Abbau erst interessant, als es mit Hilfe aufwendiger und kapitalintensiver technischer Verfahren möglich war, auch Erze mit einem vergleichsweise geringen Kupfergehalt von 1,5 bis 1,8% wirtschaftlich zu verarbeiten. Der Bostoner Ingenieur Burrage erwarb zu Beginn dieses Jahrhunderts die einzelnen schon bestehenden *claims*, faßte sie zusammen und verkaufte sie 1912 an den Industriellen Guggenheimer, der die *Chile Exploration Company* (CHILEX) gründete und in den folgenden drei Jahren die ersten Produktionsanlagen mit einer Jahreskapazität von 50000 t aufbaute. Im Mai 1915 begann schließlich die Förderung. 1923 wurde die CHILEX in das amerikanische Großunternehmen *Anaconda* eingegliedert und blieb bis zur Nationalisierung (1971) deren Tochtergesellschaft. Guggenheimer verkaufte damals 51% seiner Anteile, um das notwendige Kapital zur Entwicklung neuer Verfahren im Salpeterabbau aufzubringen (vgl. Kap. 6.1). Die Anfangskapazität der Anlagen wurde später noch mehrfach ausgeweitet, zunächst 1927 auf 185000 t und dann infolge der durch den 2. Weltkrieg verursachten starken Kupfernachfrage auf 270000 t (1942); heute ist bereits die Halbmillionengrenze erreicht.

Von großem Vorteil für einen weitgehenden Einsatz von Maschinen ist die Möglichkeit, die Porphyrkupfererze im Tagebau zu gewinnen. Die in Form eines Amphitheaters terrassenförmig angelegte Grube erreichte bis heute die gewaltigen Ausmaße von 3,5 km Länge, 1,5 km Breite und 400 m Tiefe und ist mit der 1978 erzielten Jahresproduktion von 501000 t der größte Kupfertagebau der Erde.

Für den Abtransport der Erze zu den Verarbeitungsanlagen werden Eisenbahnzüge und Schwerlastwagen von 170–250 t mit einer Leistung bis zu 2600 PS eingesetzt; eine völlige Umstellung vom Schienen- auf den Lastwagentransport ist zur Zeit im Gange.

In ihrem oberen Teil enthält die Grube fast ausschließlich oxydische Erze, es folgt eine Mischzone von oxydischen und sulfidischen Mineralien und schließlich Schichten, die nur Sulfide enthalten (vgl. Kap. 2.4). Bis zum Jahre 1952 beschränkte sich die Ausbeutung auf die Oxyde (z.B. Malachit $CuCo_3$), die mit weniger großem technischen Aufwand zu verarbeiten sind. Mit der beginnenden Erschöpfung der Vorkommen wurde 1952 eine spezielle Anlage zur Gewinnung von Kupfer aus sulfidischen Erzen (z.B. Chalkosin Cu_2S) erbaut. Heute arbeiten in Chuquicamata beide Verfahren nebeneinander. Die Oxydanlage wird allerdings zur Zeit kaum noch beschickt, hier sollen nach erneuter Aufnahme des Abbaus in Exótica die dortigen Kupferoxyde aufbereitet werden.

Die angelieferten Kupfererze werden in mehreren Arbeitsgängen zunächst zerkleinert und mittels chemischer (Oxyde) und physikalischer Prozesse (Sulfide) in Kupferkonzentrate mit einem Metallgehalt zwischen 20 und 50% umgewandelt. Bei den sulfidischen Erzen folgt anschließend noch ein Schmelzvorgang; die ausgelaugten oxydischen Erze gelangen dagegen direkt zur Elektrolyse. Als Endprodukt entstehen so Kupferbarren mit einem Reinheitsgehalt von über 99%, die per Eisenbahn nach Antofagasta transportiert und von dort in alle Welt exportiert werden.

Durch die Lage der Großmine inmitten der Wüste ist die Aufbereitung der Kupfererze mit besonderen Schwierigkeiten verbunden, denn sowohl Wasser wie auch Energie lassen sich nur schwer und mit großem Aufwand beschaffen.

Standort des Kraftwerkes für Chuquicamata ist nicht der Kupferausfuhrhafen Antofagasta, sondern das näher gelegene Tocopilla. Die hier erzeugte Elektrizität wird in drei Hochspannungsleitungen durch die Küstenkordillere und die sich östlich anschließende Pampasenke nach Chuquicamata geführt. Die Anlage in Tocopilla entstand zusammen mit dem Aufbau der Mine in den Jahren 1913–15. Umfangreiche Modernisierungs- und Erweiterungsarbeiten wurden ab 1952 und Ende der 60er Jahre vorgenommen. Mit gut 700 Mill. kWh ist das thermoelektrische Kraftwerk das größte dieser Art in Chile. Damit können nicht nur die Mine, sondern auch die Wohnsiedlungen in Chuquicamata und in Calama versorgt werden. Als Ergänzung und insbesondere für Notfälle wird in Chuquicamata zusätzlich ein kleines Kraftwerk unterhalten (Kapazität 100 Mill. kWh). Selbst bei einer erneuten Ausweitung der Produktion dürfte damit die Versorgung mit elektrischer Energie keine größeren Probleme aufwerfen.

Wesentlich schwieriger ist es, den zur Zeit schon gewaltigen und in Zukunft noch ansteigenden Wasserbedarf der Mine zu dekken. Besonders bei der Behandlung der heute vorwiegend geförderten sulfidischen Erze wird sehr viel Wasser benötigt. Obwohl man sich bemüht, das Wasser nach einer Reinigung mehrfach in den Kreislauf zu geben, liegt der tägliche Verbrauch der Aufbereitungsanlagen bei knapp 80000 m^3 (dagegen die Stadt Antofagasta nur 50000 m^3). Hinzu kommen weitere 15000 m^3 für Wohnungen, Geschäfte usw. Der Bedarf der Stadt Calama (24000 m^3) ist in diesen Zahlen noch nicht einmal enthalten.

Der naturbedingte extreme Wassermangel im ganzen Norden Chiles ist einer der wesentlichen Hinderungsgründe für den Aufbau und die Weiterentwicklung einer verarbeitenden Industrie in dieser Region. So muß das Wasser für die Hafenstadt Antofagasta aus mehr als 300 km Entfernung herangeführt werden, denn nur im Quellbereich des Río Loa und seiner Nebenflüsse in der Hochkordillere ist es möglich, ausreichende Wassermengen aufzufangen, die von dort in Rohrleitungen zu den Verbraucherzentren gelangen. Aus dem gleichen Gebiet erfolgt auch die Versorgung von Chuquicamata (aus zum Teil mehr als 100 km Entfernung). Glücklicherweise kann für industrielle Zwecke auch das Wasser des Río Salado, ein Nebenfluß des Río Loa, genutzt werden, das aufgrund seines hohen Salzgehaltes als Trinkwasser ungeeignet ist und selbst für Bewässerungszwecke nur sehr bedingt in Frage kommt. Der Río Salado liefert der Mine täglich gut 50000 m^3, der Rest wird im Quellbereich anderer Flüsse entnommen. Für die angelaufenen Produktionsausweitungen müssen jedoch weitere Wasservorräte erschlossen werden. Bereits 1966 hatte die CHILEX einen zusätzlichen Bedarf von etwa 40000 m^3 errechnet und vorgeschlagen, das Wasser dem Río Loa im Oberlauf zu entnehmen. Diese Ableitung des Wassers würde jedoch für die Oasen des Raumes schwerwiegende Konsequenzen haben, weil in der trockenen Jahreszeit dann kaum noch Bewässerung möglich wäre. Da die Oasenlandwirtschaft der Provinz Antofagasta (vgl. Kap. 3.5) schon bisher sehr stark unter dem

Tabelle 37: Entwicklung der Beschäftigtenzahlen in Chuquicamata 1940–76

Jahr	Beschäftigte in Chuquicamata Arbeiter	Angestellte	leit. Angestellte	gesamt	Produktion in Chuquicamata (in 1000 t)	Beschäftigte in *Gran Mineria* (einschließlich Andina und Exótica)	Produktion in *Gran Mineria* (in 1000 t)
1940	5891	1333	182	7406	151	21 798	332
1950	4296	1318	214	5838	156	15 613	345
1960	4860	1521	378	6759	231	17 084	479
1971	4194	3630	452	8276	250	21 682	571
1973				ca. 10000	265	30 818	615
1976				ca. 8900	446	24 500	847

Quelle: Reynolds 1965, ergänzt

durch die Versorgung von Minen und Städten hervorgerufenen Wassermangel gelitten hat, will man versuchen, durch den Bau einer Talsperre bei Conchi (22 Mill. m³) den wachsenden Bedarf von Chuquicamata sicherzustellen, ohne die Bewässerungsmöglichkeiten in den Oasen weiter zu reduzieren.

Gegenüber der Versorgung der Mine mit Wasser und Energie bildet die Anwerbung von Arbeitskräften kein wesentliches Problem, obwohl das unmittelbare Umland nur sehr dünn bevölkert ist. Solange die Mine besteht, hat sie es verstanden, durch besonders gute Arbeitsbedingungen wie hohe Löhne, kostenloses Wohnen, günstige Einkaufsmöglichkeiten usw. Arbeitssuchende aus allen Teilen des Landes anzuziehen. Das Angebot an Arbeitskräften ist heute größer als der wirkliche Bedarf des vollmechanisierten Betriebes. Trotz Produktionsausweitungen ging die Zahl der Beschäftigten – wenigstens bis zur Nationalisierung – sogar zurück. 1940 bot Chuquicamata 7400 Arbeitsplätze, 1960 trotz einer Kapazitätserhöhung um 60% nur 6700. Eine ähnliche Tendenz ist auch in den anderen Kupfergroßminen zu beobachten (Tab. 37). Der Zuwandererstrom in Richtung Chuquicamata hält dennoch unvermindert an. Herkunftsgebiete der zuwandernden Bevölkerung sind neben den Oasen des unmittelbaren Hinterlandes insbesondere die Zone des Salpeterabbaus und der südliche Randbereich der Wüste (vgl. Kap. 3.5).

Die Wohnviertel für Arbeiter und Angestellte liegen zum größten Teil in unmittelbarer Nähe der Grube und der Aufbereitungsanlagen (Abb. 41). Derartige Bergbausiedlungen (des Kupfers wie auch des Salpeters) unterscheiden sich in mehrfacher Hinsicht von allen anderen chilenischen Orten. Vier Hauptgesichtspunkte müssen dabei genannt werden:

1. Das äußere Bild des Gesamtkomplexes wird von den Abbau- und Verarbeitungsanlagen beherrscht; die gewaltige Abraumhalde von Chuquicamata *(la torta)* ist fast zu einem Wahrzeichen des Ortes geworden. Die Wohnsiedlungen selbst werden von monotonen Häuserreihen *(poblaciones)* ohne jede individuelle Note bestimmt; spontan entstandene Barackenviertel mit einfachsten Behausungen aus Holz, Blech oder Kartons, wie sie die Peripherie aller anderen chilenischen Städte bestimmen, fehlen vollkommen. Die Ausstattung der Reihenhäuser ist meist erheblich besser als im Landesdurchschnitt. Wohnungen ohne Lichtanschluß gibt es beispielsweise in Chuquicamata gar nicht (Chile insgesamt: 30%), und etwa die Hälfte der Häuser verfügt über ein eigenes Bad oder eine Dusche mit Warmwasserversorgung.
2. Die Wohnquartiere verschiedener sozialer Schichten liegen noch auffälliger als in anderen Orten räumlich getrennt. In Chu-

quicamata schieben sich Verwaltungsgebäude und Verarbeitungsanlagen zwischen die Wohnungen der leitenden Angestellten (vor der Nationalisierung meist Amerikaner oder Chilenen, die wenigstens einen Teil ihres Gehaltes in Dollar erhielten) und die der übrigen Beschäftigten (Abb. 41). Auch in Größe und Ausstattung sind die Häuser je nach Stellung der Bewohner innerhalb der Betriebshierarchie abgestuft, auf die individuellen Bedürfnisse (z. B. Familiengröße) wird dabei nur wenig Rücksicht genommen (Porteous 1974).

3. Um den Beschäftigen das Leben inmitten der Wüste und weitab von der nächsten großen Stadt möglichst angenehm zu machen, hat die Minenverwaltung für Einrichtungen zur Freizeitgestaltung gesorgt, die in anderen Städten noch keineswegs selbstverständlich sind. So gibt es in „Chuqui" neben Kinderspielplätzen und Sportanlagen jede Art Kinos, Bibliotheken und Clubräume. Auch dabei wird häufig auf eine Trennung von Arbeitern und Angestellten geachtet.
4. Das Geschäftsviertel der Minensiedlungen ist gewöhnlich nur klein, da die Versorgung der Beschäftigten mit Gütern des täglichen Bedarfs über *pulperías* zentral durch die Mine erfolgt. Es fehlt daher auch das für andere chilenische Städte so bezeichnende bunte Straßenbild mit einer Vielzahl von kleinen Läden, Bars und Verkaufsständen der Straßenhändler.

Lange Zeit blieben die Standorte der großen Kupferminen so etwas wie ausländische Enklaven. Der Fiskus begnügte sich damit, durch Sondersteuern einen möglichst großen Teil der Unternehmensgewinne abzuschöpfen (vgl. Kap. 6.2), nahm aber ansonsten keinen Einfluß auf die interne Organisation und das Management. Das änderte sich in „Chuqui" wie in den anderen großen Minen erst Ende der 60er Jahre, als unter der Regierung Frei der chilenische Staat 51% des Aktienkapitals der neugeschaffenen *Compañía del Cobre Chuquicamata* (als Nachfolgerin der CHILEX) erwarb und in der *nacionalización pactada* die Übernahme der restlichen 49% für die Zeit zwischen 1973 und 1982 vereinbart wurde. Zu einem abrupten Wandel und einem vollständigen Abzug amerikanischer Techniker und Kaufleute kam es aber erst 1971 nach dem Amtsantritt von Präsident Allende und der von ihm durchgeführten vollständigen und entschädigungslosen Nationalisierung. Es wurde schon berichtet, daß dadurch in den Jahren 1972 und 1973 beträchtliche Produktionsausfälle auftraten und das vorgesehene Expansionsprogramm zunächst zurückgestellt werden mußte (vgl. Kap. 6.2). Im umgekehrten Verhältnis zur Produktionsentwicklung stand in dieser Zeit die Zunahme der Beschäftigtenzahlen. Wenn es auch ganz sicher ein Fehler war, daß der chilenische Staat in der Vergangenheit auf die Beschäftigungspolitik der großen Konzerne keinen Einfluß genommen hatte und so die Hinwendung zu immer kapitalintensiveren, aber auch arbeitssparenderen Verfahren noch begünstigte, so war es aber ebenso falsch, das Versäumte in wenigen Monaten durch eine große Zahl von Neueinstellungen wettmachen zu wollen. Es ist zudem bezeichnend, daß diese Aufstockung der Beschäftigten nicht dem produzierenden Bereich, sondern überwiegend dem bürokratischen Apparat zugute kam. So wurde in Chuquicamata die Zahl der Arbeitnehmer von 7800 im Oktober 1970 auf 10000 Anfang 1973 erhöht, wobei die Zahl der Arbeiter konstant blieb und lediglich neue Angestelltenposten geschaffen wurden. Diese plötzliche, nicht von entsprechenden Produktionssteigerungen begleitete Anhebung des Personalbestandes mußte sich notwendigerweise in steigenden Erzeugungskosten niederschlagen. Nach Schätzungen erhöhten sich diese allein im Jahre 1971 um mehr als 50%.
Die personelle Überbesetzung der Mine ist

nach der Machtübernahme durch die Militärs allmählich wieder abgebaut worden und zwar vor allem auf Kosten der vielfach aus politischen Gründen zusätzlich beschäftigten Angestellten. Aber auch die Personalpolitik der neuen Regierung war keineswegs nur am Interesse des Gesamtstaates orientiert, denn auf „höherem Niveau" fanden auch nach 1973 zahlreiche Neueinstellungen statt. Jetzt nahm allerdings nicht die Zahl der „kleinen" Büroangestellten überproportional zu, sondern die der *supervisores*, der leitenden Angestellten (zwischen 1973 und 1978 von etwa 500 auf knapp 1000). Zudem haben sich die Vergünstigungen dieser Gruppe gegenüber den „alten Zeiten" kaum verändert. Die Zeche für die gestiegene Produktivität und die heute wieder sehr viel niedrigeren Erzeugungskosten mußten in erster Linie die einfachen Arbeiter bezahlen. Diese sahen schon einmal ihre privilegierte Stellung innerhalb der chilenischen Arbeiterschaft in Gefahr, als unter Allende der Versuch unternommen wurde, eine gewisse Angleichung ihrer Löhne an das Landesniveau zu erreichen. Sie antworteten damals mit Demonstrationen und längeren Streiks und haben damit ihren Teil zum Scheitern des chilenischen Experimentes beigetragen. Die Hoffnung, ihre „alten Rechte" unter der Militärregierung wiederzuerlangen bzw. zu bewahren, erwies sich jedoch als trügerisch, denn auch ihre Bezahlung wurde, wie überall im Lande, zunächst nur unzureichend an die allgemeine Preisentwicklung angepaßt. So schlug die anfangs vielleicht noch vorhandene Zustimmung zum Machtwechsel sehr schnell in versteckte Ablehnung und 1978 erstmals auch in offenen Protest um, als in Chuquicamata wegen der Entlassung von sechs Minenarbeitern wochenlang die Kantinen leer blieben. Bemerkenswerterweise hat die Regierung die damit verbundene Kritik an ihrer Wirtschafts- und Lohnpolitik nicht einfach radikal unterdrückt, sondern Verhandlungsbereitschaft gezeigt. Dahinter verbirgt sich die nüchterne Überlegung, daß sich das Land einen Konflikt im Kupferbergbau nicht leisten kann, da alle staatlichen Entwicklungspläne auf einem reibungslosen Produktionsablauf und einer stetigen Steigerung der Erzeugung aufgebaut sind, denn trotz aller Erfolge bei der Exportdiversifizierung steht das Kupfer wertmäßig noch immer weit an der Spitze der chilenischen Ausfuhrgüter (Tab. 33). Hinzu kommt, daß diese für das Land lebenswichtigen Deviseneinnahmen von einer sehr kleinen Zahl von Beschäftigten erwirtschaftet werden. 1976 arbeiteten in der gesamten *Gran Minería del Cobre* (einschließlich Andina) nur knapp 25 000 Menschen, das entsprach etwa 1% aller chilenischen Erwerbstätigen. Diese waren jedoch im gleichen Jahr für mehr als die Hälfte der Exporterlöse verantwortlich. Es ist daher leicht einzusehen, daß diese Gruppe noch am ehesten einen gewissen Druck auf die Regierung ausüben kann.

6.4 Struktur und Dynamik des Industrialisierungsprozesses

Chile gehört heute neben Argentinien und neuerdings Brasilien zu den industriell am weitesten fortgeschrittenen Ländern Südamerikas (Tab. 38). Anstoß zum Aufbau einer eigenen, zunächst importsubstituierenden Industrie gaben der Zusammenbruch des Salpetermonopols und die Weltwirtschaftskrise zu Beginn der 30er Jahre. Schlagartig versiegten damit die vorher reichlich fließenden Deviseneinnahmen, und der Wert der chilenischen Exporte verminderte sich innerhalb kurzer Zeit (1929–31) um mehr als 60%. Der chilenische Staat war deshalb in den folgenden Jahren darum bemüht, durch eine Förderung der nationalen Industrie dafür zu sorgen, daß möglichst viele, vorher aus dem Ausland eingeführten Güter von nun an im Lande selbst hergestellt werden konnten.

Tabelle 38: Grad der Industrialisierung in verschiedenen südamerikanischen Staaten

Land	Anteil am Bruttoinlandsprodukt (in %)			jährliche Wachstumsrate 1960–73 in %	Produktion pro Einwohner 1973 (in US-Dollar von 1960)	Anteil Konsumgüterindustrie 1971 (in %)
	1975	1960	1950			
Argentinien	32,2	26,3	23,2	5,9	437	33,9
Brasilien	25,6	22,3	17,9	8,6	120	30,3
Uruguay	25,4	24,3	23,0	1,0	142	60,7
Chile	23,8	24,9	23,1	4,9	163	57,8
Ecuador	20,3	17,0	17,1	7,2	65	63,1
Kolumbien	18,8	16,4	13,7	6,7	82	58,8
Peru	18,7	13,3	10,9	7,5	99	80,3
Paraguay	17,5	15,2	17,8	5,5	58	80,8
Bolivien	13,6	11,6	12,4	6,4	28	89,3
Venezuela	13,4	9,2	6,9	7,4	121	49,8

Quelle: CEPAL

Tabelle 39: Veränderung der chilenischen Industriestruktur 1930–74
(in % der Beschäftigten; 1974 nur Betriebe mit 50 und mehr Beschäftigten)

Industriezweig	1930	1940	1952	1957	1967	1974
Traditionelle Industrien	75,5	67,4	64,5	63,5	54,9	47,3
Nahrungsmittel	17,1	15,8	13,1	13,7	18,6	19,2
Textil – Bekleidung – Leder	44,6	39,8	39,7	37,8	24,0	22,0
Holz – Möbel	13,8	11,8	11,7	12,0	12,3	6,1
Zwischenindustrien	7,4	8,3	10,9	11,0	15,7	29,8
Papier	0,7	1,2	0,9	1,0	1,3	5,9
Chemie	1,5	2,3	3,3	3,8	6,4	11,0
Steine und Erden	3,1	2,5	3,6	3,1	4,1	5,0
Grundmetalle	2,2	2,3	3,1	3,1	3,9	7,9
Dauerhafte Konsum- und Kapitalgüter	9,2	14,8	12,8	14,2	22,8	22,2
Druck	3,9	2,9	2,7	2,9	3,1	zu Papier
Verschiedenes	3,9	6,6	9,1	8,4	3,5	0,6

Quelle: Landes 1973 und INE

Tabelle 40: Entwicklung der chilenischen Industrie (einschließlich Energieversorgung) 1940–75

Jahr	Anteil am Bruttoin..-produkt (%)	Anteil an Beschäftigten (%)	Produktions-Index (1953=100)	Produktions-Index/Ew. (1953=100)	Zahl der Betriebe (5 und mehr Beschäft.)	Zahl der Beschäftigten
1940	19,3	18,0	–	–	4 300	123 000
1952	20,5	20,6	–	–	5 300	185 000
1960	29,4	20,0	118	99	6 500	238 000
1965	27,0	19,0	164	124	–	–
1967	–	–	174	127	12 000	383 000
1970	26,6	19,0	185	127	12 600	400 000
1975	26,0	–	144	90	–	–

Quelle: Nohlen & Nuscheler 1976, CORFO 1966, INE (z. T. Schätzungen)

Bis zu diesem Zeitpunkt war die Wirtschaft Chiles extrem nach außen, d.h. auf den Weltmarkt hin orientiert. Die als *desarrollo hacia afuera* umschriebene Wirtschaftsentwicklung des 19. und beginnenden 20. Jh. wurde vom Export bergbaulicher Primärprodukte bestimmt. Waren es zunächst Kupfer und Silber aus Lagerstätten hohen Metallgehaltes, die zu einem schnellen Anstieg des Exportvolumens (z.B. 1844–1860 Verdreifachung der Exporte) und für reiche Deviseneinnahmen sorgten, so setzten sich nach dem Salpeterkrieg die Nitrate an die Spitze der chilenischen Ausfuhrliste (vgl. Kap. 6.1). Die riesigen Kupfervorkommen niedrigen Erzgehaltes waren zwar größtenteils schon vor 1930 erschlossen, gesamtwirtschaftlich spielten sie aber erst nach dem Niedergang des Salpeterabbaus die entscheidende Rolle. Der Pazifische Krieg in der zweiten Hälfte des 19. Jh. leitete nicht nur den Beginn des „goldenen Salpeterzeitalters" ein, sondern markierte auch in anderer Hinsicht einen bedeutsamen Einschnitt in der chilenischen Wirtschaftsentwicklung (Pinto 1962). Spielten vorher einheimische Unternehmer eine aktive Rolle innerhalb der Exportwirtschaft, so strömte nach dem gewonnenen Krieg mehr und mehr ausländisches Kapital ins Land, und englische, später auch nordamerikanische Industrielle übernahmen ehemals chilenische Firmen bzw. begannen mit der Ausbeutung bisher noch nicht genutzter Bodenschätze. Innerhalb weniger Jahrzehnte vollzog sich damals die „Denationalisierung" der chilenischen Exportindustrie. Der Staat begnügte sich damit, die ausländischen Firmen in wachsendem Maße zu besteuern (z.B. ab 1890 durch eine Salpetersteuer von 50%) und diese Einnahmen zum Ausbau der Verwaltungs-, Bildungs- und Infrastruktureinrichtungen zu nutzen bzw. sie an (privilegierte) Bürger weiterzugeben, indem er beispielsweise die Besteuerung aller Einkommen und die von Grund und Boden niedrig hielt. Da die Abnehmer der chilenischen Produkte zum überwiegenden Teil in „stabilen" Währungen bezahlten, konnten alle nicht im Lande erzeugten Güter ohne Schwierigkeiten eingeführt werden.

Die Weltwirtschaftskrise, die eine radikale Kehrtwendung dieser Politik einleitete, traf Chile schwerer und unvorbereiteter als andere Länder. Das lag nicht nur daran, daß das Land in hohem Maße vom Export einiger weniger Erzeugnisse abhängig war, sondern auch an der besonderen Situation des Salpeterbergbaus. Während sich der Absatz vieler weltmarktorientierter Produkte nach 1933 allmählich wieder erholte, so galt das nicht für den Salpeter. Die Weltwirtschaftskrise war in diesem Falle lediglich der letzte Anstoß für einen sich bereits seit der synthetischen Stickstoffgewinnung (1913) abzeichnenden Niedergang. Chile mußte daher zu Beginn der 30er Jahre nicht nur drastische Exportrückgänge hinnehmen, sondern gleichzeitig auch sein wichtigstes Ausfuhrgut ersetzen. Deshalb ist es nicht verwunderlich, daß die Kaufkraft der Exporterlöse *(income terms of trade)* zwischen 1929 und 1935 um fast 50% sank (Stecher 1976) und der Exportwert des Jahres 1928/29 auch 20 Jahre später noch nicht wieder erreicht war.

Der Staat war jetzt gezwungen, seine bisherige, passive Rolle im Wirtschaftsleben aufzugeben und die notwendig gewordene, stärker binnenwirtschaftlich orientierte Entwicklung *(desarrollo hacia adentro)* aktiv zu unterstützen. Die *laissez-faire*-Periode ging damit endgültig und unwiderruflich zu Ende. Alle staatlichen Förderungen und Eingriffe zielten darauf ab, die bisherigen Importe schrittweise zu substituieren und die starke Exportabhängigkeit durch eine vielseitigere Binnenwirtschaft abzubauen. Die dabei angewandten Maßnahmen reichten von einer einfachen Schutzzollpolitik und Devisenzwangswirtschaft bis hin zu finanziellen Hilfen für neugegründete Unternehmen und einem direkten Engagement in neuen Industriezweigen. Schon während der Regierungszeit von Carlos Ibáñez (1927–31) überstiegen die staatlichen Investitionen im industriellen Sektor erstmals diejenigen in der Landwirtschaft. Finanziert wurden solche Programme zunächst vorwiegend durch Anleihen im Ausland, später auch durch eine schrittweise Erhöhung der Kupfersteuer (vgl. Kap. 6.2).

Erste Ansätze zu einer Verarbeitung im Lande erzeugter und (in geringem Umfange) auch importierter Rohstoffe gab es in Chile schon vor 1930. Es waren jedoch vorwiegend kleinere Werkstätten und Handwerksbetriebe, die diese „Vorphase der Industrialisierung" bestimmten. Die Zahl der Industriebeschäftigten wird zwar im Zensus von 1927 schon mit 230000 angegeben (gegenüber 1967: 425000), davon entfielen aber nur ein Drittel auf Betriebe mit fünf und mehr Beschäftigten (Mamalakis 1976). Darüber hinaus war das industrielle Spektrum damals noch sehr eng: 80% der Erwerbspersonen arbeiteten in den drei Sparten „Nahrungsmittel", „Textil, Bekleidung, Leder" sowie „Holz und Möbel" (Tab. 39).

Die Politik der Importsubstituierung brachte zunächst nur geringe Erfolge. Solange der Staat – wie im ganzen Jahrzehnt zwischen 1930 und 1940 – den Schwerpunkt seiner Intervention auf Importrestriktionen legte, nahm die Zahl der Industriebeschäftigten mit 2,7% im Jahr langsamer als erwartet zu, da der Industriesektor ohnehin schon stark protektioniert war (Weischet 1970, Stecher 1976). Ein grundlegend neuer Akzent wurde erst ab 1938 unter dem ersten, von der radikalen Partei gestellten Präsidenten Aguirre Cerda gesetzt; er kam rein äußerlich durch die 1939 erfolgte Gründung der *Corporación de Fomento de la Producción* (CORFO) zum Ausdruck. Über diese mit führenden Wirtschaftsfachleuten besetzte Institution nahm der Staat jetzt den Aufbau von sogenannten „Zwischenindustrien" weitestgehend selbst in die Hand. Unter Planung und Leitung der CORFO wurden neue Großunternehmen im Bereich der Elektrizitätsgewinnung, der Erdölverarbeitung und der Stahlerzeugung aufgebaut. Meilensteine dieser Entwicklung waren die Gründung der staatlichen *Empresa Nacional de Electricidad* (ENDESA), die mit dazu beitrug, daß die Stromerzeugung in Chile von knapp 1 Mrd. kWh (1930) auf 5,3 Mrd. (1962) und 9,3 Mrd. (1977) anstieg; der Aufbau des Eisen- und Stahlkomplexes von Huachipato bei Concepción (seit 1947 durch die *Compañía de Acero del Pacífico)* in räumlicher Nähe zu den Kohlevorkommen von Lota und Coronel und die Verarbeitung der Erdölvorkommen im eigenen Land (Raffinerie Concón bei Valparaiso seit 1954) durch die *Empresa Nacional de Petróleo* (ENAP). Hinzu kam die Neugründung einer Fülle von kleineren Unternehmen, die z.T. mit den genannten Großbetrieben horizontal oder vertikal eng verflochten waren. Auch in der Verarbeitung von Agrarprodukten gab die CORFO neue Anstöße. So geht beispielsweise die Ausweitung der mit Zuckerrüben bestellten Fläche und die Aufnahme der Rübenzuckerproduktion (seit 1954) auf ihre Initiative zurück.

Weischet (1970) bescheinigt der CORFO, daß sie von ihrer Gründung bis Mitte der 50er Jahre Erstaunliches geleistet hat. Begünstigt durch das Fehlen ausländischer Konkurrenz während des 2. Weltkrieges, wurden zwischen 1941 und 1946 industrielle Wachstumsraten von durchschnittlich 11% erreicht, aber auch im gesamten Jahrzehnt zwischen 1940 und 1950 lag die Rate noch bei 6,1% (im Vergleich zu 3,3% gesamtwirtschaftliches Wachstum).

Die Phase der schnellen und erfolgreichen Importsubstituierung ging zu Beginn der 50er Jahre zu Ende. Die jährliche Zunahme der Industrieproduktion hielt im folgenden Jahrzehnt mit 2,4% (1950–60) nur noch knapp mit der Bevölkerungsentwicklung Schritt; das Angebot an neuen Arbeitsplätzen war mit -0,1% sogar erstmals rückläufig (Mamalakis 1976). Bis heute hat Chile die damals einsetzende Stagnation im Industriesektor nicht überwinden können (Tab. 40). Setzt man den Wert der Industrieproduktion des Jahres 1953 gleich 100, so stieg dieser Index zwar (unter beträchtlichen Schwankungen) auf 152 (1976); pro Kopf der Bevölkerung bedeutete das jedoch einen Rückgang auf 93. Auch der Anteil der Industrie einschließlich Energiewirtschaft am Bruttoinlandsprodukt hat sich zwischen 1955 und 1977 mit etwa 26% kaum verändert (1940 noch knapp 20%); nur in einzelnen Jahren wurden Werte von über 28% erreicht. Diese wenigen Zahlenangaben zeigen, daß die Politik der Importsubstitution sehr schnell an ihre Grenzen gelangte und wichtige damit verfolgte Ziele nicht erreicht werden konnten. Einige Punkte sollen hier besonders herausgestellt werden:

1. Der chilenische Binnenmarkt erwies sich nach Zahl und Kaufkraft als zu klein, um auf längere Sicht für die nötigen Wachstumsimpulse beim industriellen Aufbau zu sorgen. Die neu entstandenen, häufig sehr modernen und mit europäischen oder nordamerikanischen Technologien ausgestatteten Unternehmen standen bald vor Überkapazitäten und Absatzproblemen und nahmen daher keine Neuinvestitionen mehr vor. Ein Ausweichen auf den Export kam wegen der hohen Produktionskosten (und sicherlich zum Teil auch wegen überzogener Gewinnspannen) kaum in Frage. Da in den meisten Industriezweigen – vornehmlich ebenfalls wegen der Marktenge – eine „gesunde“ Konkurrenz und ein echter Wettbewerb fehlten (vgl. die Tendenz zur Bildung von Monopolen in Tab. 41) und der Staat die chilenischen Unternehmen vor ausländischer Konkurrenz weitgehend abschirmte, konnten alle produktionstechnischen Schwierigkeiten über die Preise an die Verbraucher weitergeleitet und damit der Inflation Vorschub geleistet werden. Ein Zwang zur Umstellung auf andere, den Verhältnissen im Lande besser angepaßten Produktionsverfahren bestand somit nicht.
2. Die erhoffte Abnahme der Auslandsabhängigkeit stellte sich nur sehr begrenzt ein. Zwar werden heute besonders im Bereich der Konsumgüterindustrie viele Produkte im Lande erzeugt, die vor dem 2. Weltkrieg noch importiert werden mußten (Tab. 42), dafür nahm jedoch der Einfuhrbedarf an Investitionsgütern überproportional zu. Die dafür notwendigen Devisen konnten von der eigenen Industrie nicht erwirtschaftet werden, da sie in weiten Bereichen nur hinter hohen Zollmauern lebensfähig war. Für 1961 wurde die staatliche Protektion durch Zölle, spezielle Wechselkurse etc. je nach Industriezweig auf 50–100% geschätzt (Jeanneret 1972). Der wachsende Finanzbedarf des Staates gerade auch für seine Unterstützungsprogramme der heimischen Industrie konnte wiederum nur durch eine Ausweitung der Ausfuhr bergwirtschaftlicher Primärprodukte und eine zunehmende Auslandsverschuldung abgedeckt werden.
3. Was bei den kurzlebigen Konsumgütern und auch bei den „Zwischenprodukten“ noch gut gelang – nämlich auf Einfuhren zugunsten einer nationalen Erzeugung zu verzichten – stieß bei hochwertigen, dauerhaften Verbrauchs- und bei Investitionsgütern auf zunehmende Schwierigkeiten (Tab. 42). Hier war weder der für eine rentable Produktion unumgängliche Mindestabsatz im Lande noch das nötige *know-how* gegeben. Europäische und nordamerikanische Unternehmen waren aber an Investitionen in Chile nicht zuletzt wegen seiner peripheren Lage und geringen Bevölkerungszahl nur mäßig interessiert. Ihre Tochtergesellschaften siedelten sich stattdessen bevorzugt in Brasilien und Argentinien an (z.B. Autoindustrie). Schwerpunkt der ausländischen Kapitalanlagen in Chile blieb bis in die Gegenwart

Tabelle 41: Konzentration der industriellen Produktion auf die größten Unternehmen verschiedener Branchen um 1960

Industriezweig	Kummulierter Prozentanteil, der jeweils auf das größte, bzw. die 3, 5 oder 10 größten Unternehmen entfällt			
	1	3	5	10
Industrie insgesamt	4,6	10,6	14,9	21,1
Lebensmittel	6,9	13,8	18,1	42,0
Getränke	42,3	54,2	61,5	68,8
Tabak	92,3	92,5	–	–
Textil	9,3	24,1	32,6	45,6
Papier	86,2	88,7	89,7	91,3
Gummi	78,3	84,2	88,1	92,6
Basismetalle	47,5	53,8	55,4	56,9
Elektrische Geräte	18,1	37,4	50,0	63,0

Quelle: Pinto 1970

Tabelle 42: Anteil der Industrieimporte am internen Angebot 1914/15 – 1963/64 (in %)

Industriezweig	1914/15	1927	1952/53	1963/64
Gesamte Industrie	51,5	43,0	26,0	24,6
Nahrungsmittel	22,5	11,4	11,6	12,2
Textil, Schuhe	57,6	50,3	6,1	6,6
Papier, Druck	40,0	42,0	29,6	13,9
Chemische Produkte	91,3	71,3	51,8	38,5
Metallische Produkte	87,0	85,0	53,3	46,9

Quelle: Nohlen & Nuscheler 1976

Tabelle 43: Größenstruktur der chilenischen Industrie (5 und mehr Beschäftigte) 1937–67

Beschäftigtenzahl	1937 *		1957		1967	
	% der Betriebe	% der Beschäftigten	% der Betriebe	% der Beschäftigten	% der Betriebe	% der Beschäftigten
5– 9	41,3	9,5	39,7	5,7	43,6	8,8
10– 14	34,6	17,5	17,7	5,1	17,8	6,5
15– 19	–	–	10,4	4,6	10,0	5,1
20– 49	12,4	12,9	19,3	15,1	17,1	16,2
50– 99	6,1	12,7	6,6	12,3	5,7	12,7
100–199	5,6	47,4	3,4	13,1	3,2	14,0
200–499	–	–	2,0	17,3	2,0	18,1
≥500	–	–	0,9	26,8	0,6	18,6

* Größengruppen mit späteren Erhebungen nicht voll vergleichbar (Schwellenwerte 6, 15, 25, 50, 100)

Quelle: Industriezensus des INE

der Bergbau und nicht die Industrie. Noch 1960 entfielen von den 739 Mill. US-Dollar, die beispielsweise die Vereinigten Staaten in Chile investiert hatten, 70% auf die Ausbeutung von Bodenschätzen und nur 3% auf den industriellen Sektor. Erst zwischen 1964 und 1970 holte die Industrie auf und zog in diesem Zeitraum 40% der ausländischen Neuinvestitionen von gut 100 Mill. US-Dollar auf sich. Der Anteil ausländischen Kapitals an den chilenischen Industrieunternehmen lag Ende der 60er Jahre bei etwa 20%, nur in einzelnen Zweigen war er sehr viel höher (z.B. Tabak 60%, Auto- und Gummiindustrie jeweils etwa 45%).

4. Die auf eine schnelle Industrialisierung ausgerichtete Wirtschaftspolitik führte zu einer Vernachlässigung der Landwirtschaft. Im ersten Vierteljahrhundert nach ihrer Gründung hat die CORFO nur 18% der ihr zur Verfügung stehenden Mittel für landwirtschaftliche Projekte bereitgestellt, dagegen 70% für die Förderung der Industrie sowie für die Verbesserung der Energieversorgung (Fitter 1968). Über die in den 30er Jahren einsetzende, bis heute anhaltende Stagnation des Agrarsektors wurde in Kap. 5.5 schon berichtet. Für die industrielle Entwicklung hatte das in doppelter Hinsicht folgenschwere Konsequenzen. Nicht nur, daß von der Landwirtschaft kaum Impulse für einen industriellen Aufbau ausgingen – die von der CORFO initiierte Verarbeitung von Zukkerrüben stellte in dieser Hinsicht eine Ausnahme dar –, hinzu kommt, daß die junge Industrie die zu geringe Dynamik innerhalb des Agrarsektors ausgleichen und zusammen mit dem Bergbau für ein zufriedenstellendes gesamtwirtschaftliches Wachstum und für ausreichende Arbeitsplätze sorgen sollte.

5. Die *riquezas básicas* des Landes (insbesondere das Kupfer) haben das industrielle Wachstum kaum stimuliert. Seit jeher waren die großen Abbaustätten ausländische Enklaven und nur in geringem Umfange in die Gesamtwirtschaft integriert *(dual economy)*. Die an sich naheliegende Entwicklungsstrategie, auf der Basis heimischer Rohstoffe eine Investitionsgüterindustrie aufzubauen, führte in Chile nicht zum Erfolg. Jürgensen & Schulz-Trieglaff (1969) haben nachgewiesen, daß schon die Raffination des Rohkupfers im Lande höhere Produktionskosten verursacht als die Weiterverarbeitung in den Verbraucherländern und daher die chilenischen Produkte auf dem Weltmarkt (und dafür müßte wegen des kaum aufnahmefähigen Binnenmarktes in erster Linie produziert werden) nicht konkurrenzfähig sind. Das liegt einmal daran, daß in Chile die Finanzierungskosten für kapitalintensive Produktionsverfahren sehr hoch sind, während die Kupferindustrie in den Verbraucherländern mit weitgehend abgeschriebenen Anlagen produzieren kann. Andererseits tragen auch die – gemessen an der Qualifikation der Arbeiter und Angestellten – überhöhten Lohnkosten (einschließlich der sehr erheblichen Sozialabgaben) sowie die verbraucherferne Lage des Landes mit weiten Transportwegen und fehlenden Fühlungsvorteilen zu einer Verteuerung der Produkte bei. All das wäre im Interesse eines gesamtwirtschaftlichen Wachstums noch in Kauf zu nehmen, wenn die *forward and backward linkages*, d.h. die vorwärts- und rückwärtsgerichteten Verflechtungen, und die *external economies,* d. h. die außerhalb der verursachenden Wirtschaftseinheit anfallenden Vorteile (z.B. durch Verwendung neuer Technologien), von erheblicher Bedeutung wären. Diese sind jedoch im Falle der Kupferindustrie ebenfalls nur gering.

6. Die Industrialisierung hat in sehr viel geringerem Umfang als erwartetet zum Abbau des Beschäftigungsproblems beigetragen. Von Anfang an mußte die Technolo-

gie aus dem Ausland importiert werden, und daher kamen vor allem kapitalintensive und arbeitssparende Verfahren zur Anwendung. Von staatlicher Seite wurde dieser Entwicklung durch die Festlegung von Mindestlöhnen und durch eine sehr weitreichende und damit teure Sozialgesetzgebung noch Vorschub geleistet. In einzelnen Branchen gingen sogar Arbeitsplätze verloren, wenn nämlich handwerkliche Betriebe der neuen und weit überlegenen Konkurrenz nicht gewachsen waren. Es sei in diesem Zusammenhang an die frühe Industrialisierung im deutschen Kolonisationsgebiet des Südens und deren späteren Niedergang erinnert (vgl. Kap. 4.6). Nur zwischen 1940 und 1952 hat der industrielle Bereich einen überproportionalen Anteil der ins Erwerbsleben eintretenden Bevölkerung absorbieren können (35% gegenüber 11% zwischen 1952–60), und die relative Bedeutung der Industrie in der Beschäftigungsstatistik stieg von gut 16% auf knapp 20% (Tab. 8); aber selbst in diesem Zeitraum konnte die Zahl der neugeschaffenen Arbeitsplätze nur halb so schnell vermehrt werden wie der industrielle Produktionswert (Muñoz 1968). Landes (1973) hat nachgewiesen, daß gerade die städtische Unterbeschäftigung zwischen 1952 und 1970 erheblich zunahm, obwohl die offiziellen Arbeitslosenzahlen konstant blieben oder sogar rückläufig waren. Die importsubstituierende Industrialisierung konnte also die schon vorher vorhandene Tendenz zur Tertiarisierung nur unwesentlich und für kurze Zeit bremsen.

7. Der Aufbau einer nationalen Industrie hat den Gegensatz und das Entwicklungsgefälle zwischen Stadt und Land, zwischen Metropole und Provinz sowie zwischen Zentrum und Peripherie noch verschärft, denn auf dem Lande haben sich fast keine, in kleineren Regionalzentren nur sehr wenige und in den großstädtischen Ballungsräumen der überwiegende Teil der neuen Industriebetriebe angesiedelt. Unter den Großstädten wurde wiederum sehr einseitig die Landeshauptstadt als Industriestandort bevorzugt, nicht nur wegen ihres nach Zahl und Kaufkraft weit überlegenen Absatzmarktes, sondern auch, weil nur hier die notwendige ständige Fühlungnahme mit staatlichen Behörden und Institutionen ohne Schwierigkeiten möglich war. Staatliche Maßnahmen, die auf eine stärkere industrielle Dezentralisation abzielten, hatten meist nur geringen Erfolg, wie das Beispiel der fischverarbeitenden Industrie im Raum von Iquique (vgl. Kap. 2.4) und die Bemühungen um eine Konzentration der Automobilmontage in Arica zeigen (vgl. Kap. 6.5).

Aus den genannten Punkten lassen sich die wichtigsten Kennzeichen der gegenwärtigen Industriestruktur ableiten:

– *in der Branchenstruktur:* ein noch immer übermäßig hoher Anteil „traditioneller Industrien" und eine erst in den Anfängen stehende Investitionsgüterindustrie.

Ein Vergleich der verschiedenen, leider auf unterschiedlicher Basis durchgeführten Industrieerhebungen (Tab. 39) zeigt zwar, daß insbesondere die relative Bedeutung der Textil- und Bekleidungsindustrie stark rückläufig ist und stattdessen die „Zwischenindustrien" erheblich ausgebaut werden konnten, zugleich wird aber auch erkennbar, daß die induzierenden Wirkungen auf die „dynamischen Industrien" weitgehend ausgeblieben sind. Ein einschlägiges Beispiel dafür bietet die gegenwärtige Situation im Industrierevier von Concepción. Mit der Errichtung des Stahlwerkes in Huachipato auf der Halbinsel von Talcahuano wollte der Staat den Anstoß für die Entwicklung eines „chilenischen Ruhrgebietes" geben. Die darin gesetzten Erwartungen haben sich nur sehr begrenzt erfüllt. Zwar konnte die Stahlproduktion von 178000 t (1951) bis Mitte der 60er Jahre auf gut 500000 t gesteigert und damit der gesamte chilenische Bedarf gedeckt werden; wegen der internationalen Konkurrenz erwies es sich aber als schwierig, die erzeugten Überschüsse zu exportieren, so daß alle Ausbaupläne zunächst zurückgestellt werden mußten. Auch die Neuansiedlung von stahlverarbeitenden Betrieben kam nicht recht in Gang; 1967 waren noch 50% der Beschäftigten in den traditionellen Industrien und 28% in den Zwischenindustrien tätig. Zwischen 1957 und 1967 lag das industrielle Wachstum in der Provinz Concepción, sowohl nach Zahl der Beschäftigten als auch nach Zahl der Betriebe, unter dem Landesdurchschnitt. Die im Jahrzehnt zwischen 1960 und 1970 erstmals negative Wanderungsbilanz der Provinz (Abb. 7) dokumentiert die nachlassende Anziehungskraft dieses Raumes sehr deutlich.

– *in der Größenstruktur:* ein ausgeprägter Gegensatz zwischen zahlreichen kleinen, sehr gering mechanisierten Handwerksbetrieben bzw. Heimindustrien und einigen wenigen, modern ausgestatteten Großunternehmen.

Neuere Zahlenangaben zu diesem Problemkreis liegen leider nicht vor, da der letzte vollständige Industriezensus schon vor gut 10 Jahren durchgeführt wurde (1967) und sich alle jüngeren Zusammenstellungen nur auf Betriebe mit 50 und mehr Beschäftigten beziehen. Eine Gegenüberstellung der Erhebungen von 1937, 1957 und 1967 (Tab. 43) zeigt jedoch, daß sich die Größenstruktur noch sehr viel weniger als die Branchenstruktur geändert hat. Nach wie vor sind in etwa 40% der Betriebe nur zwischen fünf und neun Arbeitnehmer tätig. Einen Teil dieser Unternehmen (z.B. Schneider, Schuhmacher, Autoreparaturwerkstätten) müßten nach deutschen Maßstäben zusammen mit den 21500 Firmen mit weniger als fünf Beschäftigten (1967) eher als Handwerksbetriebe bezeichnet werden. Die Zahl der Großunternehmen hat zwar zwischen 1937 und 1957 erheblich zugenommen, seitdem ist jedoch keine grundlegende Veränderung erkennbar. So ging die Zahl der Betriebe mit einem Personalbestand von 50 und mehr Erwerbstätigen zwischen 1967 und 1974 von 1384 auf nur noch 1270 zurück.

– *in der Regionalstruktur:* eine eindeutige Dominanz der *Zona Metropolitana* und insbesondere der Hauptstadt Santiago.

Während sich noch 1930 die industriellen Unternehmen etwa entsprechend der Bevöl-

Tabelle 44: Räumliche Konzentration der chilenischen Industrie 1930–72 (in % der Beschäftigten)

Provinzen	1930 alle Betriebe	1957 Betriebe ≥5 Beschäftigte	1967 Betriebe ≥5 Beschäftigte	1967 alle Betriebe	1972 Betriebe ≥50 Beschäftigte
Santiago	36,6	60,6	58,7	55,6	56,3
Aconcagua und Valparaiso	14,5	12,3	10,0	9,9	10,1
Raum Concepción (Ñuble – Biobío)	14,0	12,4	12,6	12,7	16,4
Tarapacá – Coquimbo	8,5	3,4	6,3	6,6	7,9
O'Higgins – Curicó	4,0	1,6	2,4	2,7	2,4
Talca – Maule	6,9	2,3	2,6	2,9	1,9
Malleco – Cautín	6,5	2,1	2,1	2,8	1,2
Valdivia – Magallanes	9,0	5,3	5,3	6,8	3,8

Quelle: Uribe 1967, Industriezensus des INE

Tabelle 45: Industriestruktur in ausgewählten Regionen Chiles 1974 (in % der Betriebe mit 50 und mehr Beschäftigten)

	Nahrungsmittel	Textil, Bekleid., Leder	Holz, Papier	Chemie	Steine u. Erden	Basismetalle	Mechan. Industrie	Andere
Area Metrop. de Santiago	13,7	30,0	9,0	13,9	5,5	2,5	24,0	1,4
Valparaiso/ Aconcagua	34,1	20,0	9,7	14,1	0,7	3,0	17,0	1,4
Raum Concepción (Provinzen Ñuble-Malleco)	34,1	9,6	28,9	5,9	5,9	3,7	11,9	0,0
Chile gesamt	24,3	22,1	12,6	10,9	4,1	2,8	22,0	1,2

Quelle: CORFO 1977

kerungszahl über das Land verteilten und neben der Hauptstadt auch Valparaiso (mit den traditionellen hafenständigen Textil- und Nahrungsmittelindustrien) und der Süden (z.B. Valdivia) einen recht hohen Anteil an der Gesamtzahl der Beschäftigten hatten, verlagerte sich das Schwergewicht später immer mehr auf die Metropole und ihre unmittelbare Umgebung (Tab. 44). Heute entfallen (je nach Aufschlüsselungsmodus) zwischen 55 und 60% der Industriebeschäftigten allein auf die Provinz Santiago; die industrielle Bedeutung des Südens und – trotz massiver Förderungsmaßnahmen – auch des Nordens ist eher rückläufig. Hinzu kommt, daß die Santiagoer Industrien recht vielseitig ausgerichtet sind, während etwa in Concepción und erst recht in kleineren Zentren einige wenige Zweige eindeutig vorherrschen (Tab. 45; Gómez 1974).

Die Bemühungen des Staates, durch verschiedene Hilfsmaßnahmen und direkte Eingriffe dem industriellen Wachstum neue Impulse zu verleihen und an die früheren „Boomjahre" anzuknüpfen, sind bis heute nicht abgerissen, allerdings ohne daß bisher durchschlagende Erfolge erzielt werden konnten. Die Strategie der „ungleichgewichtigen Wirtschaftsentwicklung" *(unbalanced growth)*, die mit der staatlichen Initiative im Bereich der zwischengelagerten Industrien (z.B. Stahlwerke, Erdölraffinerie) zunächst verfolgt wurde, führte zwar anfangs zu beachtlichen Fortschritten, die erhofften Ausstrahlungen auf die „dynamischen Industrien" blieben jedoch weitgehend aus. Seit Mitte der 50er Jahre schwächten sich daher die industriellen Wachstumsraten stark ab; dafür erreichte – bedingt durch eine Politik des „leichten Geldes" – die Inflation erstmals Werte von über 50% (Fitter 1968). Da die chilenische Volkswirtschaft sich als unfähig erwies, auf die bewußt gesetzten Ungleichgewichte in ökonomisch sinnvoller Weise zu reagieren – die aus den staatlichen Investitionen resultierenden Einkommenseffekte hatten sich vorwiegend in einem erhöhten Konsum niedergeschlagen –, war der Staat wiederum zum Eingreifen gezwungen. Seine Stabilisierungsbemühungen zielten zunächst auf eine Bekämpfung der hohen Inflationsraten, und hier konnte zwischen 1955 und 1958 auch ein kurzfristiger Erfolg erreicht werden; aber auf längere Sicht war die Forderung nach einer Beschränkung des Konsums politisch nicht durchsetzbar.

Die Ende der 50er Jahre eingeleitete und in einem genauen zehnjährigen Entwicklungsplan dokumentierte Wirtschaftspolitik war darauf ausgerichtet, Spannungen und Disproportionalitäten zwischen den verschiedenen produzierenden Bereichen zu verhindern; alle Förderungsmaßnahmen wurden daher im Sinne der angestrebten gleichgewichtigen Entwicklung *(balanced growth)* eingesetzt (Fitter 1968). Die dafür benötigten Devisen sollten über die Außenwirtschaft ins Land kommen, die man deshalb besonders unterstützte. Die Exporte waren jedoch nie hoch genug, um einerseits die ständig wachsende Nachfrage – vor allem nach Konsumgütern – durch zusätzliche Importe auszugleichen und außerdem noch Mittel für dringend nötige Zukunftsinvestitionen, insbesondere in den *lagging sectors* Landwirtschaft und Nahrungsmittelindustrie, bereitzustellen. Um die Zahlungsbilanz einigermaßen auszugleichen und die Inflation in Grenzen zu halten, mußte sich die Regierung sehr bald wieder in restriktive Maßnahmen wie Devisen- und Preiskontrollen flüchten.

Ihren Höhepunkt erreichte die Intervention des Staates nach 1971, als nicht nur der Bergbau, sondern auch Banken und zahlreiche Industriebetriebe nationalisiert bzw. illegal oder halblegal in staatliche Hände überführt wurden. Mit einer gewissen Berechtigung ging man dabei von der Überlegung aus, daß eine „freie Marktwirtschaft" in Chile ohnehin nicht existiere und man daher versuchen müsse, durch staatliche Kontrollen überhöhte Gewinne der Unternehmer zu verhindern und den Preisanstieg zu dämpfen. In der Vergangenheit hatten die monopolistischen Tendenzen in der chilenischen Wirtschaft und der dadurch gegebene „unvollkommene Wettbewerb" immer wieder dazu geführt, daß Industrie und Handel auf Veränderungen der Nachfragesituation kaum reagierten oder daß Produktionsfortschritte nicht in Form niedrigerer Preise weitergegeben wurden. Die „Sozialisierung" der Industrieunternehmen erfolgte jedoch – anders als die Nationalisierung des Bergbaus und die Verstaatlichung der Banken – wenig geplant und unorganisch. Anstelle der anfangs vorgesehenen 90 Großunternehmen waren im September 1973 etwa 500 Betriebe verstaatlicht bzw. vom Staat „interveniert" worden. Durch die Übernahme auch unrentabler und kleiner Firmen verlor der industrielle Sektor sehr schnell die ihm zugedachte Funktion, mit höchst produktiven Betrieben den weiteren Entwicklungsprozeß mitzufinanzieren. Stattdessen bedurfte dieser Wirtschaftszweig zunehmender Unterstützung seitens des Staates, um die wachsenden Verluste zu dekken (Nohlen & Nuscheler 1976). Auch eine wirksame Preiskontrolle und eine Bekämpfung des Schwarzmarktes erwiesen sich sehr schnell als undurchführbar. Dazu hätte es eines gigantischen bürokratischen Apparates bedurft, der nicht von heute auf morgen eingerichtet werden konnte. Überdies erhofften sich viele Ökonomen auf dem linken Flügel der *Unidad Popular* gerade von einer galoppierenden Inflation und einem ökonomischen Chaos ein schnelles Ende der bürgerlichen Wirtschaft, und umgekehrt hat die in- und ausländische Opposition die Wirtschaftskrise noch verschärft, um dadurch die Regierung zu einem „Offenbarungseid" zu zwingen.

Mit dem Sturz Allendes Ende 1973 änderte sich der Kurs der chilenischen Wirtschaftspolitik erneut um 180 Grad. Statt staatlicher Intervention lautete jetzt die Parole „Rückzug des Staates aus der Wirtschaft", statt Protektionismus und importsubstituierender Industrialisierung wurden der freie Wettbewerb mit ausländischen Erzeugnissen und Programme der Exportdiversifizierung verkündet.

Die Reprivatisierung der Wirtschaft äußerte sich nicht nur im Bereich der Landwirtschaft und des Bergbaus, sondern auch im industriellen Sektor. Bereits Ende 1973 leitete die CORFO die Rückgabe bzw. Versteigerung staatlich intervenierter oder schon länger im Staatsbesitz befindlicher Unternehmen ein. Nur 23 *empresas básicas* (z.B. Elektrizitätsversorgung, Nachrichtenwesen, Erdölwirtschaft) sollten unter staatlicher Kontrolle verbleiben. Bis Mitte 1978 waren von den knapp 500 Staatsfirmen nur noch einige wenige in den Händen der CORFO, der Rest war an die ehemaligen Eigentümer zurückgegeben (ca. 300) oder verkauft worden.

Die im Laufe des Jahres 1973 auf nie gekannte Höhen gekletterte Inflation sollte ebenfalls nicht durch dirigistische Maßnahmen, sondern durch das freie Spiel der Marktkräfte abgebaut werden. Daher wurden für die meisten Waren sofort, für einige im Laufe der folgenden Jahre die Preise – wenigstens anfangs bei gleichzeitigem „Einfrieren" der Löhne und Gehälter – freigegeben, so z.B. 1977 auch die mehr als 30 Jahre lang kontrollierten Preise für Brot, Kohle und Superbenzin. Ein erneuter Inflationsschub war zunächst die Folge; die anschließende Dämpfung des Preisauftriebs kam dagegen nur langsam in Gang und führte erst Ende 1978 zu vertretbaren Inflationsraten (Tab. 18), die überdies mit einschneidendem Konsumverzicht nicht nur der ärmeren Bevölkerung, sondern auch des Mittelstandes erkauft werden mußten (Rückgang der Reallöhne und -gehälter zwischen 1970 und 1975 um mehr als ein Drittel).

Die Opfer, die die Bevölkerung für das neue Wirtschaftskonzept bringen mußte, wurden durch die, im Grundsätzlichen sicher vernünftige, jedoch zu schnell und verfrüht begonnene Einsparung von Arbeitskräften in der öffentlichen Verwaltung sowie in staatlichen bzw. halbstaatlichen Betrieben wie Bahn oder Post noch vergrößert. Zu einer Zeit, in der der Staat, bedingt durch niedrige Kupferpreise, keine größeren Geldmittel für andere Entwicklungsvorhaben bereitstellen konnte, mußte sich das in extrem hohen Arbeitslosenzahlen niederschlagen (zuletzt Mitte 1978 im Landesdurchschnitt 15% nach deutschem Berechnungsmodus). Diese Zahl würde sicher noch höher ausfallen, wenn nicht im Rahmen von Notprogrammen *(empleo mínimo)* ca. 150000 Personen (1978) eine vorübergehende Beschäftigung gefunden hätten. Die Bezahlung dieser Stellen ist allerdings sehr niedrig und deckt kaum die notwendigsten Lebenshaltungskosten.

Für die Industrie, aber auch für die Landwirtschaft bedeutete die radikale Kehrtwendung in der Wirtschaftspolitik eine zunehmende Konkurrenz mit importierten Produkten. Der Protektionismus des Staates, der ein halbes Jahrhundert Entwicklung und Ausrichtung der chilenischen Volkswirtschaft bestimmt hatte, wurde fast schlagartig beendet. Um diese liberale Außenzoll- und Auslandskapitalpolitik durchzusetzen, nahm Chile sogar wirtschaftliche Schwierigkeiten mit seinen Nachbarländern in Kauf und zog sich 1976 aus der 1969 gegründeten „Andengruppe" (wirtschaftlicher Zusammenschluß mit Peru, Bolivien, Ekuador, Kolumbien und Venezuela) zurück. Stattdessen bemühte man sich darum, die Kontakte zu Brasilien zu intensivieren (Hoelscher 1977).

Während die Rückkehr zu Ruhe und Ordnung im Agrarsektor einen gewissen Erholungsprozeß und einen verstärkten Anbau von Weltmarktprodukten einleitete, wirkte das Wirtschaftsprogramm der Militärregierung auf Industrie und Handel anfangs wie ein Schock. Nicht allein, daß die Unternehmen mit der durch die deflationistische Politik hervorgerufenen mangelnden Massenkaufkraft zu kämpfen hatten, hinzu kam, daß durch Zollsenkungen (mit Ausnahme von PKW über 850 cm^3 und Lastwagen ab Mitte 1979 generell nur noch 10% Zoll) mehr und mehr auch ausländische Erzeugnisse ins Land gelassen wurden, denen überdies die Chilenen seit jeher, sofern sie nur einigermaßen erschwinglich waren, gegenüber heimischen Produkten den Vorzug gaben. So bot der Industriesektor, aber auch der mittlere und kleine Handel, der am Importgeschäft nicht verdienen konnte, Mitte der 70er Jahre ein desolates Bild. Produktionseinschränkungen, Entlassungen, Bankrotte und Ge-

schäftsaufgaben waren an der Tagesordnung. Der Index der industriellen Produktion, der sich bereits seit 1973 in einer Abwärtsbewegung befand, fiel allein 1975 um 27%, die Bauwirtschaft hatte gar einen Rückgang von 35% zu verzeichnen. Damit waren die ohnehin nur bescheidenen Erfolge der letzten 10 Jahre wieder zunichte gemacht.
Die anschließend langsam einsetzende Wiederbelebung auch im industriellen Bereich (Anstieg des Produktionsindex bis 1978 auf den Stand von 1971) kann nicht darüber hinwegtäuschen, daß es noch lange dauern wird, bis sich das Land von diesem Rückschlag erholt hat. Andererseits muß man zugeben, daß die Militärregierung entscheidende Fehler und Unzulänglichkeiten der bisherigen Wirtschaftssysteme erkannt und aufgedeckt hat. Wenn von einer stärkeren Förderung der Landwirtschaft, einer Verbesserung der internationalen Konkurrenzfähigkeit der heimischen Industrie, einem Abbau des aufgeblähten tertiären Sektors, einer Verringerung der hohen Inflationsraten und einem Ende der einseitigen Begünstigung städtischer Bevölkerungsgruppen gesprochen wird, so weisen diese neuen Akzente durchaus in die richtige Richtung. Für das von Krisen geschüttelte und seit fast einem Jahrzehnt nicht mehr zur Ruhe gekommene Land war allerdings eine „Schocktherapie" mit all ihren Konsequenzen nicht zuletzt auch im sozialen Bereich kaum der richtige Beginn für die notwendigen Veränderungen und Korrekturen.

6.5 Die Automobilindustrie in Arica – Probleme einer industriellen Dezentralisationspolitik

Das räumliche Verteilungsmuster der chilenischen Verarbeitungsindustrie ist noch weit stärker als das der Bevölkerung durch eine außerordentliche Konzentration auf einige wenige Räume in der Landesmitte bestimmt. Die Feststellung, daß 84% aller Industriebetriebe (über 50 Beschäftigte, 1974) zwischen 32° und 37° südlicher Breite, also in der *Zona Central* liegen, bedarf einer weiteren Einschränkung dahingehend, daß diese 84% sich nahezu vollständig auf die drei eng begrenzten Gebiete von Groß-Santiago (58%), Valparaiso –Viña del Mar (9%) und Concepción-Talcahuano (8%) verteilen. Der Rest liegt in einem „industriellen Korridor" von sechs kleineren Zentren (Rancagua, San Fernando, Curicó, Talca, Linares, Chillán) entlang der Südeisenbahn bzw. *Panamericana*. Von den 16% der Industriebetriebe, die außerhalb der Zentralzone lokalisiert sind, entfallen 8% auf den Kleinen und 1% auf den Großen Süden von Biobío bis Magallanes. Hier werden in erster Linie Produkte der Land- und Waldwirtschaft verarbeitet. Die verbleibenden 7% liegen schließlich im Norden des Landes, und dabei insbesondere in den Hafenstädten Arica, Iquique und Antofagasta.
Die extrem langgestreckte Gestalt Chiles und seine höchst ungleiche Bevölkerungsverteilung begünstigt in besonderem Maße – von Ausnahmen wie einer Verarbeitung von Bodenschätzen einmal abgesehen – einen Industriestandort im engeren Umland der Hauptstadt. Die *Zona Metropolitana* stellt nicht nur den zahlenmäßig größten potentiellen Absatzmarkt für die erzeugten Produkte dar, auch der überwiegende Teil möglicher Zuliefererfirmen ist hier ansässig. Darüber hinaus sind die „Fühlungsvorteile" der Metropole und das bessere und breiter gefächerte Angebot, insbesondere an qualifizierten Arbeitskräften, hervorzuheben.
Dieser Tendenz zur „Industrieballung" im Bereich der ohnehin schon bevorzugten Landeshauptstadt versuchten die Regierungen seit langem durch unterschiedliche Maßnahmen entgegenzusteuern, erhoffte man sich doch durch eine Förderung von industriellen Wachstumspolen außerhalb der Me-

Abb. 42: Räumliche Entwicklung und funktionale Gliederung der Stadt Arica

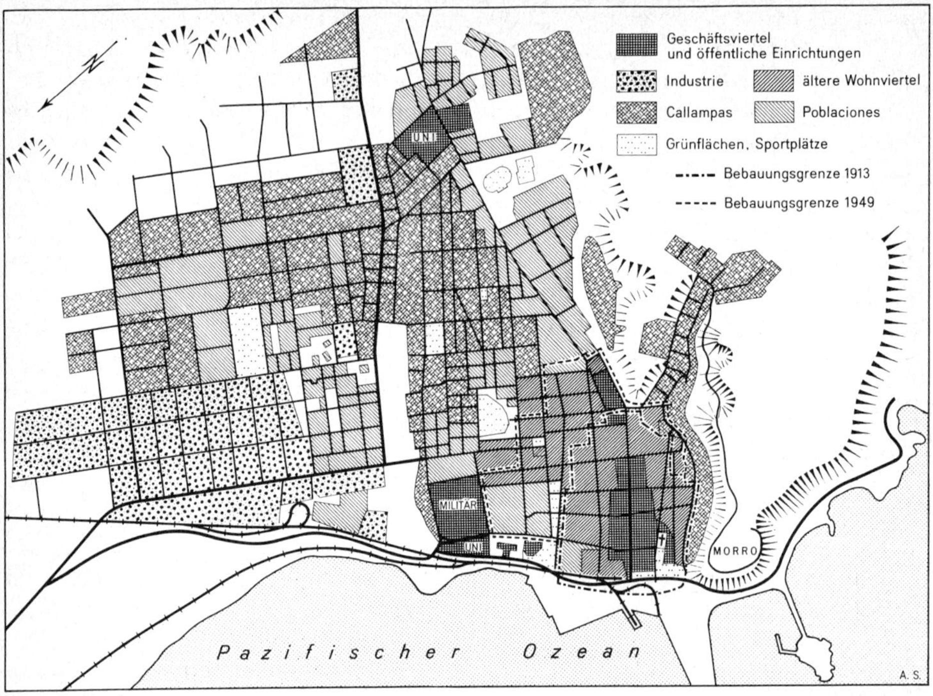

Quelle: Bähr 1975

tropole wichtige Impulse für die Regionalentwicklung gerade der peripheren Landesteile. Am Beispiel der in Arica aufgebauten chilenischen Automobilindustrie sind die mit einer solchen Dezentralisationspolitik verbundenen Schwierigkeiten klar zutage getreten.

Das im äußersten Norden des Landes, an der Grenze zu Peru gelegene Arica gehört erst seit der Volksabstimmung im Jahre 1929 endgültig zu Chile. Schon aus politischen Gründen bot sich daher dieser Standort für eine verstärkte staatliche Förderung von Industrieansiedlungen besonders an. Gegenüber der nur langsamen Weiterentwicklung oder gar Stagnation der meisten Küstenstädte in der nördlichen Wüstenzone erlebte Arica im Rahmen solcher Maßnahmen seit Mitte der 50er Jahre einen ausgesprochenen Boom, der allerdings mit dem Ende der staatlichen Unterstützung sehr schnell wieder in sich zusammenfiel.

Arica war zwar bereits vor Ankunft der Spanier bewohnt, und erreichte zur Kolonialzeit als Transithafen für den Handel mit *Alto Perú* eine gewisse Bedeutung (Leemann 1968), die jedoch nach der Erschöpfung der Silberminen von Potosí rasch wieder zu Ende ging. Nach der Unabhängigkeit der ehemals spanischen Kolonie verlor die Stadt einen Teil ihres Hinterlandes, da Bolivien über die heute chilenische Provinz Antofagasta Zugang zum Meer hatte. Auch der Salpeterboom konnte die Entwicklung Aricas nicht stimulieren, denn die abbauwürdigen Vorkommen begannen erst einige hundert Kilometer weiter südlich. Im nur mäßigen Anstieg der Einwohnerzahlen und der geringen Flächenausdehnung spiegelt sich diese bis etwa 1950 reichende Stagnationsphase wider (vgl. Abb. 42; Ew. 1930: 13200; 1952: 19600).

Der eigentliche Aufschwung der Stadt begann damit, daß der chilenische Staat als

Entwicklungsanreiz Arica 1954 zum Freihafen erklärte und durch weitere Vergünstigungen die Ansiedlung von Industriebetrieben förderte (Fifer 1964). Noch bis Anfang der 60er Jahre konnten die Arica anlaufenden Schiffe nicht direkt am Kai festmachen, 1965 wurde ein erster Abschnitt des großzügigen Hafenneubaus in Betrieb genommen (Kapazität 1 Mill. t). Fast die Hälfte des Umschlags entfällt auf den Transitverkehr mit Bolivien und in geringem Maße auch mit Peru. Eine Eisenbahnverbindung besteht sowohl mit Tacna (Peru) als auch mit La Paz (Bolivien).

Im Rahmen der industriellen Förderungsprogramme nahm die Automobilmontage von Anfang an eine besondere Stellung ein. Gwynne (1978) gliedert die Entwicklung dieses Industriezweiges in drei Abschnitte. Diesen kann unter Berücksichtigung der gegenwärtigen Situation noch ein vierter hinzugefügt werden:

1. Importsubstituierung mittels staatlicher Protektion (1954–66)
2. Das Auftreten multinationaler Konzerne und ihre Standortwahl (1967–70)
3. Nationalisierungsversuche und verstärkte staatliche Kontrolle (1971–73)
4. Die Krise der chilenischen Automobilproduktion und das Ende der Dezentralisationspolitik (ab 1974).

Die Anfänge einer bescheidenen chilenischen Automobilindustrie entwickelten sich zwischen 1954 und 1962 im Freihafen Arica. Während der Import von Neuwagen hier wie überall im Lande mit hohen Zöllen belastet war, konnten vorgefertigte Teile günstig eingeführt werden. Da auch nach der Montage keine weiteren Steuern erhoben wurden, waren die in Arica montierten Autos trotz hoher Transportkosten in ganz Chile wesentlich billiger als direkt importierte. Unter dem Schutz solcher Protektionsmaßnahmen war die Automontage für Firmen, die sich in Arica engagierten, ein einträgliches Geschäft. Das führte dazu, daß sich bis 1962 hier immerhin 20 Betriebe niederließen, die insgesamt aber nur 6600 Autos montierten. Das Ende des Freihafens (1962) hat den beginnenden industriellen Aufschwung der Stadt zunächst nicht nachteilig beeinflußt, zumal einige Zollvergünstigungen weiterhin erhalten blieben und diese gerade auf einen Ausbau der neu entstandenen Automobilmontage abzielten. Das 1962 verkündete offizielle Importsubstituierungsprogramm für die Automobilindustrie begünstigte den Standort Arica in mehrfacher Hinsicht. Für ansiedlungswillige Betriebe boten sich folgende steuerliche und andere Vorteile (Gwynne 1978, Jenkins 1977):

- der spezielle, am Gewicht der importierten Waren orientierte Zolltarif war um 50% herabgesetzt,
- die in anderen Teilen des Landes bis zu 200%ige Steuer auf den Wert der eingeführten Produkte aus Ländern außerhalb der LAFTA *(Latin American Free Trade Association)* betrug nur 17%,
- alle Abgaben waren erst zu zahlen, wenn das fertige Auto das Gebiet von Arica verlassen hatte; die dort lebenden Bewohner konnten damit zu besonders günstigen Bedingungen Automobile erwerben,
- eine PKW- und LKW-Produktion in der Provinz Santiago war grundsätzlich verboten,
- Automobile wurden von der Liste der uneingeschränkt erlaubten Importe gestrichen.

Als Gegenleistung mußten sich die Unternehmen verpflichten, der ebenfalls neu geschaffenen „Automobilkommission" (mit Sitz in Santiago!) genaue Ausbaupläne vorzulegen, von denen ohne Zustimmung der Kommission nicht abgewichen werden durfte, und einen von 30% (1963) auf 58% (1968) steigenden Prozentsatz national gefertigter Teile zu verarbeiten.

In den folgenden Jahren erlebte die chileni-

Tabelle 46: Entwicklung der chilenischen Automobilproduktion 1962–78

Jahr	Zahl der Betriebe in Arica	Produktion in Arica	Zahl der Betriebe in der Zentralzone	Produktion in der Zentralzone	Gesamtzahl der Betriebe	Gesamtproduktion
1962	20	6 615	–	–	20	6 615
1963	17	7 939	–	–	17	7 939
1964	19	7 797	–	–	19	7 797
1965	19	8 570	–	–	19	8 570
1966	13	7 096	–	–	13	7 096
1967	10	11 105	3	2 052	13	13 157
1968	10	9 987	3	8 055	13	18 042
1969	8	9 758	3	12 311	11	22 069
1970	7	13 366	3	11 225	10	24 591
1971	6	11 750	3	11 374	9	23 124
1972	4	10 642	3	15 586	7	26 228
1973	4	8 571	3	8 444	7	17 015
1974	3	6 317	3	7 535	6	13 852
1975	2	2 768	3	4 828	5	7 596
1976	2	3 100	2	4 303	4	7 403
1977	2	4 858	2	8 231	4	13 089
1978	2	6 901	2	13 147	4	20048

Quelle: GWYNNE 1978; CORFO

Tabelle 47: Import von Personenkraftwagen in Chile 1960–77

Jahr	Nationale Produktion	Importe	gesamt	Anteile der Importe (in %)
1960	1 854	4 273	6 127	69,7
1964	6 355	8	6 363	0,1
1968	12 756	3 843	16 599	23,2
1972	23 470	3 702	27 172	13,6
1977	9 896	34 941	44 837	77,9

Quelle: Jenkins 1977, ergänzt

Tabelle 48: Automobilproduktion in verschiedenen Ländern Lateinamerikas 1976 (in 1000)

Land	PKW	LKW	gesamt
Brasilien	566,4	406,5	972,9
Mexiko	229,0	90,4	319,4
Argentinien	142,1	38,4	180,5
Venezuela	97,0	66,0	163,0
Kolumbien	26,9	9,5	36,4
Peru (1975)	21,2	12,9	34,1
Chile	5,0	1,6	6,6

Quelle: Statistical Yearbook 1977

sche Automobilproduktion einen erheblichen Aufschwung. Die Importe gingen schlagartig von 17500 (1961) auf 9000 (1962) und zeitweilig (1964) sogar unter 2000 Einheiten zurück (Jenkins 1977), und die Zahl der in Chile montierten Einheiten wuchs von 6600 im Jahre 1962 auf über 11000 nur fünf Jahre später (Tab. 46). Obwohl im Gesetz nicht ausdrücklich verboten, ließ sich zunächst kein Automontagewerk außerhalb Aricas nieder. Durch die Auflage einer zunehmenden nationalen Integration verteuerte sich die Produktion hier jedoch allmählich, und die Kontakte zu den Zulieferbetrieben, die fast ausnahmslos im Raum von Santiago ansässig waren, wurden immer wichtiger. Vor allem die kleinen Montagebetriebe waren jetzt benachteiligt und gaben auf. Bis 1967 hatte sich die Zahl der Firmen trotz einer Produktionsverdoppelung von 20 auf nur noch 10 Firmen halbiert. Darüber hinaus sind seit 1963 die einheimischen Montagebetriebe in zunehmendem Umfang von internationalen Konzernen aufgekauft worden, die sich damals für den chilenischen Markt zu interessieren begannen. Für ein langfristiges Engagement erschien ihnen aber der Standort Arica angesichts seiner extrem peripheren Lage wenig geeignet, da hier eine kostengünstige Produktion nur aufgrund der außerordentlich hohen Zollermäßigungen möglich war. 1967 erreichten es die ausländischen Großfirmen, daß die Regierung ihre einseitige Förderung von Arica aufgab und den drei zentralchilenischen Provinzen Valparaiso, Aconcagua und O'Higgins – sie sind der Hauptstadt unmittelbar benachbart – ähnliche Vergünstigungen einräumte. Um die in Arica aufgebauten Industriekomplexe nicht zu gefährden, wurde allerdings in Zentralchile eine höhere „Wertsteuer“ angesetzt (zunächst 97%, später 120%). Dieser Kompromiß zwischen einer auf Dezentralisation der Industrie ausgerichteten Politik und dem Wunsch, mehr ausländisches Kapital ins Land zu locken, bedeutete auf längere Sicht das Ende des „Wachstumspols“ Arica.

Schon kurz nach dieser Modifizierung des Gesetzes begann der Abzug mehrerer großer Firmen aus der Stadt. Den Anfang machte 1967 der Fiat-Konzern, der in Rancagua wenig südlich von Santiago die größte chilenische PKW-Produktionsstätte aufbaute. Wenig später siedelte auch Ford in die neue (Lastwagen-)Fabrik nach Casablanca auf halber Strecke zwischen Santiago und Valparaiso über, und der Lizenzträger von Peugeot (1970 mit Renault zusammengeschlossen) verlegte seinen Betrieb nach Los Andes, nur 75 km nördlich der Hauptstadt. 1969 wurde erstmals die Produktion aller in Arica verbliebenen Firmen von den neuen Großbetrieben in der Zentralzone übertroffen (Tab. 46). In den folgenden Jahren ist es zwar nur noch zu einer weiteren Verlagerung gekommen (Renault 1970), die verbliebenen Firmen beurteilten jedoch die Zukunftsaussichten des Standortes Arica äußerst pessimistisch. Da 70% der Verkäufe im Raum Santiago getätigt wurden und auch die meisten Zulieferer dort saßen, mußten sie Verkaufs- und Beschaffungsbüros in Santiago einrichten. Die teilweise räumliche Trennung der produktiven und administrativen Funktionen und die dadurch verursachten erhöhten Produktionskosten (z.B. Transport, Telefon, Telex) konnten nur in Kauf genommen werden, solange die erheblichen Zollbefreiungen bestehen blieben. Um die steuerlichen Vergünstigungen, von denen niemand wußte, wie lange sie noch gelten würden, möglichst weitgehend auszuschöpfen, weiteten die Unternehmen ihre Produktion unter Nutzung freier Kapazitäten (1969 waren die Kapazitäten nach Schätzungen nur zu ca. 60% ausgelastet) in den folgenden Jahren erheblich aus, auf Neuinvestitionen wurde jedoch (bis auf Citroën) fast vollständig verzichtet. Kleinere Linzenzbetriebe, die nicht über einen solchen Spielraum verfügten, und denen es unmöglich war, die geforderte Verarbeitung

nationaler Teile durch (erlaubte) Einfuhren aus LAFTA-Ländern mit eigenen Produktionsstätten zu kompensieren, schloßen dagegen für immer ihre Pforten (z.B. NSU, Skoda).
Von den ursprünglich 20, in Arica ansässigen Betrieben waren Mitte 1971 nur noch fünf geblieben, davon gehörten vier zu internationalen Konzernen (Citroën, British Leyland, Nissan und General Motors), und nur eine Firma lag noch in chilenischen Händen (Lizenznehmer von Chrysler). Nach der „Denationalisierung" des Großbergbaus Ende des vorigen und zu Beginn dieses Jahrhunderts war es damit auch im Bereich der Automobilproduktion zu einer Dominanz ausländischer Gesellschaften gekommen. 1971 produzierten alle Unternehmen zusammen ca. 24000 Einheiten und deckten damit 90% des chilenischen Bedarfs.
Eine Reaktion auf diese Entwicklung setzte erst nach 1971 unter der *Unidad Popular* ein. Im Rahmen der von Allende angestrebten „dreigeteilten Wirtschaft" mit einem staatlichen, einem gemischten und einem privaten Sektor, war die Automobilindustrie für den gemischten Bereich vorgesehen. Eine vollständige Enteignung erschien selbst den Sozialisten wegen des in Chile fehlenden *know-how* wenig sinnvoll. Mit der Neuorganisation der Automobilindustrie wollte man nicht nur einen stärkeren staatlichen Einfluß sicherstellen, zugleich sollte die noch immer zu hohe Zahl der Produzenten (1970: 10 Gesellschaften mit durchschnittlich 2500 Einheiten pro Jahr) weiter reduziert werden. 1971 wurde daher eine Lizenzvergabe unter folgenden Bedingungen ausgeschrieben:

- insgesamt sollte es nur noch drei, höchstens vier Produzenten in drei Kategorien (PKW bis 1200 cm^3, PKW zwischen 1300 und 2000 cm^3 und LKW bzw. Busse zwischen 6 und 8 t) geben,
- bis 1974 mußte die nationale Integration auf 80% bzw. 50% (LKW) ausgeweitet sein,
- mindestens 51% des Kapitals sollte in Händen der CORFO liegen,
- bestimmte Exportverpflichtungen mußten eingegangen werden,
- die Lizenzen hatten eine Laufzeit von zunächst 10 Jahren.

Trotz dieser weitreichenden Forderungen beteiligten sich neun Gesellschaften – vor allem solche, die bereits über Zweigwerke in Chile verfügten – an der Ausschreibung; nur die US-amerikanischen Unternehmen waren nicht daran interessiert und bereit, sich vollständig aus Chile zurückzuziehen. Die endgültige Entscheidung der Regierung zog sich über zwei Jahre hin. Erst wenige Wochen vor dem Militärputsch lag die Liste der ausgewählten Firmen vor. Danach sollten in Zukunft nur noch Citroën (bis 1200 cm^3), Nissan, Peugeot (1300–2000 cm^3) und Pegaso (LKW) in Chile produzieren.
Mit Standortpolitik hatte diese Entscheidung nur in geringem Maße etwas zu tun. Man akzeptierte sogar das Angebot von Nissan, obwohl darin der Abzug aus Arica ausdrücklich zur Bedingung gemacht wurde. Entscheidend war hier, daß die Firma beabsichtigte, 40 Mill. US-Dollar neu zu investieren, um von Chile aus große Teile des lateinamerikanischen Marktes mit der Marke „Datsun" zu beliefern. In den anderen Fällen hat die mangelnde Konkurrenz (bei den LKW), ein schon praktiziertes *joint venture* (Peugeot/Renault) und der Wunsch, in Arica wenigstens ein Werk zu erhalten (Citroën), die getroffene Auswahl bestimmt.
Praktische Auswirkungen hatte dieses neue Konzept allerdings nicht, denn nach der Machtübernahme durch die Militärs wurden alle Abmachungen mit den ausländischen Konzernen wieder hinfällig, und im März 1974 kam es zu einer neuen *licitación*. Mittlerweile hatten sich Nissan, British Leyland und Chrysler ganz aus Chile zurückgezogen und damit die Stellung Aricas als Zentrum der Automobilindustrie weiter geschwächt.

Als Ersatz war lediglich General Motors, das seine Produktionsstätte mit dem Antritt der Regierung Allende geschlossen hatte, wieder nach Arica zurückgekehrt.
Ende 1975 wurden die ohnehin schon in Chile produzierenden Firmen durch die Entscheidung der Regierung nur noch bestätigt: Peugeot/Renault verblieben in Los Andes, Fiat in Rancagua sowie General Motors und Citroën in Arica, die Fabrikanlagen in Casablanca (Ford) stehen zur Zeit leer. Da die Forderung nach weitgehender Verarbeitung von im Lande hergestellten Teilen in den neuen Verträgen und vor kurzem nochmals stark reduziert wurde (1979: bei PKW 30%, bei LKW 15%), werden von den beiden in Arica verbleibenden Unternehmen kaum induzierende Impulse auf andere Wirtschaftszweige ausgehen. Das ursprünglich verfolgte Dezentralisationskonzept ist damit – nicht zuletzt auch auf Druck der multinationalen Konzerne hin – als gescheitert anzusehen.
Der Wirtschaftsliberalismus der Militärs führte in der Automobilindustrie wie auch in anderen Bereichen zu einer schweren Krise, und das obwohl hier der Zollschutz noch vergleichsweise hoch ist (vgl. Kap. 6.4). Nachlassende Kaufkraft und zunehmende Konkurrenz von Importwagen ließen die unter Allende auf Rekordhöhe gekletterten (im Vergleich zu anderen südamerikanischen Ländern aber nach wie vor nicht sehr bedeutenden) Produktionszahlen drastisch zurückgehen (Tab. 47 u. 48). Wenn die einheimische Automobilindustrie schon bei den zur Zeit noch günstigen Zolltarifen zwischen 45 und 90% einen schwierigen Stand hat, so dürfte der bis 1986 geplante schrittweise Abbau auf dann nur noch 10% eine zusätzliche Erschwernis mit sich bringen. Einen Ausgleich durch Exporte wäre allenfalls innerhalb der Andengruppe möglich gewesen, diese hat Chile jedoch schon 1976 verlassen. Auf dem Weltmarkt sind die in Chile gefertigten Autos in keiner Weise konkurrenzfähig. Anfang der 70er Jahre wurde geschätzt, daß in Chile hergestellte Teile, insbesondere wegen zu geringer Stückzahl, etwa zweieinhalbmal so teuer wie im Ursprungsland waren.
Für Arica, das in besonderem Maße von der Automobilmontage und von der in ähnlicher Weise betroffenen elektronischen Industrie abhängig war, bedeutete das neue Konzept Massenarbeitslosigkeit (1978: ca. 30%!) und eine noch stärker als in anderen Landesteilen spürbare Rezession der Gesamtwirtschaft. Die wirtschaftliche Lage der Stadt verschlechterte sich zusätzlich noch dadurch, daß 1975 Iquique (zusammen mit Punta Arenas) zum Freihafen erklärt wurde und sich daher das Export-Import-Geschäft ganz nach dort verlagerte. Auch für ansiedlungswillige Betriebe bot dieser Standort jetzt (obwohl einige Vergünstigungen seit 1977 auch auf Arica ausgedehnt wurden) im Vergleich zum nördlichen Grenzort bessere Möglichkeiten. Es wird geschätzt, daß zwischen August 1975 und Februar 1977 fast 10000 Personen, das sind mehr als ein Zehntel der Einwohnerzahl Aricas, aus der Stadt abwanderten und sich bevorzugt in Iquique niederließen, das damit zur neuen Boomstadt des Nordens wurde. Sichtbarster Ausdruck dieses (künstlichen) Aufschwunges in dem seit der Salpeterzeit stagnierenden Iquique sind zahlreiche neu entstandene Importfirmen, die die Stadt mit den hier zollfreien Radios, Fotoapparaten, Fernsehgeräten und Autos überschwemmen. Wo noch vor ein paar Jahren nur wenige, meist schon recht alte und oft „kunstvoll" reparierte Personenwagen zu sehen waren, fahren jetzt überwiegend moderne amerikanische und japanische Limousinen durch die Straßen. Dadurch nahm innerhalb eines Jahres der Verbrauch von Superbenzin um 129% zu und derjenige von Normalkraftstoff ging um 3% zurück! Ob sich allerdings hinter der Freihafenpolitik der Regierung mehr verbirgt als ein „Selbstbedienungsladen" für einige privilegierte Bevölkerungsgruppen und sich die gehegten

Erwartungen hinsichtlich einer Neugründung von Industriebetrieben ebenfalls erfüllen, ist skeptisch zu beurteilen, denn das Beispiel Arica belegt, daß staatliche Unterstützungsmaßnahmen und steuerliche Vergünstigungen allein kein sicheres Fundament für die wirtschaftliche Entwicklung einer Stadt darstellen und sich auf längere Sicht und bei einer Reduzierung der staatlichen Hilfen die periphere Lage zum Hauptabsatzmarkt in der Zentralzone nachteilig bemerkbar macht und umfangreiche Standortverlagerungen auslösen kann.

7 Die Wirtschaftsräume und ihre Entwicklungsmöglichkeiten

Chile erlebte im letzten Jahrzehnt einen mehrfachen und grundlegenden Wandel im politischen, wirtschaftlichen und sozialen Bereich. Mit den Namen Frei, Allende und Pinochet verbindet sich mehr als nur ein üblicher Regierungswechsel, sie stehen vielmehr für tiefgreifende Einschnitte in der Wirtschafts- und Gesellschaftsordnung und weisen auf die ökonomische und soziale Krise hin, auf die das Land bereits seit längerem zusteuerte.

In den vorangegangenen Kapiteln wurden die demographischen und sozio-ökonomischen Strukturen Chiles analysiert und die drängendsten, trotz aller Bemühungen noch weitgehend ungelösten Entwicklungsprobleme dargelegt und an regionalen Fallstudien verdeutlicht. Ausgehend von einer bevölkerungs- und wirtschaftsgeographischen Gliederung des Landes werden in dieser abschließenden Zusammenfassung die verschiedenen chilenischen Lebensräume nochmals durchmustert, ihre ökonomische Struktur und ihre Bedeutung für die chilenische Volkswirtschaft charakterisiert und ihre zukünftigen Entwicklungsmöglichkeiten aufgezeigt.

Die breitenparallele Gliederung Chiles, wie sie in Kap. 2.3 vorgestellt wurde, erhält ihre volle Bedeutung erst durch die Tatsache, daß Großer und Kleiner Norden, Zentralzone sowie Kleiner und Großer Süden nicht nur als naturräumliche, sondern auch als kulturgeographische Einheiten verstanden werden. Mehrere Autoren haben unter Heranziehung einer großen Zahl von demographischen, sozialen und ökonomischen Daten gezeigt, daß die Kongruenz in der Tat sehr weitgehend ist, und sich nur durch die Bevölkerungskonzentration in der Umgebung der Landeshauptstadt und die Sonderentwicklung einzelner Südprovinzen gewisse Modifikationen ergeben.

In Abb. 43 werden die Typisierungsversuche von Stöhr (1967) sowie Bähr & Golte (1974) in leicht abgewandelter Form vorgestellt (vgl. dazu auch Mattelart 1965, Berry 1969). Auf die dabei angewandten Methoden kann hier im einzelnen nicht eingegangen werden, festzuhalten ist jedoch, daß in die Analyse von Stöhr 22, in diejenige von Bähr & Golte 29 Merkmale zum sozialen und wirtschaftlichen Entwicklungsstand sowie zur demographischen Struktur einbezogen wurden (z.B. Angaben zum Gesundheits-, Erziehungs- und Wohnungsniveau, Beschäftigte in verschiedenen Wirtschaftszweigen, Bevölkerungszusammensetzung und -veränderung). Im Grundsätzlichen decken sich beide Gliederungen weitgehend, lediglich im Detail sind gewisse Abweichungen zu erkennen, die auf der unterschiedlichen Datenbasis, den gewählten Verfahren und der Festlegung der Schwellenwerte beruhen.

In beiden Fällen tritt die Sonderstellung der verstädterten und industrialisierten *Zona Metropolitana* (Provinzen Santiago und Valparaiso) klar hervor. In diesen Provinzen lebt knapp die Hälfte der chilenischen Bevölkerung, und hier konzentrieren sich auch zwei Drittel aller Industriebetriebe und die wichtigsten staatlichen und halbstaatlichen Institutionen.

Durch die Dominanz des Bergbaus und einen vergleichsweise hohen Lebensstandard (gerade in den großen Minensiedlungen) heben

Abb. 43: Demographische und sozio-ökonomische Typisierung der chilenischen Provinzen

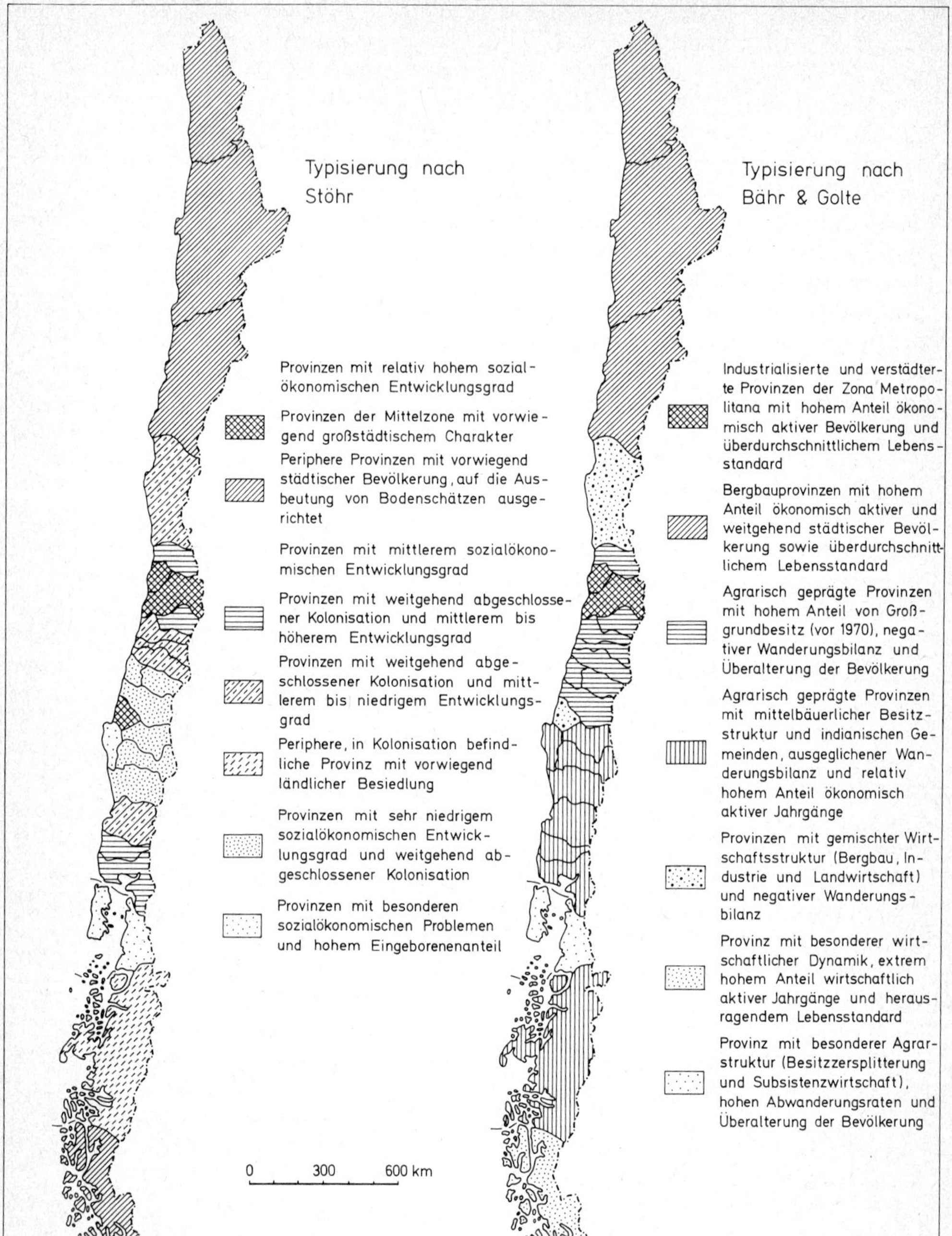

Quelle: Stöhr 1967, Bähr & Golte 1974

sich die Provinzen des Großen Nordens von den übrigen ab. Da die agrarische Basis dieses Raumes fast unbedeutend ist, wohnen etwa 80% der Bevölkerung in Städten mit über 20000 Einwohnern.

Die unterschiedliche Einordnung der Provinzen Coquimbo und Concepción ist darauf zurückzuführen, daß ihre Wirtschaftsstruktur durch ein Nebeneinander von Bergbau (insbesondere Coquimbo), Industrie (insbesondere Concepción) und Landwirtschaft bestimmt wird und sie daher ausgesprochene „Grenzfälle“ darstellen.

Auch Südchile weist einige auffällige Besonderheiten auf, so die von allen anderen Teilräumen völlig verschiedene Alters- und Sozialstruktur der im unwirtlichen äußersten Süden gelegenen Provinz Magallanes. Magallanes umfaßt zwar 18% der Fläche Chiles, es lebt hier aber nicht einmal 1% der Landesbevölkerung. Von den 88000 Einwohnern dieser Provinz wohnten 1970 allein 76000 in den drei Städten Punta Arenas, Puerto Natales und Porvenir. Der ganz allgemein höhere Lebensstandard in den Städten wird hier zusätzlich dadurch gesteigert, daß für ein Leben und Arbeiten unter den harten klimatischen Bedingungen, wie tiefe Temperaturen, Regen, Schnee und eisiger Wind, eine gewisse Mindestausstattung der Wohnungen und eine angemessene ärztliche Betreuung gewährleistet sein müssen.

Im krassen Gegensatz zu Magallanes steht die Provinz Chiloé und z.T. auch die Provinz Arauco mit einer durch extreme Besitzzersplitterung verkleinerten agrarischen Lebensgrundlage, ungenügenden Arbeitsmöglichkeiten in der Industrie und im Dienstleistungsbereich sowie einer schon seit Jahrzehnten anhaltenden, starken Abwanderung. Sowohl in Chiloé, als auch in Arauco ist der Anteil der indianischen Bevölkerung (Arauco) bzw. der mestizischen mit starkem indianischen Einschlag (Chiloé) besonders hoch.

Die bisher noch nicht genannten Provinzen im mittleren Abschnitt des Landes weisen untereinander keine besonders auffälligen Unterschiede auf. Allen gemeinsam ist eine unterdurchschnittliche Bedeutung und eine nur geringe Dynamik des sekundären und tertiären Sektors. Auch der Bergbau spielt außer in den Provinzen O'Higgins (Kupfermine von El Teniente) und Arauco (Kohleförderung bei Lebu) keine Rolle. Etwa die Hälfte der Erwerbsbevölkerung ist hier noch in der Landwirtschaft tätig.

Für die weitere Untergliederung dieser, im mittleren Teil des Landes gelegenen Provinzen wird bei Stöhr in erster Linie der unterschiedliche sozial-ökonomische Entwicklungsgrad herangezogen; bei Bähr & Golte resultiert die klare Zweiteilung in eine nördliche (Aconcagua bzw. O'Higgins bis Ñuble) und eine südliche Gruppe (Biobío bis Llanquihue) aus der differierenden bevölkerungsgeographischen Situation, die ihrerseits wiederum zum Ausdruck bringt, daß es sich bei den Provinzen südlich des Río Biobío um einen Raum handelt, der bis in die jüngste Vergangenheit Schauplatz land- und waldwirtschaftlicher Erschließung gewesen ist. Ähnlich gegensätzlich wie in bezug auf ihre Bevölkerungszusammensetzung sind die Gruppen Aconcagua-Ñuble und Biobío-Llanquihue auch hinsichtlich ihrer Agrarstruktur. Sieht man von den noch verbliebenen indianischen Gemeinden einmal ab, so ist für weite Gebiete des Südens eine planmäßige Besitzaufteilung mit einem hohen Prozentsatz von mittelbäuerlichen, größtenteils von Nachkommen europäischer Einwanderer bewirtschafteten Betrieben kennzeichnend, während die nördlich der *Frontera* gelegene, seit der Kolonialzeit hispanisierte mediterrane Zentralzone bis zur Agrarreform ganz besonders vom Großgrundbesitz geprägt wurde. Die ungleiche Besitzverteilung hat hier seit dem 18. Jh. die Unselbständigkeit eines großen Teils der kleinbäuerlichen Bevölkerung und indirekte Formen der Landbewirtschaftung (z.B. *inquilinaje* und *mediería*) hervorgerufen, die

man weiter im Süden in dem Maße nicht kennt.
Beginnen wir mit der zusammenfassenden, an die vorgestellten Gliederungen angelehnte Charakterisierung der chilenischen Wirtschaftsräume im Norden. Die beiden nördlichsten Provinzen Tarapacá und Antofagasta gehören erst seit dem Pazifischen Krieg (1879–1883) zu Chile; sie haben jedoch in den vergangenen 100 Jahren stets eine überragende Rolle innerhalb der chilenischen Volkswirtschaft gespielt. Lebte das Land zunächst vorwiegend von den reichen Nitratlagerstätten, die sich in der Atacamawüste am Ostabfall des Küstenberglandes hinziehen, so liefert heute der Norden etwa zwei Drittel des in Chile gewonnenen Kupfers; davon kommen allein 70% aus dem größten Kupfertagebau der Welt in Chuquicamata und weitere 12–15% aus der drittgrößten chilenischen Mine von Potrerillos-El Salvador. In umgekehrtem Verhältnis zur gesamtwirtschaftlichen Bedeutung steht die geringe Beschäftigungswirksamkeit gerade des Kupferbergbaus. Das wird besonders deutlich, wenn man sich vergegenwärtigt, daß um 1970 nur 0,5% der chilenischen Erwerbstätigen (entspricht der Zahl der in Chuquicamata und Potrerillos-El Salvador Beschäftigten) genau die Hälfte aller Deviseneinnahmen erwirtschafteten. Der Große Norden (wozu neben den genannten Provinzen Tarapacá und Antofagasta noch der Nordteil der Provinz Atacama gehört) ist daher mit Recht immer wieder als „Hauptgeldquelle des Landes" bezeichnet worden. Wenn auch in jüngster Zeit eine gewisse Diversifizierung der chilenischen Exporte zu erkennen ist, so dürften die starke Abhängigkeit des Landes von den Kupferverkäufen auch in Zukunft bestehen bleiben und sich die damit verbundenen Probleme nur unwesentlich abschwächen. Auf der anderen Seite bieten diese *riquezas básicas* Chile jedoch die Chance, seine wirtschaftlichen Grundlagen allmählich zu verbessern und so für die Zeit nach der Erschöpfung der reichen Kupfervorräte vorzusorgen. Diese Chance gilt es durch eine – wie die Erfahrung aus der Salpeterzeit lehrt – weniger auf die Gegenwart und die Befriedigung augenblicklicher Konsumbedürfnisse, sondern vielmehr auf notwendige Zukunftsinvestitionen ausgerichtete Wirtschaftspolitik zu nutzen. Seit der Verstaatlichung der *Gran Minería del Cobre* hat es das Land mehr denn je in der Hand, hier die Weichen rechtzeitig zu stellen.
Im Vergleich zum Kupfer sind alle anderen Wirtschaftszweige im Großen Norden von untergeordneter Bedeutung. Die agrarwirtschaftliche Nutzung ist auf den von tropischen Sommerregen erreichten Punarand und einzelne Oasen am Westabfall der *Cordillera Alta* beschränkt. Die einzige größere Flußoase im Tal des Río Copiapó leitet bereits zum südlich gelegenen Kleinen Norden über. Die unzureichende Menge und schlechte Qualität des vorhandenen Wassers, seine an traditionellen Rechten orientierte Verteilung, ein überkommenes Bewässerungssystem und die mangelhaften Vermarktungsmöglichkeiten haben zu einer stagnierenden oder gar rückläufigen Landwirtschaft in allen Oasen geführt. Von einigen Ausnahmen abgesehen (z.B. Pica mit Zitronen (Ossandón 1969), Azapa mit Oliven und Gemüse, Copiapó mit Wein) herrscht eine reine Subsistenzwirtschaft vor.
Den dritten Siedlungsschwerpunkt der nordchilenischen Wüste bildet die Reihe der Hafenstädte zwischen Arica und Chañaral. Zu Beginn der Salpeterzeit hatten sich entlang der Küste zahlreiche kleine Verladeplätze *(caletas)* entwickelt, die jedoch z.T. schon ab 1880, als sich der Export auf nur wenige Häfen zu konzentrieren begann, oder aber nach der Beendigung des Salpeterbooms ganz bzw. zum größten Teil verlassen wurden. Bis heute haben sich nur einige wenige größere Siedlungen wie z.B. Arica, Iquique, Tocopilla, Antofagasta, Taltal und Chañaral behaupten können. Mit Ausnahme von Arica, das

außerhalb der Salpeterzone liegt, haben aber auch die bedeutenderen Küstenstädte unter dem Rückgang der Salpeterförderung sehr gelitten. Trotz zahlreicher staatlicher Förderungsmaßnahmen ist ihre wirtschaftliche Lage auf keinem sicheren Fundament gebaut. Eine Industrieansiedlung stößt hier einmal wegen der weiten Entfernung zu den Hauptabsatzmärkten in der Zentralzone, aber auch wegen der aufwendigen und damit teuren Versorgung mit Wasser und Energie auf besondere Schwierigkeiten. Alle Städte sind heute in erster Linie regionale Verwaltungs- und Handelszentren, und der überwiegende Teil der Beschäftigten ist im Dienstleistungsbereich tätig.

Das Übergangsgebiet zwischen Wüste und mediterraner Zentralzone, der Kleine Norden, stellt in wirtschaftlicher Hinsicht ein ausgesprochenes Problemgebiet dar. Eine jüngst von der nationalen Planungsbehörde und dem wirtschaftswissenschaftlichen Institut der *Universidad Católica* in Santiago vorgelegte Studie (Kast & Molina 1975) über die regionale Differenzierung der extremen Armut weist aus, daß in der zum Kleinen Norden gehörenden Provinz Coquimbo mehr Menschen in *extrema pobreza* leben (30%) als in allen anderen Räumen Chiles. Die heutige Situation steht in krassem Gegensatz zur Bedeutung dieses Gebietes im 18. und 19. Jh. Damals erlebte der Kleine Norden durch die Entdeckung von reichen Edelmetallvorkommen einen gewaltigen Aufschwung. Der Periode des Goldbergbaus (1700–1810) folgte der „Silberrausch", der beispielsweise die am Rande der Wüste gelegene Stadt Copiapó reich und weltberühmt machte. Die Blütezeit hörte gegen Ende des 19. Jh. mit der Erschöpfung der wichtigsten Lagerstätten ebenso abrupt wieder auf, wie sie begonnen hatte (Pederson 1966). Ein Teil der damals in die Provinzen Atacama und Coquimbo geströmten Bevölkerung wandte sich notgedrungen einer landwirtschaftlichen Betätigung zu (Aranda 1969). Bis heute hat sich diese enge Verbindung von Bergbau und Agrarwirtschaft gehalten. In einem Bericht der CIDA (1966) über die Situation der Landwirtschaft im Kleinen Norden wird der Bergbau daher auch als *complementa de una agricultura marginal* bezeichnet.

Während in den breiten Sohlentälern der die Westabdachung der Anden querenden Flüsse zwischen Huasco im Norden und Choapa im Süden ein intensiver Bewässerungsfeldbau möglich ist, können die schütteren Strauchsteppen der Berg- und Hügelländer allenfalls in Form einer extensiven Weidewirtschaft genutzt werden. Nur in Küstennähe kommt ein schon recht unsicherer Trockenfeldbau von Weizen und Gerste hinzu. Klein- und Kleinsteigentum, das Fortbestehen nicht lebensfähiger Gemeinschaftsbesitzungen mit nur wenig Bewässerungsland *(comunidades)* und ein unzureichendes Arbeitsplatzangebot in Verwaltung und Industrie haben schon immer einen Teil der Bewohner zu wenigstens vorübergehender Abwanderung gezwungen. Zielgebiete dieser Migrationen sind in erster Linie die Abbaustätten des Salpeters und die Kupfergroßminen in der Atacamawüste, denn in der Gegenwart bietet der Bergbau im Kleinen Norden für die Arbeitssuchenden kaum mehr eine Alternative. Bis auf die wenigen, in jüngster Zeit zur Ausbeutung der reichen Eisenerzvorkommen entstandenen, vollmechanisierten Großbetriebe dominieren hier einseitig die zur *pequeña minería* zu zählenden Unternehmen bis hin zu den nur mit Spitzhacke ausgerüsteten *pirqueneros*. Die kleinen Minen arbeiten meist an der unteren Rentabilitätsgrenze und müssen daher trotz staatlicher Hilfen in Zeiten fallender Weltmarktpreise ihre Produktion einschränken oder ganz unterbrechen. Eine ausgeprägte Fluktuation von Arbeitskräften ist die unmittelbare Folge. In den kleinen *minero*-Städtchen dieses Raumes lebt jedoch ein großer Teil der Bevölkerung direkt oder indirekt von diesen kaum mechanisierten Unternehmen und den „auf eigene Rechnung" arbeitenden Erzsuchern. Handwerksbetriebe, Läden und Gaststätten dieser Orte sind daher ebenfalls in hohem Maße von den Weltmarktpreisen für bergbauliche Produkte (insbesondere Kupfer) abhängig.

Wie in der Wüste und Halbwüste des Nordens, so steht auch in den peripheren Landesteilen des Südens die außerordentlich dünne Besiedlung in krassem Gegensatz zur erheblichen wirtschaftlichen Bedeutung. Verkehrsmäßig ist der Große Süden sogar noch wesentlich schlechter mit den wirtschaftlichen Kernräumen des Landes verbunden. Die *Panamericana* endet auf dem Festland bei Puerto Montt, so daß *Chiloé Continental* und die beiden südlichsten Provinzen Aisén und Magallanes auf dem Landweg über chilenisches Gebiet nicht erreichbar sind. Da die extrem feuchte und bewaldete, in eine Vielzahl von Inseln und Fjorden aufgelöste Westabdachung der Kordillere für eine dauerhafte Ansiedlung und landwirtschaftliche Nutzung ohnehin keinerlei Möglichkeiten bietet, liegen die wichtigsten Siedlungsräume jenseits des Hauptkammes der Anden im Übergang zur patagonischen Steppe.

In Aisén sind es nur einzelne Vorlandfelder, die auf der Kordillerenostseite zu Chile gehören und nach der Jahrhundertwende langsam erschlossen wurden. Hier wird in der Hauptsache eine extensive Viehwirtschaft auf mehr oder weniger gut gerodeten Flächen betrieben. In der Gegenwart sind die Kolonisationsbemühungen in Aisén fast zum Stillstand gekommen, und ein überproportionales Wachstum der Städte mit all seinen Begleiterscheinungen beginnt sich auch in diesem peripher gelegenen Landesteil abzuzeichnen. Die für eine agrarwirtschaftliche Nutzung geeigneten, noch nicht erschlossenen Flächen sind zwar nicht groß genug und die klimatischen Bedingungen viel zu ungünstig, um selbst bei verstärkten Anstrengungen einen nennenswerten Beitrag zum Abbau des chilenischen Nahrungsmitteldefizits leisten zu können, das Stagnieren der Agrarkolonisation ist jedoch symptomatisch für eine nunmehr seit mehreren Jahrzehnten anhaltende Vernachlässigung der Produktionsseite innerhalb der Agrarwirtschaft.

Erst im äußersten Süden beiderseits der Magellanstraße hat Chile am ostpatagonischen Tafelland einen größeren und vor allem durchgehenden Anteil. Auf der Leeseite der Kordillere gehen die Niederschläge sehr schnell von 4000 bis 5000 mm auf nur noch 200 bis 300 mm zurück, und anstelle des dichten, immergrünen Regenwaldes tritt die patagonische Strauch- und Grassteppe. Als sich nach der Einführung der ersten Schafe von den Falklandinseln (1878) herausstellte, daß die weiten Steppenländereien im ganzjährigen Weidegang genutzt werden können, nahm das Interesse an Landbesitz in dieser vorher nur von wenigen Indianern besiedelten Gegend sprunghaft zu (Butland 1957). Nach der endgültigen Festlegung der Grenze zu Argentinien (1881) hat die chilenische Regierung das Land zunächst auf 20 Jahre verpachtet, später dann auf mehreren Auktionen auch zum Verkauf angeboten. Es waren vor allem kapitalkräftige Einzelpersonen und Gesellschaften (darunter sehr viele Ausländer), die damals riesige Areale an sich bringen konnten. Die größte dieser Gesellschaften, die *Sociedad Explotadora de Tierra del Fuego* verfügte in den 20er Jahren (zum Teil auch auf argentinischer Seite) über etwa 3 Mill. ha Land. Die später einsetzenden Bemühungen des Staates, die Gesellschaften zum Abtreten größerer Flächen für eine Ansiedlung von Kolonisten zu bewegen, waren zunächst wenig erfolgreich, da die Großbetriebe nur widerwillig den gesetzlichen Auflagen nachkamen und naturgemäß zuerst die weniger wertvollen Areale abstießen. So belief sich auch 1958 der Gesamtbesitz der genannten *Sociedad* noch auf knapp 2 Mill. ha, und die sieben größten Gesellschaften kontrollierten zusammen 60% des Bodens.

Erst die Agrarreform leitete grundlegende Änderungen der Eigentumsverhältnisse ein; an der Bewirtschaftungsweise und Organisation der Betriebe hat sich aber kaum etwas geändert. Aus den enteigneten Estanzien wurden *asentamientos* und später *haciendas estatales* (Staatsfarmen), die von einer neuen Großgesellschaft, der unter Allende gegründeten *Empresa Ganadera Magallanes* verwaltet wurden (Weischet 1974). Erst 1977 wurden knapp 1 Mill. ha von den insgesamt enteigneten 1,7 Mill. an 135 *colonos* verteilt, weitere 250 000 ha gehören zu den während der Regierungszeit der *Unidad Popular* gebildeten Kooperativen, und 450 000 ha sind noch in Händen der Agrarreformbehörde bzw. ihrer Nachfolgeorganisation. Bemerkenswert gering sind die Flächen, die wegen unrechtmäßiger Enteignung wieder an die Vorbesitzer zurückfielen (ca. 80 000 ha).

Wenn auch die jährliche Wollproduktion von etwa 10 Mill. kg für die Versorgung des chilenischen Binnenmarktes wichtig und heute schon wieder einen Aktivposten in der Außenhandelsbilanz darstellt, so sind es doch weniger die riesigen Schafherden, die Magallanes für Chile zu einer der wertvollsten Provinzen machen, sondern in erster Linie die Erdölfelder an der Magellanstraße. Die Ölförderung begann Ende 1945, als die erste Bohrung bei Manantiales fündig wurde; 20 Jahre später floß das Öl aus etwa 400 *pozos*, und die Produktion erreichte in den 60er Jahren über 2 Mill. m³. Chile war damit wenigstens zeitweise unabhängig von Ölimporten und konnte sogar kleinere Mengen nach Argentinien ausführen. Rückläufige Förderung bei rasch zunehmendem Verbrauch lassen die Bilanz heute in einem weniger günstigen Licht erscheinen. Mit 1,0 Mill. m³ (1978) decken die nationalen Vorkommen noch nicht einmal ein Viertel des Gesamtbedarfs von 5,6 Mill. m³. Deshalb kommt der Erschließung neuer Felder in Zukunft erhöhte Bedeutung zu. Die in den letzten Jahren entdeckten, ausbeutungswürdigen Lagerstätten lassen immerhin die begründete Hoffnung zu, daß Chile seine Abhängigkeit von den die Handelsbilanz mit 800 Mill. US-Dollar (1979) erheblich belastenden Importen mittelfristig wieder etwas abbauen kann. Die berechtigten Aussichten, in Feuerland und in den angrenzenden Meeresbereichen auf weitere Ölvorkommen zu stoßen, erklären zum Teil den erbitterten Streit mit dem Nachbarn Argentinien um drei kleine, fast völlig unbewohnte Inseln im Beagle-Kanal.

Im Vergleich zum Großen Süden ist das agrarische Nutzungspotential im nördlich anschließenden Kleinen Süden schon erheblich höher einzuschätzen. In diesem seit Mitte des vorigen Jahrhunderts mit der Ansiedlung der ersten deutschen Einwanderer planmäßig erschlossenen „Waldrodungsland" bildete das *Valle Longitudinal* den wichtigsten Lebensraum der Bevölkerung. Küstenbergland und Hauptkordillere dagegen sind noch von ausgedehnten, allerdings durch Brand und Holzeinschlag großenteils zerstörten Wäldern bedeckt. Wo eine agrarische Nutzung diese Räume erfaßt hat, ist sie zumeist sehr extensiv und sollte, von besonders günstigen Lagen (Tälern) abgesehen, langfristig einer Wiederaufforstung weichen.

Während in der Frühphase der Kolonisation für weite Teile des Kleinen Südens eine extensive Wald-Feld-Wirtschaft charakteristisch war, sind heute intensivere Wirtschaftsformen an ihre Stelle getreten, und nur in den *comunidades indígenas* sind die Veränderungen kaum spürbar. In der agrarwirtschaftlichen Nutzung zeichnet sich eine klare Zweiteilung des Raumes in einen vom Getreideanbau bestimmten Norden (*Frontera*-Region) und einen vorwiegend von der Viehwirtschaft geprägten Süden (Seengebiet) ab. Eine ausgesprochene Sonderstellung nimmt die Insel Chiloé mit ihrer kleinbäuerlichen Subsistenzwirtschaft ein.

Die *Frontera*-Provinzen Biobío, Malleco und Cautín haben sich seit ihrer Aufsiedlung gegen Ende des 19. Jh. sehr schnell zur „chilenischen Kornkammer" entwickelt. Waldvernichtung und einseitiger Weizenanbau führten in ihrem Nordteil aber bald zu einer nachhaltigen Bodenzerstörung und Verminderung der Fruchtbarkeit, so daß sich der Produktionsschwerpunkt der wichtigsten chilenischen Anbaukultur immer mehr nach Süden verlagerte. Noch 1929 lagen nur 32% der mit Weizen bestellten Areale Chiles südlich der Provinz Malleco, 1955 waren es dagegen 36%. Seitdem ist allerdings im ganzen Süden eine Tendenz zur „Vergrünlandung" unverkennbar (Golte 1973, Riesco 1978), und sein Anteil an der gesamten Weizenfläche des Landes ging bis 1975 auf 24% zurück.

Das feuchte und schon etwas kühlere, im Jahresgang aber gleichmäßig temperierte Klima begünstigt in den Provinzen des Seengebietes eindeutig die Viehwirtschaft. Der Weizenanbau ist hier schon recht nahe an seiner Polargrenze angekommen, die auf der Westseite der Anden bei 42° durch die Insel Chiloé verläuft und nur auf der Ostseite 300 km nach Süden vorspringt. Während der aktiven Agrarkolonisation war dennoch der Anbau von Weizen weit verbreitet, denn er bildete für die Siedler die einzige Möglichkeit, schnell und regelmäßig zu Bargeld zu kommen, um so die hohen Rodungskosten dekken zu können. Für eine Intensivierung der Viehwirtschaft fehlten vor dem Anschluß an die Längsbahn (1912) überdies die verkehrstechnischen Voraussetzungen. 1975 wurden hier nur noch 41000 ha (4% des Pfluglandes) mit Weizen bestellt, gegenüber 100000 ha im Jahre 1935 (13% des Pfluglandes) und 117000 im Jahre 1955 (10% des Pfluglandes). Dafür hat die anfangs äußerst extensive Viehwirtschaft einen bemerkenswerten Wandel erfahren. Nicht nur, daß man mit der Einführung der Umtriebsweide begann und sich die Viehzahl von 584000 (1936) auf 1,06 Mill. (1976) fast verdoppelte, auch in der Produktionsausrichtung sind auffällige Veränderungen zu erkennen. In den verkehrsmäßig besser erschlossenen Räumen liegt heute das Schwergewicht nicht mehr auf der Erzeugung von Schlachtvieh, sondern auf der Milchproduktion. In vielen Orten (z.B. Osorno, Llanquihue, Los Muermos) entstanden moderne Molkereizentralen und Milchverarbeitungswerke. Die angelieferte Menge konnte allein zwischen 1958 und 1969 um 160% gesteigert werden (Golte 1973). Ein gewisser Engpaß liegt noch in der starken jahreszeitlichen Fluktuation mit Unterschieden zwischen maximaler und minimaler Anlieferung von 240%.

Auch in besitzrechtlicher Hinsicht hebt sich der jungkolonisierte Süden deutlich von der „altbesiedelten" Zentralzone ab. Der Gegensatz zwischen Großgrund- und Kleinbesitz ist hier sehr viel weniger stark spürbar, vielmehr schieben sich zwischen die besonders in der *Frontera*-Region noch recht umfangreichen indianischen Gemeinden ausgesprochene Mittelbesitzungen mit Flächen zwischen 50 und 200 ha. In aller Regel werden diese Betriebe von den jeweiligen Eigentümern selbst bewirtschaftet und sind nach mitteleuropäischen Vorbildern organisiert. Gewaltsame Eingriffe in diese „gesunde" mittelbäuerliche Agrarwirtschaft, wie sie in der von illegalen Landbesetzungen überschatteten Spätphase der Agrarreform der Jahre 1972 und 1973 immer wieder vorgekommen sind, mußten sich für die „Schlacht an der Produktionsfront" besonders nachteilig auswirken.

Wenn auch die unrechtmäßigen Enteignungen inzwischen zum größten Teil wieder rückgängig gemacht wurden, so bedarf es weiterer Maßnahmen, um die eingeleiteten Schritte in Richtung auf eine Intensivierung der Landwirtschaft abzusichern und auszubauen. Denn dem Süden als bedeutender Weizenanbauzone und wichtigstem Viehzuchtgebiet kommt bei allen Anstrengungen zur Verbesserung der Ernährungsbasis und zum Abbau des Defizits im Außenhandel mit Agrarprodukten eine herausragende Bedeutung zu. Eine Anpassung der Preise für landwirtschaftliche Produkte an die gestiegenen Erzeugungskosten und ein Ende der vorwiegend an den Interessen städtischer Bevölkerungsgruppen orientierten Wirtschaftspolitik sind sicher ein Schritt in die richtige Richtung. Die chilenische Landwirtschaft schon jetzt ausschließlich an Maßstäben des Weltmarktes zu messen und sie voll dem Konkurrenzkampf mit importierten Produkten auszusetzen, würde jedoch zu einem weiteren Rückgang der Eigenerzeugung führen, womit dem Land kaum gedient sein kann, selbst wenn rein rechnerisch die Einfuhr mancher Produkte billiger als ein Anbau im eigenen Lande ist.

Aus der Kolonisationsgeschichte des Südens läßt sich noch in anderer Hinsicht eine Lehre für eine Neuorientierung der staatlichen Wirtschaftspolitik ziehen. Um die Jahrhundertwende erlebten hier die Städte eine ausgesprochene Blütezeit. Grundlagen dafür waren die Anfänge einer von der Initiative der Neueinwanderer getragenen Industrialisierung, die sich durch eine enge Verbindung mit der Wald- und Forstwirtschaft auszeichnete. Es darf in diesem Zusammenhang daran erinnert werden, daß noch im ersten Jahrzehnt unseres Jahrhunderts Valdivia das nach Santiago wichtigste industrielle Zentrum Chiles war. Von staatlicher Seite ist dieser frühe Industrieaufbau kaum gewürdigt, geschweige denn unterstützt worden. Die meisten der damals gegründeten Unternehmen konnten sich nach dem ersten Weltkrieg gegen die in Europa immer mehr um sich greifende Schutzzollpolitik und gegen den Konkurrenzdruck der hauptstädtischen Betriebe nicht behaupten und gingen wieder ein, so daß heute in allen Städten der Dienstleistungssektor – häufig eine Art „Noterwerbsquelle“ – mit 70% der Beschäftigten eindeutig dominiert. Die auch im Süden spürbare, anhaltende Abwanderung in Richtung *Zona Metropolitana* wird sich aber nur aufhalten lassen, wenn der Förderung kleinerer Regionalzentren wesentlich mehr Aufmerksamkeit als bisher geschenkt wird.

Der historische und wirtschaftliche Kernraum Chiles, die mediterrane, schon in der frühen Kolonialzeit von den Spaniern erschlossene *Zona Central* reicht vom Tal des Aconcagua im Norden bis zum Río Biobío im Süden. Hier liegen 55% der mit jährlichen und 70% der mit Dauerkulturen bestandenen Areale sowie 85% der Bewässerungsflächen. Aber auch innerhalb der Zentralzone verteilt sich die Bevölkerung sehr ungleich. Hauptsiedlungs- und Agrarräume sind das zwischen Küstenbergland im Westen und Hochkordillere im Osten eingeschaltete, tektonisch angelegte Längstal und einige bis zur Küste reichende Durchbruchstäler mit ihren für eine Bewässerungslandwirtschaft besonders geeigneten flachen Akkumulationsebenen. Scharf grenzt hier der *campo de regadío* gegen die nur im Trockenfeldbau oder als Viehweide nutzbaren Berg- und Hügelländer *(campo de rulo)*.

Die aus der Kolonialzeit ererbte Agrarsozialstruktur mit ihren beiden Polen Großgrund- und Kleinbesitz bildete eine schwere Hypothek für die Entwicklung einer modernen und leistungsfähigen Landwirtschaft. Bis zu der seit 1970 mit Nachdruck und mittels Enteignungen durchgeführten Agrarreform lagen etwa ein Viertel des wertvollen Bewässerungslandes in den Händen einiger reicher Familien (1% der Betriebe), während die *minifundios* (ca. zwei Drittel der Betriebe) daran nur einen Anteil von weniger als 10% hatten. Die Großgrundbesitzer waren oftmals an maximalen Erträgen der bewirtschafteten Ländereien kaum interessiert, da sie häufig über zusätzliche, nicht landwirtschaftliche Erwerbsquellen verfügten. Sie ließen daher vielfach ihre Güter von Verwaltern leiten und lebten in der nächstgelegenen Provinzstadt oder in der Metropole. Lange Zeit hat der Staat die ohnehin nur geringe Investitionsneigung der Landwirte durch seine auf eine Begünstigung städtischer Bevölkerungsschichten abzielende Preispolitik und Sozialgesetzgebung noch zusätzlich unterstützt. Nicht zuletzt deshalb hinkt seit den 30er Jahren die Agrarproduktion deutlich hinter dem Bevölkerungswachstum her, und Chile mußte von Jahr zu Jahr mehr Nahrungsmittel einführen, die sich ebenso gut im eigenen Lande erzeugen ließen. In der Beseitigung dieses Nahrungsmittelengpasses liegt eines der Schlüsselprobleme für die zukünftige Entwicklung Chiles, denn nur durch den Aufbau einer eigenen, leistungsfähigen Landwirtschaft läßt sich auf die Dauer eine wirtschaftliche Gesundung erreichen.

Die Landbesitzreform der Jahre 1967 bis 1973 hat vor allem in der Zentralzone zu tiefgreifenden Veränderungen geführt und dafür gesorgt, daß es heute in Chile keinen ausgesprochenen Großgrundbesitz mehr gibt. Weitere Enteignungen wären daher zum gegenwärtigen Zeitpunkt sinnlos, stattdessen sollte die Produktionsseite wieder stärker in den Blickpunkt des Interesses treten. Eine erste Voraussetzung dafür wäre, daß nach den Jahren des überstürzten Wandels die Entwicklung auf dem Lande wieder in ruhigeren Bahnen verlaufen und die bislang versäumte „Bodenbewirtschaftungsreform“ (einschließlich einer Flurbereinigung in den *minifundio*-Gebieten) nachgeholt würde. Gerade in der von der Reform besonders betroffenen *Zona Central* benötigen die auf den enteigneten Arealen angesiedelten Familien auch nach der Vergabe von Besitztiteln staatliche Hilfen und Beratung, wenn sie sich nicht auf eine reine Subsistenzlandwirtschaft beschränken oder gar ihre Parzellen wieder an die ehemaligen Eigentümer verkaufen sollen. Bei der Erarbeitung zukünftiger Entwicklungspläne ist außerdem zu bedenken, daß Investitionen im Agrarbereich im allgemeinen größere Beschäftigungseffekte nach sich ziehen, als diejenigen im industriellen Sektor. Bei der augenblicklich noch sehr hohen Arbeitslosigkeit und der anhaltenden Landflucht dürfte diesem Gesichtspunkt eine größere Bedeutung zukommen als einer schnellen Steigerung der gesamtwirtschaftlichen Wachstumsrate.

Ihre herausragende Stellung innerhalb Chiles erhält die Zentralzone auch dadurch, daß hier die wichtigsten Städteballungen und die bedeutendsten Industriestandorte des Landes liegen. In den drei industrialisierten und verstädterten Provinzen Santiago, Valparaiso und Concepción leben heute fast 6 Mill. Einwohner, das sind mehr als 50% der chilenischen Bevölkerung. Die Metropole Groß-Santiago mit etwa 4 Mill. Bewohnern (1978) konnte ihre führende Stellung unter den chilenischen Städten im Laufe der Zeit ständig weiter ausbauen. Noch um die Jahrhundertwende, als Santiago 260000 Einwohner zählte, war der Unterschied zur Hafenstadt Valparaiso (140000 Einwohner) und zum Zentrum der südlichen *Zona Central*, Concepción (58000 Einwohner), nicht sehr groß. Gegenwärtig (1970) stehen beide Städte, selbst wenn man im Falle von Valparaiso das nördlich anschließende Viña del Mar (zusammen 430000 Einwohner) und im Falle von Concepción den Industriestandort Talcahuano (zusammen 330000 Einwohner) miteinbezieht, bedeutungsmäßig weit hinter der Hauptstadt (1970: 2,82 Mill. Einwohner). In einem extrem zentralistisch organisierten Staat wie Chile mußte sich die schon in der Kolonialzeit angelegte Dominanz der Metropole immer mehr verstärken. Gegenüber der Regierungsspitze in Santiago führten die Provinzverwaltungen lange Zeit nur ein Schattendasein und hatten wenig Entscheidungsbefugnisse. Auch der nach dem Zusammenbruch des Salpetermonopols und der Weltwirtschaftskrise von staatlicher Seite eingeleitete Aufbau einer importsubstituierenden Industrie konnte das Übergewicht Santiagos nicht abbauen, denn die neu entstandenen Industriebetriebe waren in besonderem Maße auf den Absatzmarkt und die Fühlungsvorteile in der *Area Metropolitana* angewiesen. Alle Versuche, eine stärkere

Dezentralisierung der Industrie zu erreichen, mußten daher scheitern – wie das Beispiel der Automobilmontage in Arica zeigt –, wenn man nicht auf rigorose Ansiedlungsverbote und erhebliche staatliche Subventionen zurückgreifen wollte. Heute liegen in der Provinz Santiago fast 60% der größeren Industriebetriebe, und über die Hälfte aller in Industrie, Handwerk und Handel Tätigen gehen hier ihrer Arbeit nach.

Stärker als in der Landeshauptstadt dominieren in Valparaiso (einschließlich Viña) die traditionellen Industrien (Nahrungs- und Genußmittel – insbesondere Tabak – sowie Textil und Bekleidung), die „dynamischen Industrien" haben bis auf die mit der Erdölraffinerie in Concón verbundene chemische Industrie nur eine geringe Bedeutung. Eine wiederum andere Industriestruktur zeichnet den Raum um Concepción und Talcahuano aus. Hier sind die Impulse, die von der 1939 gegründeten und mit dem industriellen Aufbau betrauten halbstaatlichen *Corporación de Fomento de la Producción* (CORFO) ausgingen, am deutlichsten spürbar, und relativ gesehen sind hier am meisten Erwerbstätige in den Sparten Bergbau und Industrie beschäftigt (31% gegenüber 27% in Santiago). Zu Beginn der 50er Jahre errichtete die *Compañía de Acero del Pacífico* mit Unterstützung der genannten Institution in Huachipato auf der Halbinsel von Talcahuano ein großes Eisen- und Stahlwerk. Ausschlaggebend für diesen Standort waren die in der Nähe geförderte Kohle (Bergwerke von Lota und Coronel), eine gute Wasserversorgung und die günstige Verkehrslage an der Küste, so daß die verarbeiteten Eisenerze aus dem Kleinen Norden mühelos herantransportiert werden konnten. Als Folgeindustrien siedelten sich Drahtziehereien, Zinnschmelzen, Verzinkereien u.ä. Unternehmen an. Einen wirklichen industriellen Durchbruch hat aber auch die massive staatliche Förderung der „Zwischenindustrien" nicht gebracht, dafür gingen zu wenig induzierende Wirkungen auf andere Industriezweige aus. Die Stahlproduktion selbst deckte sehr bald den heimischen Bedarf, ein Export gestaltete sich jedoch wegen der hohen Produktionskosten recht schwierig. So konnten die ehrgeizigen Ausbaupläne auf 1 Mill. t Stahlerzeugung bisher nicht zu Ende geführt werden; seit Mitte der 60er Jahre schwankt die Produktion nur unwesentlich um 0,5 Mill. t, zeitweise mußte sogar einer der beiden Hochöfen stillgelegt werden.

Angesichts einer gemessen an europäischen Verhältnissen noch immer schnellen Bevölkerungszunahme wiegt es schwer, daß die Industrialisierung gerade auf der Beschäftigungsseite die in sie gesetzten Erwartungen nicht erfüllte. Die Zuwachsraten lagen hier immer deutlich unter denen der industriellen Produktion. Das hat dazu geführt, daß heute (1977) prozentual weniger Erwerbspersonen in der Industrie arbeiten als 1952 (14% gegenüber 19%). Die schon immer bestehende und während des Salpeterbooms vom Staat besonders geförderte Tendenz zur „Tertiarisierung" im Sinne einer Hypertrophie des Dienstleistungsbereichs konnte durch alle Industrialisierungsprogramme nur unwesentlich gemildert oder unterbrochen werden. Selbst in Groß-Santiago sind heute etwa zwei Drittel der Beschäftigten im tertiären Sektor tätig und weniger als 30% in der Industrie. Wohl entspricht dies einem weltweiten Entwicklungstrend, der sich immer deutlicher auch in den Industrieländern abzeichnet, jedoch wurde hier mit dem im 19. Jh. einsetzenden Industrialisierungsprozeß die Basis für die Ausweitung des tertiären Sektors gelegt, während in Chile und anderen Ländern der Dritten Welt diese Entwicklungsetappe teilweise übersprungen wird und die von einer Industrialisierung weitgehend unabhängig verlaufende, schnelle Verstädterung ein überproportionales Wachstum des Dienstleistungsbereiches hervorruft.

Das ungestüme Wachstum der großstädtischen Ballungsräume und insbesondere der

Landeshauptstadt führte aber nicht nur zu schwerwiegenden Beschäftigungsproblemen, für den Besucher der Städte ist die damit einhergehende Wohnungsnot noch weitaus auffälliger. Die ausgedehnten Barackensiedlungen aus einfachsten Holz- oder Blechhütten an der Peripherie aller größeren Orte – von der Metropole bis zum kleinen Provinzzentrum – zeigen, daß es trotz aller Anstrengungen nicht gelungen ist, allen Familien ein Leben in menschenwürdigen Behausungen zu ermöglichen. Da es die Finanzkraft des Staates bei weitem übersteigen würde, für alle in notdürftigen Unterkünften lebenden Menschen neue Wohnungen und Häuser zu errichten, müßten mehr als bisher auch unkonventionelle und den Verhältnissen im Lande besser angepaßte Möglichkeiten zur Verbesserung der Wohnungssituation erprobt werden, die einerseits den staatlichen Haushalt nicht zu stark belasten, andererseits aber eine hygienische und sanitäre Mindestausstattung sicherstellen.

Gerade das Wohnungsproblem ist aber allein auf der urbanen Ebene nicht lösbar, denn auf dem Lande sind die Lebensbedingungen oftmals noch weit schlechter, selbst wenn das auf den ersten Blick nicht so deutlich sichtbar wird. Eine einseitige Förderung des städtischen Bereichs, wie sie in Chile schon zur Tradition geworden ist, würde den *éxodo rural* nur weiter beschleunigen und damit mehr Probleme schaffen, als nur die Armut vom Land in die Städte übertragen. Um eine wirkliche „Chancengleichheit" für die auf dem Lande lebende Bevölkerung zu erreichen und die vielbeklagte „Rückständigkeit" dieser Räume abzubauen, bedarf es noch großer Anstrengungen, und das nicht nur im Bereich des Wohnungsbaus. Die eingeleitete Dezentralisierung des staatlichen Verwaltungsapparates könnte – sofern die neugeschaffenen Dienststellen wirkliche Entscheidungskompetenzen erhalten – dazu beitragen, daß man nicht länger alle Probleme nur einseitig aus der Sicht der Hauptstadt betrachtet und bei der Erarbeitung von Lösungskonzepten die Belange der unmittelbar Betroffenen stärker berücksichtigt. Nach einer Zeit hektischen Umbruchs wäre es dem Land und seinen liebenswerten Bewohnern zu wünschen, wenn die im Interesse einer gesicherten Zukunft notwendigen Veränderungen nur behutsam eingeleitet und den Bedürfnissen aller Bevölkerungsgruppen angepaßt würden.

8 Literatur

Alaluf, D.: Problemas de la propiedad agrícola en Chile. Schr. d. Geogr. Inst. d. Univ. Kiel, Band 19, Heft 2, Kiel 1961

Ammon, A.: Probleme der Agrarreform in Chile. Übersichtsstudie und Bibliographie. Bonn-Bad Godesberg 1971

Aranda, X.: San Pedro de Atacama. Elementos diagnósticos para un plan de desarrollo local. Informaciones Geográficas 11–14, Santiago 1964, S. 19–61

Aranda, X.: Evolución de la agricultura y el riego en el Norte Chico: Valle del Huasco. Informaciones Geográficas 16, Santiago 1969, S. 9–41

Bähr, J.: Chuquicamata (Nordchile), der größte Kupfertagebau der Welt. Zeitschrift für Wirtschaftsgeographie 17, 1973, S. 199–205

Bähr, J.: Migration im Großen Norden Chiles. Bonner Geogr. Abh., Heft 50, Bonn 1975

Bähr, J.: Neuere Entwicklungstendenzen lateinamerikanischer Großstädte. Geogr. Rundschau 28, 1976a, S. 125–133

Bähr, J.: Siedlungsentwicklung und Bevölkerungsdynamik an der Peripherie der chilenischen Metropole Groß-Santiago. Das Beispiel des Stadtteils La Granja. Erdkunde 30, 1976b, S. 126–143

Bähr, J.: Die chilenische Salpeterzone. Der Niedergang eines Industriezweiges und seine bevölkerungsgeographischen Konsequenzen. Geogr. Rundschau 28, 1976c, S. 282–289

Bähr, J.: Rural Exodus in Oasis Regions: The Example of North Chile. Applied Sciences and Development 10, 1977, S. 146–163

Bähr, J.: Suburbanisierungsprozesse am Rande des Ballungsraumes Groß-Santiago (Chile). 41. Dt. Geographentag Mainz 1977, Tagungsbericht und wissenschaftliche Abhandlung, Wiesbaden 1978a, S. 228–248

Bähr, J.: Santiago de Chile. Eine faktorenanalytische Untersuchung zur inneren Differenzierung einer lateinamerikanischen Millionenstadt. Mannheimer Geogr. Arbeiten, Heft 4, Mannheim 1978b

Bähr, J. & Golte, W.: Eine bevölkerungs- und wirtschaftsgeographische Gliederung Chiles. Geoforum 17, 1974, S. 25–42

Bähr, J. & Golte, W.: Entwicklung und Stand der Agrarkolonisation in Aysén unter dem Einfluß der Verstädterung. Erdkundl. Wissen 42, 1976, S. 88–118

Bähr, J.; Golte, W. & Lauer, W.: Verstädterung in Chile. Ibero-Amerikanisches Archiv. N.F. 1, 1975, S. 3–38

Banco Central de Chile: Memoria anual. Santiago, versch. Jahre

Baraona, R., Aranda, X. & Santana, R.: Valle de Putaendo. Estudio de estructura agraria. Santiago 1960

Beck, A.: Entwicklungsmöglichkeiten landwirtschaftlicher Betriebe in zwei ausgewählten Gemeinden in Südchile. Diss. Göttingen 1974

Bermúdez, O.: Historia del salitre. Desde sus orígenes hasta la Guerra del Pacífico. Santiago 1963

Berninger, O.: Die chilenische Frontera als Landschafts- und Kulturscheide. Geogr. Zeitschrift 39, 1933, S. 412–20

Berry, B. J. L.: Relationship Between Regional Economic Development and the Urban System. The Case of Chile. Tijdschrift voor Econ. en. Soc. Geografie 60, 1969, S. 283–307

Blancpain, J. P.: Les allemands au Chili: 1816–1945. Lateinamerikanische Forschungen, Band 6, Köln/Wien 1974

Borde, J.: L'essor d'une capitale: Santiago-du-Chili. Les Cahiers d'Outre- Mer 7, 1954, S. 5–24

Borde, J.: Les andes de Santiago et leur avant-pays: étude de géomorphologie. Bordeaux 1966

Borde, J. & Góngora, M.: Evolución de la propiedad rural en el Valle de Puangue. Santiago 1956

Bordes, G.: Chili: quelques aspects de la réforme agraire sous l'unité populaire. Economies et sociétés 8, Paris 1974, S. 647–665

Börgel, R.: Mapa geomorfológico de Chile. Santiago 1965

Borsdorf, A.: Valdivia und Osorno. Strukturelle Disparitäten und Entwicklungsprobleme in chilenischen Mittelstädten. Tübinger Geogr. Studien, Heft 69, Tübingen 1976

Borsdorf, A.: Städtische Strukturen und Entwicklungsprozesse in Lateinamerika. Geogr. Rundschau 30, 1978, S. 309–313

Broughton, F.: The Christian Democrat Land Reform in Chile: 1964–70. In: Studies in Latin-American Agrarian Reform, Liverpool 1974, S. 61–76

Butland, G. J.: The Human Geography of Southern Chile. Inst. of British Geogr., Publ. No. 24, London 1957

Calderón, J.: La política de la Junta Militar chilena en el sector agropecuario. Antecedentes y perspectivas. Comercio Exterior 27, Mexiko 1977, S. 1418–1428

Caviedes, C.: A Climatic Profile of the North Chilean Desert at Latitude 20° South. In: Coastal Deserts. Tucson, Arizona 1973, S. 115–121

Caviedes, C.: The Politics of Chile: A Sociogeographical Assessment. Boulder, Colorado 1979

Caviedes, C. & Paskoff, R.: Quarternary Glaciations in the Andes of North-Central Chile. Journal of Glaciology 14, 1975, S. 155–170

Centro Latinoamericano de Demografía (CELADE): Boletín demográfico, Santiago 1968 ff

Comisión Chilena del Cobre: Producción y exportaciones chilenas de cobre. Santiago, versch. Jahre

Comisión de la Reforma Administrativa (CONARA): Chile hacia un nuevo destino. Su reforma administrativa y el proceso de regionalización. Santiago 1977

Comisión Económica para América Latina (CEPAL): Estudio económico de América Latina. New York, versch. Jahre

Comité Interamericano de Desarrollo Agrícola (CIDA): Chile. Tenencia de la tierra y desarrollo socio-económico del sector agrícola. Santiago 1966

Corporación de Fomento de la Producción (CORFO): Geografía económica de Chile. Primer apéndice. Santiago 1966

Corporación de Fomento de la Producción: Indicadores geográficos económicos regionales. Santiago 1977

Cunill, P.: Geografía de Chile. Santiago 1970

Dinovitzer, D.: La operación sitio como política de vivienda en Chile. Un estudio de seis casos. Santiago 1971

Duman, B. L.: Agrarian Reform and Its Economic Impact in Chile During the Allende Years. Intermountain Econ. Rev. 5, Salt Lake City 1974, S. 41–54

Eisenhauer, G.: Probleme der Naturwaldnutzung – dargestellt am Beispiel Chiles. Forstarchiv 46, 1975, S. 120–124

Elizaga, J.: Migraciones a las áreas metropolitanas de América Latina. Santiago 1970

Eriksen, W.: Kolonisation und Tourismus in Ostpatagonien. Ein Beitrag zum Problem kulturgeographischer Entwicklungsprozesse am Rande der Ökumene. Bonner Geogr. Abh., Heft 43, Bonn 1970

Ffrench-Davis, R.: La importancia del cobre en la economía chilena. In: El cobre en el desarrollo nacional. Santiago 1974, S. 23–50

Fifer, J. V.: Arica: A Desert Frontier in Transition. Geogr. Journal 130, 1964, S. 507–518

Fischer, K.: Untersuchungen zur Morphogenese der Patagonischen Anden zwischen 41° und 49° Süd. Z. Geomorph. NF. 20, 1976, S. 1–27

Fitter, J. C.: Chilenische Entwicklungswirklichkeit und Entwicklungsstrategie. Die industrielle Entwicklung, Band 29, Köln/Opladen 1968

Flores, E.: Problemas elementales de geografía de la población en Chile Central agrícola. Informaciones Geográficas 21/22, Santiago 1972, S. 104–116

Friedmann, J. & Lackington, T.: Hyperurbanization and National Development in Chile: some Hypotheses. Urban Affairs Quarterly 2, 1967, S. 3–30

García, A.: Dominación y reforma agraria en América Latina. Lima 1970

García, T. & Thayer, C.: Reforma agraria y pequeña propiedad. Estudio del área Aconcagua-Putaendo. Informaciones Geográficas 20, Santiago 1971, S. 103–139

Girvan, N.: Copper in Chile: A Study in Conflict Between Corporate and National Economy. University of West Indies, Jamaika 1972

Girvan, N.: Corporate Imperialism and Copper in Chile. In: Corporate Imperialism: Conflict and Expropriation. New York 1976, S. 52–97

Golte, W.: Das südchilenische Seengebiet. Besiedlung und wirtschaftliche Erschließung seit dem 18. Jh. Bonner Geogr. Abh., Heft 47, Bonn 1973

Golte, W.: Öko-physiologische und phylogenetische Grundlagen der Verbreitung der Coniferen auf der Erde. Dargestellt am Beispiel der Alerce (Fitzroya cupressoides) in den südlichen Anden. Erdkunde 28, 1974, S. 81–101

Golte, W.: Isleños-Briones. Ein Beitrag zum Problem des Minifundio in Mittelchile. In: Erdkundl. Wissen 42, 1976, S. 59–87

Góngora, M.: Origen de los inquilinos de Chile Central. 2. Aufl., Santiago 1974

Gómez, A.: El proceso de localización industrial en Chile: Análisis y políticas. Revista Latinoamericana de Estudios Urbano Regionales 3, 1974, S. 9–56

Gonzales, R.: Mincha Norte. Comunidades del Norte Chico. Informaciones Geográficas 1, Santiago 1951, S. 52–58

Gwynne, R. N.: Government Planning and the Location of the Motor Vehicle Industry in Chile. Tijdschrift voor Econ. en Soc. Geografie 69, 1978, S. 130–140

Hauser, P. M. (ed).: La Urbanización en América Latina. Buenos Aires 1967
Hauser, J. A.: Bevölkerungsprobleme der Dritten Welt. UTB 316, Bern/Stuttgart 1974
Hartwig, F.: Landschaftswandel und Wirtschaftswandel in der chilenischen Frontera. Mitteilungen der Bundesforschungsanstalt für Forst- und Holzwirtschaft 61, Hamburg 1966
Henglein, F. A.: Chilesalpeter heute. Chemiker-Zeitung 82, 1958a, S. 287–294
Henglein, F. A.: Chile-Kupfer. Chemiker-Zeitung 82, 1958b, S. 683–692
Herm, D. & Paskoff, R.: Vorschlag zur Gliederung des marinen Quartärs in Nord- und Mittel-Chile. Neues Jahrbuch f. Geol. Paläont. Min., 1967, S. 577–588
Hernández, R.: El salitre. Resumen histórico desde su descubrimiento y explotación. Valparaiso 1930
Herrera, L. & Pecht, W.: Crecimiento urbano de América Latina, Santiago 1976
Herrick, B. H.: Urban Migration and Economic Development in Chile. Cambridge, Mass. 1965
Hoelscher, D. H. S.: Structural Change in Chilean Trade Pattern. Inter-Amer. Econ. Affairs 31, 1977, S. 65–75
Huizer, G.: „Comunidades Agrícolas“, Internal Colonialism and Agrarian Reform in Chile. América Latina 11, Rio de Janeiro 1968, S. 110–127
Husen, Chr. v.: Klimagliederung in Chile auf der Basis von Häufigkeitsverteilungen der Niederschlagssummen. Freiburger Geogr. Hefte, Heft 4, Freiburg 1967

Instituto Nacional de Estadísticas (INE); vormals Dirección de Estadística y Censos: Censo Nacional de Población y de Vivienda (seit 1835 bzw. 1952, zuletzt 1970). Santiago, versch. Jahre
Instituto Nacional de Estadísticas: Censo Nacional Agropecuario (seit 1929/30, zuletzt 1975/76), Santiago, versch. Jahre
Instituto Nacional de Estadísticas: Censo Nacional de Manufacturas (seit 1930, zuletzt 1967). Santiago, versch. Jahre
Instituto Nacional de Estadísticas: Industrias Manufactureras. Santiago, versch. Jahre
Instituto Nacional de Estadísticas: Agricultura e industrias agropecuarias/pesca. Santiago, versch. Jahre
Instituto Nacional de Estadísticas: Compendio Estadístico. Santiago, versch. Jahre
Instituto Nacional de Estadísticas, Oficina de Planificación Agrícola y Servicio Agrícola Ganadero: Encuesta Nacional Agropecuaria. Santiago, versch. Jahre
Ilg, K.: Pioniere in Argentinien, Chile, Paraguay und Venezuela. Innsbruck/Wien/München 1976

Jeanneret, T.: El sistema de protección a la industria chilena. In: Proceso a la industrialización chilena. Santiago 1972, S. 50–105
Jenkins, R. O.: Dependent Industrialization in Latin America. The Automotive Industry in Argentina, Chile and Mexico. New York/London 1977
Jürgensen, H. & Schulz-Trieglaff, M.: Entwicklungsperspektiven der Weltkupferwirtschaft. Konsequenzen und Alternativen für die Bundesrepublik Deutschland. Weltwirtschaftliche Studien 11, Göttingen 1969

Kast, M. & Molina, S.: Mapa extrema pobreza. Santiago 1975
Kaufman, R. R.: The Politics of Land Reform in Chile, 1950–70. Cambridge, Mass. 1972
Klingenberg, G.: Betriebswirtschaftliche Probleme von Agrarreformbetrieben und Möglichkeiten der Produktions- und Einkommensentwicklung – untersucht am Beispiel der Betriebe im mittleren Aconcaguatal, Chile. Diss. Hohenheim 1974

Landes, D. L.: Import Substitution, Industrialization and the Demand for Labor in Urban Chile, 1930–70. Diss. Washington 1973
Lauer, W.: Klimadiagramme. Gedanken und Bemerkungen über die Verwendung von Klimadiagrammen für die Typisierung und den Vergleich von Klimaten. Erdkunde 14, 1960, S. 232–242
Lauer, W.: Wandlungen im Landschaftsbild des südchilenischen Seengebietes seit Ende der spanischen Kolonialzeit. In: Beiträge zur Geographie der Neuen Welt, Schr. d. Geogr. Inst. d. Univ. Kiel, Band 20, 1961, Kiel, S. 227–276
Lauer, W.: Chile. Geographische Probleme eines lateinamerikanischen Entwicklungslandes. Sitzungsberichte der Ges. zur Beförderung der gesamten Naturwissenschaften zu Marburg, Band 83/84, 1961/62, S. 107–139
Lauer, W.: Die Glaziallandschaft des südchilenischen Seengebietes. Acta Geographica 20, No. 16, 1968, S. 215–236
Lauer, W. (Hrsg.): Landflucht und Verstädterung in Chile. Erdkundl. Wissen 42, Wiesbaden 1976

Leemann, A.: Arica und seine Verbindung mit dem bolivianischen Altiplano. Geogr. Helvetica 23, 1968, S. 15–24
León, R.: Historia de Santiago. 2 Bände, Santiago 1977

Maier, J.; Paesler, R.; Ruppert, K. & Schaffer, F.: Sozialgeographie. Braunschweig 1977
Mamalakis, M. J.: Contribution of Copper to Chilean Economic Development 1920–67: Profile of a Foreign-owned Export Sector. In: Foreign Investment in the Petroleum and Mineral Industries. Baltimore/London 1971, S. 387–419
Mamalakis, M. J.: The Growth and Structure of the Chilean Economy: from Independence to Allende. New Haven/London 1976
Mattelart, A.: Atlas social de las comunas de Chile. Santiago 1965
Mc Bride, J. M.: Chile: su tierra y su gente. 2. Aufl., Santiago 1973
Mercado, O.; de la Puente, P. & Uribe, F.: La marginalidad urbana: Origen, proceso y modo. Buenos Aires 1970
Mikesell, R. F.: Conflict and Accommodation in Chilean Copper. In: Foreign Investment in the Petroleum and Mineral Industries. Baltimore/London 1971, S. 369–386
Ministerio de Minería: Anuario de la minería de Chile. Santiago, versch. Jahre
Muñoz, O.: Crecimiento industrial de Chile 1914–1965. Santiago 1968

Nohlen, D. & Nuscheler, F. (Hrsg.): Handbuch der Dritten Welt. Band 3: Unterentwicklung und Entwicklung in Lateinamerika. Hamburg 1976
Nohlen, D. & Wachendorfer, A.: Was wird aus Chile? Aus Politik und Zeitgeschichte 18, 1976, S. 3–29

Oficina de Planificación Nacional (ODEPLAN): Plan de la economía nacional 1971–76. Antecedentes sobre el desarrollo chileno 1960–70. Santiago 1971
Oltersdorf, B.: Siedlungs- und wirtschaftsgeographische Probleme der zentralchilenischen Küstenfischerei. Diss. Marburg 1966
Oltersdorf, B.: Die Fischerei im Entwicklungsland Chile. Geogr. Rundschau 5, 1969, S. 196–198
Ossandón, O.: La citricultura en los oasis piemontanos de la provincia de Tarapacá. Rev. Geográfica de Valparaiso 3, 1969, S. 39–55

Pedersen, P. O.: Innovation Diffusion Within and Between National Urban Systems. Geogr. Analysis 2, 1970, S. 203–254
Pederson, L. R.: The Mining Industry of the Norte Chico, Chile. Northwestern University, Dep. of Geogr., Studies in Geogr., No. 11, Evanston, Ill. 1966
Pinto, A.: Chile: Un caso de desarrollo frustrado. Santiago 1962
Pinto, A. u. a.: Chile hoy. Santiago 1970
Portes, A.: The Urban Slum in Chile: Types and Correlates. Land Economics 47, 1971, S. 235–248
Porteous, J. D.: Urban Transplantation in Chile. Geogr. Review 62, 1972, S. 455–478
Porteous, J. D.: Social Class in Atacama Company Towns. Annals of the Assoc. of Amer. Geogr. 64, 1974, S. 409–417

Reynolds, C. W.: Development Problems of an Export Economy. The Case of Chile and Copper. In: Essays on the Chilean Economy, Homewood, Ill. 1965, S. 203–398
Riesco, R.: Untersuchungen zur Bevölkerungsdynamik und Agrarentwicklung in der chilenischen Frontera. Diss. Bonn 1978
Rother, K.: Stand, Auswirkungen und Aufgaben der chilenischen Agrarreform. Erdkunde 17, 1973, S. 307–322
Rother, K.: Zum Fortgang der Agrarreform in Chile. Erdkunde 28, 1974, S. 312–315
Rother, K.: Gruppensiedlungen in Mittelchile. Erläutert am Beispiel der Provinz O'Higgins. Düsseldorfer Geogr. Schr., Heft 9, Düsseldorf 1977a
Rother, K.: Der agrarstrukturelle Wandel in Chile zwischen 1965–1975. In: Lateinamerika Studien 3, München 1977b, S. 135–153
Rother, B. u. K.: Beobachtungen zur Geographie des chilenischen Fremdenverkehrs. In: Innsbrucker Geogr. Studien, Band 5, Innsbruck 1979, S. 437–466

Sandner, G. & Steger, H.-A. (Hrsg.): Lateinamerika. Fischer Länderkunde, Band 7, Frankfurt 1973
Santana, R.: Estructura de la ganadería en Chile Central. Informaciones Geográficas 19, Santiago 1970, S. 57–73
Salinas, R.: Desequilibrios en la distribución y en el crecimiento de la población del Area Metropolitana de Valparaiso. Informaciones Geográficas 23, Santiago 1976, S. 56–75
Santiago, J.: Urbanisation et sous-développement: Santiago du Chili. Les Cahiers d'Outre-Mer 30, 1977, S. 153–177
Schmieder, O.: Die Neue Welt. 1. Teil: Mittel- und Südamerika. 2. Aufl. München 1968
Schmithüsen, J.: Bergbau und Industrie in der nordchilenischen Wüste. Chemiker-Zeitung 77, 1953, S. 813–818

Schmithüsen, J.: Die räumliche Ordnung der chilenischen Vegetation. In: Forschungen in Chile. Bonner Geogr. Abh., Heft 17, Bonn 1956, S. 1–86
Schmitz, K.: Der Kupferbergbau in den Anden. Glückauf 106, 1970, S. 856–862
Sepúlveda, S.: El trigo chileno en el mercado mundial. Informaciones Geográficas 6, Santiago 1956, S. 7–133
Smole, W.: Owner-cultivatorship in Middle-Chile. Univ. of Chicago, Dept. of Geogr., Research Paper No. 89, Chicago 1963
Subercaseaux, B.: Chile o una loca geografía. Santiago 1961
Stanzick, K.-H: „El Cobre es chileno". Eine Untersuchung zur Nationalisierung des chilenischen Kupferbergbaus. Vierteljahresberichte. Forschungsinstitut der Friedrich-Ebert-Stiftung, 1971, S. 345–364
Stat. Bundesamt Wiesbaden: Allgemeine Statistik des Auslandes. Länderberichte: Chile, Stuttgart/Mainz 1970
Stecher, B.: Erfolgsbedingungen der Importsubstitution und der Exportdiversifizierung im Industrialisierungsprozeß. Die Erfahrungen in Chile, Mexiko und Südkorea. Kieler Studien, Band 136, Tübingen 1976
Stöhr, W.: Geographische Aspekte der Planung in Entwicklungsländern. Die südamerikanische Problematik und das Beispiel Chiles. Wiener Geographische Schriften 29, Wien 1967, S. 377–393

Tacla, O.: Panorama demográfico de Chile y su evolución en el presente siglo. Inst. Nacional de Estadísticas, Santiago 1975
Tennekes, J.: Migranten in de Volkswijken van Santiago de Chile. Tijdschrift voor Econ. en Soc. Geografie 64, 1973, S. 378–385
Tennekes, J.: Poblaciones Marginales in Santiago de Chile. Geografisch Tijdschrift 7, 1973, S. 212–224
Tironi, E.: La mediana y pequeña mineria del cobre en Chile. In: El cobre en el desarrollo nacional. Santiago 1974, S. 51–86
Uribe, G.: La localización de la actividad manufacturera en Chile: estudio de geografía industrial. Universidad de Chile, Instituto de Geografía, Santiago 1967
Uribe, G.: Una aproximación al estudio de localización industrial en la cuenca de Santiago. Informaciones Geográficas 18/19, Santiago 1970, S. 91–123

Vera, M.: La política económica del cobre en Chile. Santiago 1961

Weischet, W.: Die geographischen Auswirkungen des Erdbebens vom 22. Mai 1960 im Kleinen Süden Chiles. Erdkunde 14, 1960, S. 273–288
Weischet, W.: Zur Klimatologie der nordchilenischen Wüste. 35. Dt. Geographentag Bochum 1965, Tagungsber. u. wiss. Abhandl., Wiesbaden 1966, S. 336–339
Weischet, W.: Die thermische Ungunst der südhemisphärischen hohen Mittelbreiten im Sommer im Lichte neuerer dynamisch-klimatologischer Untersuchungen. Regio Basiliensis 9, 1968, S. 170–189
Weischet, W.: Chile. Seine länderkundliche Individualität und Struktur. Darmstadt 1970
Weischet, W.: Agrarreform und Nationalisierung des Bergbaus in Chile. Darmstadt 1974
Weischet, W.: Las condiciones climáticas del desierto de Atacama como desierto extremo de la tierra. Norte Grande 1, Santiago 1975, S. 363–373
Weischet, W. & Schallhorn, E.: Altsiedelkerne und frühkolonialer Ausbau in der Bewässerungskulturlandschaft Zentralchiles. Erdkunde 28, 1974, S. 295–303
Wilhelmy, H.: Südamerika im Spiegel seiner Städte. Hamburg 1952

Zeil, W.: Geologie von Chile. Beiträge zur regionalen Geologie der Erde, Band 3, Berlin 1964
Zemelman, H.: El migrante rural. Santiago 1971
Ziche, J.: Agrarreform in Chile 1965–70. Zeitschrift für ausländische Landwirtschaft 10, 1971, S. 4–23
Zuñiga, J.: Síntesis de una investigación socio-demográfica del éxodo rural en la provincia de Coquimbo (Chile). Notas de Población 10, Santiago 1968, S. 67–95

9 Verzeichnis der Abbildungen

10 Verzeichnis der Tabellen